深度学习系列

R 语言深度学习

[美] 弗朗索瓦·肖莱（François Chollet） 著
J.J. 阿莱尔（J.J.Allaire）

黄　倩　何　明　陈希亮　徐　兵　译

机械工业出版社

近年来机器学习取得了长足的进步。深度学习系统使得一些以往不可能实现的智能应用成为现实，推动了图像识别和自然语言处理的巨大变革，也成功识别出了数据中的复杂模式。Keras深度学习库为使用R语言的数据科学家和开发者提供了处理深度学习任务的最新工具集。

《R语言深度学习》基于强大的Keras库及其R语言接口介绍了深度学习。本书源于Keras之父、Google人工智能研究员François Chollet基于Python编写的《Python深度学习》一书，由RStudio创始人J.J.Allaire修改为R语言版本，并采用直观的解释和实际的例子帮助读者构建对深度学习的理解。读者可以针对计算机视觉、自然语言处理和生成式模型领域的R语言应用加以实践。

本书包含如下内容：深度学习原理入门；深度学习环境设置；图像分类与生成；基于文本和序列的深度学习。

阅读本书需要具备R语言编程能力，不需要有机器学习或深度学习的经验。

图书在版编目（CIP）数据

R语言深度学习 /（美）弗朗索瓦·肖莱（Francois Chollet），（美）J.J. 阿莱尔（J.J.Allaire）著；黄倩等译 . —北京：机械工业出版社，2021.1（2024.5 重印）

（深度学习系列）

书名原文：Deep Learning with R

ISBN 978-7-111-67053-7

Ⅰ.①R… Ⅱ.①弗…②J…③黄… Ⅲ.①程序语言－程序设计②机器学习 Ⅳ.①TP312②TP181

中国版本图书馆 CIP 数据核字（2020）第 251475 号

机械工业出版社（北京市百万庄大街 22 号　邮政编码 100037）
策划编辑：刘星宁　责任编辑：刘星宁
责任校对：樊钟英　封面设计：鞠　杨
责任印制：单爱军
北京虎彩文化传播有限公司印刷
2024 年 5 月第 1 版第 4 次印刷
184mm×240mm · 18.5 印张 · 421 千字
标准书号：ISBN 978-7-111-67053-7
定价：129.00 元

电话服务　　　　　　网络服务
客服电话：010-88361066　机 工 官 网：www.cmpbook.com
　　　　　010-88379833　机 工 官 博：weibo.com/cmp1952
　　　　　010-68326294　金 书 网：www.golden-book.com
封底无防伪标均为盗版　机工教育服务网：www.cmpedu.com

原书前言

你在拿起本书时可能就会意识到，近几年深度学习在人工智能领域所代表的非凡进步。在短短的 5 年时间里，图像识别和语音转录已经从几乎无法使用发展到超越人类的水平。

这种突如其来的进步所带来的影响几乎波及每一个行业。但是为了将深度学习技术应用于它能解决的每一个问题，我们需要让尽可能多的人可以使用它，包括非专家——那些不是研究人员或研究生的人。为了使深度学习充分发挥其潜力，我们需要从根本上使其大众化。

当我（François Chollet）在 2015 年 3 月发布 Keras 深度学习框架的第一个版本时，人工智能的大众化并不是我想要的。我在机器学习方面做了好几年的研究，并且建立了 Keras来帮助我进行自己的实验。但在 2015 年和 2016 年，成千上万的新人进入了深度学习领域；他们中的许多人选择了 Keras，因为那时它是最容易起步的框架（现在仍然如此）。当我看到许多新人以意想不到的、强大的方式使用 Keras 时，我开始深深地关注人工智能的可访问性和大众化。我意识到，我们越是推广这些技术，它们就越有用、越有价值。可访问性很快成为 Keras 开发中的一个明确目标，在短短的几年里，Keras 开发人员社区在这方面取得了惊人的进步。我们把深度学习交给了成千上万的人，他们反过来用深度学习解决了一些我们甚至直到最近才知道其存在的重要问题。

你手中的这本书能帮助尽可能多的人进一步进行深度学习。Keras 总是需要一门配套课程来同时涵盖深度学习的基础知识、Keras 使用模式和深度学习最佳实践。本书是我制作这样一门课程的最大努力。我写作的重点是使深度学习背后的概念及其实现尽可能易于接受。这样做并不需要减少任何内容——我坚信在深度学习中没有什么难以理解的思想。我希望你能觉得本书很有价值，并能基于它开始构建智能应用并解决你所关注的问题。

François Chollet

致　谢

感谢 Keras 社区使本书的出版成为可能。Keras 发展至今，已经拥有数百名开源贡献者和超过 20 万的用户。你们的贡献和反馈让 Keras 成为现在的样子。

感谢谷歌对 Keras 项目的支持。看到 Keras 成为 TensorFlow 的高阶 API，这种感觉真是太好了！Keras 和 TensorFlow 的成功集成极大地方便了 TensorFlow 用户和 Keras 用户，也使大多数人都可以进行深度学习。

感谢 Manning 的工作人员，是他们让本书得以出版，他们是出版商 Marjan Bace 及编辑和制作团队的每一名成员，包括 Jennifer Stout、Janet Vail、Tiffany Taylor、Katie Tennant、Dottie Marsico，以及其他许多幕后工作人员。

非常感谢由 Aleksandar Dragosavljević 领导的技术同行评审团——Diego Acuña Rozas、Geoff Barto、David Blumenthal-Barby、Abel Brown、Clark Dorman、Clark Gaylord、Thomas Heiman、Wilson Mar、Sumit Pal、Vladimir Pasman、Gustavo Patino、Peter Rabinovitch、Alvin Raj、Claudio Rodriguez、Srdjan Santic、Richard Tobias、Martin Verzilli、William E. Wheeler 和 Daniel Williams 以及论坛撰稿人，是他们发现了技术错误、术语错误和错别字，并提出了主题建议。每一轮评审、每一处通过论坛主题实现的反馈都提升了本书的质量。

在技术方面，特别感谢本书的技术编辑 Jerry Gaines 和本书的技术校对 Alex Ott 和 Richard Tobias。他们是我心中最好的技术编辑。

最后，我要感谢我的妻子 Maria。在 Keras 的开发和本书的写作过程中，她给了我极大的支持。

关于本书

本书适合有一定 R 语言经验但对机器学习和深度学习不太了解的统计学家、分析师、工程师和学生。本书是对先前出版的 *Deep Learning with Python*（Manning，2018 年）的改编，其中所有代码示例都使用了 Keras 的 R 语言接口。本书的目的是为 R 语言社区提供一种从基础理论到高级实际应用的学习资源。你将从 30 多个代码示例中学习，这些示例包括详细的注释、实用的建议以及使用深度学习解决具体问题时所需了解的简要高阶知识。

代码示例使用深度学习框架 Keras，并将 TensorFlow 作为后端引擎。Keras 是最流行和发展最快的深度学习框架之一，被广泛推荐为入门深度学习的最佳工具。读完本书后，你将对深度学习是什么、何时适用及其局限性有深刻的了解。你将熟悉处理机器学习问题的标准工作流程，并且知道如何解决常见的问题。你将能够使用 Keras 来解决从计算机视觉到自然语言处理的现实问题：图像分类、时间序列预测、情感分析、图像和文本生成等。

本书读者

本书是为具有 R 语言经验并希望开始学习机器学习和深度学习的人而写的。但是本书对许多其他类型的读者也有着重要的价值：

- 如果你是一位熟悉机器学习的数据科学家，本书将为你提供扎实而实用的深度学习相关知识，这是机器学习领域中发展最快、最重要的子领域。
- 如果你是一位深度学习专家并希望学习使用 Keras 框架，那么你会发现本书是最好的 Keras 速成课程。
- 如果你是一名接受正规深度学习教育的研究生，那么你会发现本书是对你所学知识的实用补充，可以帮助你建立深度神经网络的全局概念并熟悉关键的最佳实践。

即使是那些不经常编写代码的技术人员也会发现本书有用，因为它介绍了基础和高级的深度学习概念。为了使用 Keras，你需要对 R 语言有一定的了解。你不需要具备机器学习或深度学习的经验，因为本书涵盖了所有必要的基础知识。你不需要有高等数学背景，只需要有高中水平的数学知识就足够了。

路线图

本书分为两个部分。如果你没有机器学习的经验，我们强烈建议你在进行第二部分的学习之前先学习第一部分。我们将从简单的例子开始逐渐深入至最先进的技术。

第一部分介绍了深度学习的基础知识，包括深度学习的背景和定义，并解释了使用机器学习和神经网络所需的相关概念：

第1章给出了人工智能、机器学习和深度学习的必要背景知识。

第2章介绍了学习深度学习必备的基础概念和方法：张量、张量运算、梯度下降和后向传播。本章还介绍了全书第一个神经网络示例。

第3章包括使用神经网络所需的全部知识：我们选择了Keras深度学习框架介绍、工作站配置指南以及带有详细注解的三个基本代码示例。学完本章，你将能够训练简单的神经网络来处理分类和回归任务，并且在训练它们时，你将对后台发生的操作有充分的了解。

第4章探讨了典型的机器学习工作流。你还将了解常见的陷阱及其解决方案。

第二部分深入探讨深度学习在计算机视觉和自然语言处理中的实际应用。本部分介绍的许多示例都可以用作模板，以解决你在深度学习实际操作中会遇到的问题：

第5章探讨了一系列实用的计算机视觉例子，侧重于图像分类问题。

第6章提供了序列数据（例如文本和时序数据）的处理实例。

第7章介绍了用于构建最新深度学习模型的先进技术。

第8章主要解释生成模型：能够创建（有时艺术效果惊人的）图像和文本的深度学习模型。

第9章致力于巩固你在本书中学到的内容，并以开放的视角探讨了深度学习的局限性与未来发展。

软/硬件要求

本书的所有代码示例都使用Keras深度学习框架（https：//keras.rstudio.com），它是开源的，可以免费下载。你需要访问UNIX系统计算机；也可以使用Windows系统，但我们不建议这样做。

我们还建议你在机器上安装一个最新的NVIDIA GPU，例如TITAN X。这不是必需的，但它可以使你运行代码示例的速度提高几倍，从而改善你的体验。有关设置GPU工作站的详细信息，请访问https：//tensorflow.rstudio.com/tools/local_gpu。

如果你没有安装最新NVIDIA GPU的本地工作站，可以使用云环境代替。特别地，你可以使用Google云实例（例如带NVIDIA Tesla K80扩展的n1-standard-8实例）或Amazon网络服务（AWS）GPU实例（例如p2.xlarge实例）。可以访问https：///tensorflow.rstudio.com/tools/cloud server_gpu获取各种云GPU操作的详细信息。

源代码

书中所有代码示例都可以以R手册的形式从本书英文版的网站www.manning.com/books/deep-learning-with-r或GitHub地址https：//github.com/jjallaire/deep-learning-with-r-notebooks下载。

图书论坛

购买本书后，可以免费访问 Manning 出版社运营的一个私有网络论坛，在那里你可以对这本书发表评论，提出技术问题，并从作者和其他用户那里获得帮助。要访问论坛，请访问 https：//forums.manning.com/forums/deep-learning-with-r。你还可以从 https：//forums.manning.com/forums/about 了解更多关于 Manning 论坛和活动规则的信息。

该论坛承诺为读者与读者、读者与作者之间的有意义的对话提供场所。这个承诺并不特别限定作者的参与度，他们对论坛的贡献是自愿的（并且是无偿的）。我们建议你试着问作者一些具有挑战性的问题，以提起他们的兴趣！只要本书还在印刷出版，就可以在出版商的网站上访问论坛和之前的讨论记录。

目　录

第一部分

深度学习基础

本书第 1 ~ 4 章将让你对深度学习是什么、深度学习能干什么以及深度学习的原理有一个基本的认识。这几章还可以让你熟悉用深度学习解决数据问题的经典流程。如果你对深度学习不是特别了解，那一定要先读完第一部分，然后再学习第二部分的实际应用。

第 *1* 章
什么是深度学习

本章内容包括：
- 基本概念的高阶定义；
- 机器学习发展的时间线；
- 深度学习日益流行和未来潜力背后的关键因素。

在过去的几年里，人工智能一直是媒体大肆炒作的话题。机器学习、深度学习和人工智能在无数的文章中出现，其中相当一部分是非技术性的文章。我们被告知未来会出现智能聊天机器人、自动驾驶汽车和虚拟助手等应用。人工智能的未来有时被描绘得非常可怕，有时被描绘得极其理想化——人类不需要工作，大多数经济活动将由机器人或人工智能助手来处理。对于未来或者现在的机器学习实践者来说，能够从噪声中识别出信息是很重要的，这样你就可以从过度炒作的新闻稿中分辨出世界变化的趋势。我们的未来充满不确定性，你可以发挥自己的积极作用：读完这本书，你将能够开发人工智能助手。因此，让我们来解决这些问题：到目前为止，深度学习取得了哪些成就？这些成果有多重要？我们接下来要往哪个方向走？你应该相信媒体炒作吗？本章提供了关于人工智能、机器学习和深度学习的基本知识。

1.1　人工智能、机器学习和深度学习

首先，我们需要明确定义我们谈及人工智能时所讨论的到底是什么。什么是人工智能、机器学习和深度学习（见图 1.1）？它们之间是什么关系？

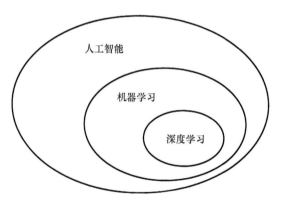

图 1.1　人工智能、机器学习和深度学习

1.1.1　人工智能

人工智能诞生于 20 世纪 50 年代，当时计算机科学这一新兴领域的一些先驱者开始思考计算机是否能够"思考"——我们今天仍在寻求这个问题的答案。对这一领域的一个简明的定义如下：**努力将通常由人类执行的智能任务自动化**。因此，人工智能是一个包含机器学习、深度学习以及许多不涉及任何学习的方法的一般性领域。例如，早期的国际象棋程序只包含程序员编写的硬编码规则，而不具备机器学习的能力。在相当长的一段时间里，许多专家认为，通过让程序员编写足够大的显式规则集合来处理知识，就可以使人工智能达到人类水平。这种方法被称为符号人工智能，它是 20 世纪 50 年代到 80 年代末的人工智能主导范式。在 20 世纪 80 年代的**专家系统**繁荣时期，符号人工智能到达了顶峰。

虽然符号人工智能被证明适合解决定义明确的逻辑问题（如下棋），但在解决更复杂、更模糊的问题（如图像分类、语音识别和语言翻译）时，想要找到明确的规则是很难的。于是出现了一种取代符号人工智能的新方法：**机器学习**。

1.1.2　机器学习

在维多利亚时代的英国，爱达·勒芙蕾丝（Ada Lovelace）女士是查尔斯·巴贝奇（Charles Babbage）的朋友和合作者。查尔斯·巴贝奇发明了**分析引擎**——目前已知的第一台通用机械计算机。尽管分析引擎具有远见卓识，而且远远超前于它的时代，但它在 19 世纪 30 ~ 40 年代刚被设计出来的时候并不是一个通用的计算机，因为那时还没有出现通用计算的概念。它仅仅是一种利用机械操作使数学分析领域的某些计算自动化的方法，这也就是分析引擎这个名字的由来。1843 年，爱达·勒芙蕾丝对这项发明评论道："分析引擎不会创造任何东西。它可以做任何我们知道如何让它做的事情……它的职责就是为我们提供我们已经熟知的东西。"

这句话后来被人工智能先驱阿兰·图灵（Alan Turing）在他 1950 年的经典论文"计算机器与智能" [⊖] 中引用为"勒芙蕾丝夫人的异议"。该论文介绍了**图灵测试**以及后来构成人

⊖　A. M. Turing, "Computing Machinery and Intelligence," *Mind* 59, no. 236 (1950): 433-460.

工智能的一些关键概念。图灵在思考通用计算机是否有能力学习和创新时引用了爱达·勒芙蕾丝的话，他得出的结论是：它们可以。

机器学习产生于这样一个问题：计算机是否可以超越"任何我们知道如何让它做的事情"，而自己学习如何执行指定的任务？计算机会给我们带来惊喜吗？如果程序员没有手工编写数据处理的规则，计算机可以通过观察数据自动学习这些规则吗？

这个问题为一种新的程序设计范式打开了大门。在经典程序设计（符号人工智能范式）中，人类输入规则（程序）以及根据这些规则进行处理的数据，然后得到答案（见图 1.2）。通过机器学习，人类根据输入数据以及期望从数据中得到的答案得到规则，然后把这些规则应用于新数据来生成原创性的答案。

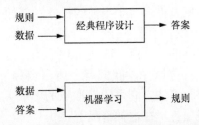

图 1.2　机器学习：一种新的程序设计范式

机器学习系统是**训练**出来的，而不是显式编程得到的。它需要许多与任务相关的样例，并在这些样例中找到统计结构，最终使系统获得能够实现任务自动化的规则。例如，如果你希望自动完成标注度假照片的任务，你可以把许多已经被人们标注过的图片样例提供给机器学习系统；系统会学习统计规则，并将具体图片与具体标签相关联。

虽然机器学习在 20 世纪 90 年代才开始蓬勃发展，但它很快就成为人工智能最受欢迎、最成功的子领域，这一趋势是由更快的硬件和更大的数据集驱动的。机器学习与数理统计有着紧密的联系，但它在几个重要方面与统计学有所不同。与统计学不同，机器学习倾向于处理大型、复杂的数据集（比如由数百万图像组成的数据集，其中每幅图像都由数万个像素组成）。对于这样的数据集，贝叶斯分析等经典统计分析是不切实际的。因此，机器学习尤其是深度学习的数学理论相对较少（或许太少了），而主要面向工程。这是一门实践性很强的学科，想法往往通过经验而非理论来验证。

1.1.3　从数据中学习表述

要定义**深度学习**并理解深度学习和其他机器学习方法的区别，我们首先需要了解机器学习算法的作用。我们刚刚讲到，机器学习会基于给定的样例发现规则，从而执行数据处理任务。因此，要进行机器学习，我们需要三样东西：

● **输入数据点**。例如，如果任务是语音识别，这些数据点可以是说话人的声音文件。如果任务是图像标注，数据点可以是图片。

● **预期输出的样例**。在语音识别任务中，这可以是人工生成的声音文件的副本。在图像任务中，预期输出可以是"狗"和"猫"这样的标签。

● **衡量算法好坏的方法**。确定算法当前输出和预期输出之间的差距是必要的。该衡量方法用作反馈信号来调整算法的工作方式。这个调整步骤就是我们所说的学习。

机器学习模型将输入数据转换成有意义的输出，这是一个从已知的输入和输出示例中得到"学习"的过程。因此，机器学习和深度学习的核心问题是**对数据进行有意义的转换**：换句话说，学习输入数据的有用**表述**，使我们更接近预期输出。在我们进一步讨论之前，先了解一下什么是表述？从本质上讲，它是一种看待数据的不同方式——对数据进行**表述**或**编码**。例如，彩色图像可以编码为 RGB 格式（红 - 绿 - 蓝）或 HSV 格式（色调 - 饱和度 - 明度）：这是相同数据的两种不同表述。有些任务在一种表述中可能较难处理，换一种表述可能就比较容易了。例如，任务"选择图像中的所有红色像素"在 RGB 格式中更简单，而"减少图像的饱和度"在 HSV 格式中更简单。机器学习模型需要为输入数据找到合适的表述，使其更适合于当前的任务，例如分类任务。

让我们把它具体化。考虑 x 轴、y 轴和（x, y）系统中由坐标表示的一些点，如图 1.3 所示。

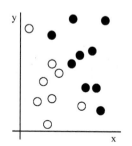

如你所见，我们有一些白点和一些黑点。假设我们想要开发一种算法，它可以获取点的（x, y）坐标并输出这个点是黑色还是白色。在这种情况下：

- 输入是点的坐标。
- 期望输出是点的颜色。
- 衡量算法优劣的一种方法可以是，被正确分类的点的百分比。

图 1.3　一些样本数据

这里我们需要的是数据的一种新的表述形式，它可以清晰地将白点和黑点分开。可行的办法很多，我们可以通过坐标更改来实现，如图 1.4 所示。

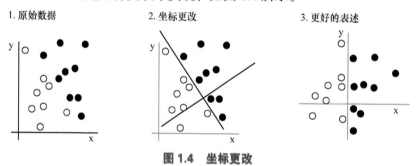

图 1.4　坐标更改

在这个新的坐标系中，点的坐标可以称为数据的全新表述。而且这是一个很好的表述！通过这种表述，黑白分类问题可以表达为一个简单的规则："黑点就是 x>0 的点"或"白点就是 x<0 的点"。这种新的表述方法基本上解决了分类问题。

在这种情况下，我们手工定义了坐标的更改。但如果我们尝试系统地搜索不同可能的坐标更改，并将正确分类的点的比例作为反馈，那么这就是一个机器学习的过程。在机器学习的背景下，**学习**描述了自动搜索以获得更好表述的过程。

所有的机器学习算法都需要自动寻找这样的转换，将数据变为对给定任务更有用的表述。涉及的操作可以是上面看到的坐标更改，也可以是线性投影（可能会破坏信息）、翻译、非线性操作（如"选择所有满足 x>0 的点"）等。机器学习算法在寻找这些转换时通常不具有创造性，它们只是通过预定义的一组操作（称为**假设空间**）进行搜索。

从技术上讲，这就是机器学习：使用反馈信号的指导，在预定义的可能性空间内搜索某些输入数据的有用表述。这个简单的想法可以处理非常广泛的智能任务，从语音识别到自动驾驶。

现在你已经理解了我们所说的**学习**是什么意思，让我们来看看是什么让**深度学习**变得如此特别。

1.1.4　深度学习的"深"

深度学习是机器学习的一个具体的子领域：从数据中学习表述的一种新方法，它强调学习连续的、越来越有意义的表述层。**深度学习**的**深**并不是指通过这种方法能获得更深层次的理解，而是代表了连续表述层的思想。为数据模型做出贡献的层数称为模型的**深度**。该领域的其他适当名称可能是**分层表述学习**（layered representations learning 或 hierarchical representations learning）。现代深度学习通常涉及数十甚至数百个连续的表述层——它们都是通过训练数据自动学会的。与此同时，机器学习的其他方法往往只侧重于学习数据表述的一个或两个层次；因此，它们有时被称为**浅层学习**（shallow learning）。

在深度学习中，这些分层表述（几乎总是）是通过称为**神经网络**的模型来学习的，这些模型直接一层层地叠加在一起。**神经网络**这个术语指的是神经生物学，但是尽管深度学习中的一些核心概念在某种程度上是由我们对大脑的理解所启发而形成的，但深度学习模型**并不是**大脑的模型。没有证据表明大脑执行了任何类似现代深度学习模型中使用的学习机制。你可能会遇到一些科普文章，声称深度学习就像大脑一样工作或者是模拟大脑得来的，但事实并非如此。对于这个领域的新人来说，如果认为深度学习以某种方式与神经生物学相关，只会造成困惑和适得其反的效果。你不需要认为它"就像我们的大脑"一样神秘，也可以忘记你读过的任何关于深度学习和生物学之间假想联系的文章。就我们的目的而言，深度学习是一个从数据中学习表述的数学框架。

深度学习算法所学习到的表述是什么样子的？让我们来看看一个几层深度的网络（见图 1.5）是如何对包含数字的图像进行转换，从而识别出它是哪个数字的。

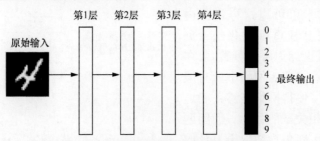

图 1.5　用于数字分类的深度神经网络

正如你在图 1.6 中看到的，网络将包含数字的图像转换成越来越不同于原始图像的表述，并提供关于最终结果的越来越多的信息。你可以把深度网络想象成一个多级的信息蒸馏操作，信息在操作过程中经过了连续的过滤，并逐渐得到**净化**（也就是说，对于某些任务是有用的）。

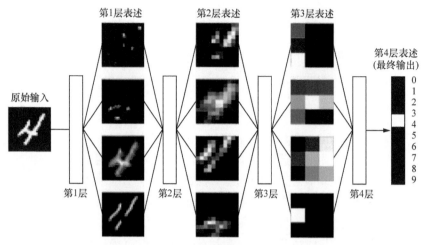

图 1.6　通过数字分类模型学到的深度表述

这就是深度学习。从技术上讲，深度学习是学习数据表述的多阶段方法。这是一个简单的想法——但事实表明，尽管机理很简单，但有了足够的规模之后，最终会产生很神奇的结果。

1.1.5　通过三张图理解深度学习的原理

现在你知道了机器学习是关于将输入（如图像）映射到目标（如标签"cat"）的，这是通过观察许多输入和目标的例子来完成的。你还知道，深度神经网络通过简单的数据转换（层）的深层序列进行输入到目标的映射，这些数据转换是通过实例学习而来的。现在让我们具体看看这种学习是如何发生的。

有关层对其输入数据所进行操作的规范存储在层的**权重**中，而**权重**实际上是一组数字。用技术术语可以这样说：由层实现的转换是由其权重**参数化**的（见图 1.7）。（权重有时也称为层的**参数**。）在这种情况下，学习意味着为网络中所有层的权重找到一组值，使得网络能够正确地将示例输入映射到相关联的目标。但问题是：深度神经网络可能包含数以千万计的参数。为所有参数找到正确的值似乎是一项艰巨的任务，而且修改一个参数的值将影响所有其他参数的行为！

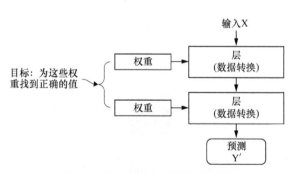

图 1.7　神经网络由其权重参数化

要想控制某事，首先你需要观察它。为了控制神经网络的输出，你需要能够度量这个输出与你的期望有多远。这是网络**损失函数**（也叫**目标函数**）要做的事情。损失函数以网络预测和真实目标（你希望网络输出的内容）作为参数，并计算距离分值，从而获取网络在这个具体示例中的表现（见图 1.8）。

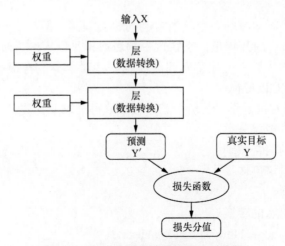

图 1.8　损失函数度量网络输出的质量

深度学习的基本技巧是使用这个分值作为反馈信号，来微调权重的值，从而降低当前示例的损失分值（见图 1.9）。完成这种调整的是优化器，它实现了所谓的**后向传播**算法：深度学习的核心算法。下一章将更详细地解释后向传播的工作原理。

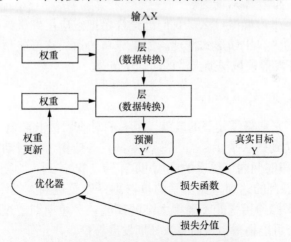

图 1.9　损失函数度量网络输出的质量

最初，网络的权重被赋予一组随机值，因此网络仅实现一系列随机转换。一般情况下，该输出的质量远低于理想水平，因此损失分值也很高。但是对于网络所处理的每一个示例，权重都会在正确的方向上做一些调整，以降低损失分值。这是一个训练回路，其重复足够多次（通常在数以千计的示例上进行数十次迭代）后，可以产生使损失函数最小的权重。损失最小的网络就是输出与目标最接近的网络，即经过训练的网络。再次说明，这一机制很简单，但规模化之后可以产生神奇的结果。

1.1.6 深度学习目前能做什么

虽然深度学习是机器学习的一个相当古老的分支领域，但它直到 21 世纪 10 年代初才开始崭露头角。从那以后的几年里，它在这一领域取得了巨大的进步，在视觉和听觉等感知问题上取得了显著的成果。上述感知问题涉及一些对人类而言很自然、很直观的技能，但对机器来说却一直是难以捉摸的。

特别地，深度学习在机器学习的历史难点领域取得了以下突破：

- 接近人类水平的图像分类；
- 接近人类水平的语音识别；
- 接近人类水平的笔迹转录；
- 改进的机器翻译；
- 改进的文本到语音的转换；
- 数字助手，如 Google Now 和亚马逊 Alexa；
- 接近人类水平的自动驾驶；
- 改进的广告投放，已被 Google、百度和 Bing 采用；
- 改进的网页搜索结果；
- 回答自然语言问题的能力；
- 超出人类水平的棋类游戏能力。

我们仍在探索深度学习能做什么。我们已经开始把它应用到机器视觉和自然语言理解之外的各种各样的问题上，比如形式推理。如果成功的话，这可能预示着一个深度学习可以在科学研究、软件开发等领域辅助人类的时代的到来。

1.1.7 不要相信短期炒作

尽管深度学习近年来取得了显著的成就，但人们对该领域未来 10 年能够取得的成就的预期往往远高于可能达到的水平。虽然一些改变世界的应用（如自动驾驶汽车）已经"触手可及"，但在很长一段时间内，更多的应用可能仍然难以达到人类期望的水平，比如可信的对话系统、跨任意语言的达到人类水平的机器翻译以及达到人类水平的自然语言理解。特别是，对于人类水平的通用智能不要抱太高的期望。对短期期望过高的风险是，由于技术无法交付，研究投资可能枯竭，从而导致长期发展缓慢。

这种事情曾经发生过。人工智能曾两次经历过从极度乐观到失望和怀疑的周期，最终导致资金短缺。这一切始于 20 世纪 60 年代的符号人工智能。早期，人们对人工智能的设想很远大。马文·明斯基（Marvin Minsky）是符号人工智能方法最著名的先驱和支持者之一。他在 1967 年声称："在一代人的时间内……创造'人工智能'的问题将会得到实质性的解决。" 3 年后，也就是 1970 年，他做了一个更精确的量化预测："在 3 ~ 8 年的时间里，我们将拥有达到正常人类智力水平的机器。" 到了 2016 年，这样的成就似乎仍然遥不可及（我们仍然无法预测还需要多久）；但在 20 世纪 60 年代和 70 年代初，一些专家认为它近在眼前（今天许多人也是这么认为的）。几年后，由于这些高期望没有成为现实，研究人员和政府资金开始远离这一领域，从而带来了人工智能的第一个冬天（借用了核冬天的提法，因为这是在冷战高峰之后不久发生的)。

它不是最后一个。20 世纪 80 年代，一种对符号人工智能的全新理解（专家系统）开始在大公司中掀起热潮。一些最初的成功故事引发了一波投资浪潮，全球各地的企业纷纷成立自己的人工智能部门来开发专家系统。1985 年前后，这些公司每年在该技术上的花费超过 10 亿美元；但到了 20 世纪 90 年代初，事实证明，这些系统维护成本高昂，规模难以扩大，而且应用范围有限，于是人们的兴趣逐渐减退。人工智能的第二个冬天就这样开始了。

我们可能正在见证人工智能的第三轮炒作和失望，目前仍处于极度乐观的阶段。我们最好降低短期期望，并确保不太熟悉该领域技术的人能够清楚地知道深度学习能带来什么，不能带来什么。

1.1.8　人工智能的潜力

我们可能对人工智能有一些不切实际的短期期望，但长期前景看起来是光明的。我们只是刚刚开始将深度学习应用到许多重要的问题上，在这些问题（从医学诊断到数字助手）上深度学习可能被证明具有变革性。在过去的 5 年中，人工智能研究一直在迅速向前发展，这在很大程度上是由于人工智能历史上从未有过这么大的资金投入。但到目前为止，只有相对很少的一些进展应用到了构成我们世界的产品和过程中。深度学习的大多数研究结果还没有得到应用，或者至少没有应用到它们可以解决的所有行业问题上。你的医生还没有使用人工智能，你的会计师也没有，你可能也不会在日常生活中使用人工智能技术。当然，你可以问你的智能手机简单的问题，并得到合理的答案；你可以在 Amazon.com 上得到相当有用的产品推荐；你可以在 Google Photos 上搜索"生日"，然后立即找到你女儿上个月生日派对的照片。这与此类技术过去的定位相去甚远，而且这些工具仍然只是我们日常生活的辅助，人工智能还没有转变为我们工作、思考和生活方式的核心。

现在，我们可能很难相信人工智能会对我们的世界产生巨大的影响，因为它还没有得到广泛的应用——就像 1995 年，人们很难相信互联网的未来影响一样。那时候，大多数人都不知道互联网与他们有什么关系，也不知道它将如何改变他们的生活。今天的深度学习和人工智能也是如此。但毫无疑问：人工智能即将到来。在不远的将来，人工智能将成为你的助手，甚至是你的朋友；它将回答你的问题，帮助教育你的孩子，并照顾你的健康。它将把你的货物送到家门口，把你从一个地方送到另一个地方。它将成为你通往一个日益复杂的信息密集型世界的接口。更重要的是，人工智能将促进人类的整体进步，例如辅助人类科学家在从基因组学到数学的所有科学领域取得新的突破性发现。

在此过程中，我们可能会遇到一些挫折，或许还会迎来一个新的人工智能冬天——就像 1998 ~ 1999 年互联网行业被过度炒作，并在 21 世纪初遭遇投资枯竭的崩盘一样。但我们最终会到达那里的。人工智能最终将被应用到构成我们社会和日常生活的几乎每一个过程中，就像今天的互联网一样。

不要相信短期的炒作，但要相信长远的前景。人工智能要发挥其真正的潜力还需要一段时间（这种潜力是今天的人们不可想象的），但人工智能即将到来，它将以一种奇妙的方式改变我们的世界。

1.2　在深度学习之前：机器学习简史

深度学习已经达到了人工智能历史上前所未有的公众关注度和业界投资水平，但它并不是机器学习的第一种成功形式。可以肯定地说，当今业界使用的大多数机器学习算法都不是深度学习算法。深度学习并不总是适合的工具——有时候，没有足够的数据来应用深度学习，有时候可以通过其他算法来更好地解决问题。如果深度学习是你与机器学习的第一次接触，那么你可能会发现自己处于这样一种境地：你所拥有的只是深度学习的锤子，而每一个机器学习的问题都像钉子一样。不落入这个陷阱的唯一方法是熟悉其他方法，并在适当的时候利用它们进行实践。

对经典机器学习方法的详细讨论不在本书的范围之内，但是我们将简要地回顾一下它们，并描述它们的发展历史。这将使我们能够把深度学习放在更广泛的机器学习的背景下，更好地理解深度学习从何而来，以及它为什么重要。

1.2.1　概率建模

概率建模是统计学原理在数据分析中的应用。这是最早的机器学习方式之一，至今仍被广泛使用。这类算法中最著名的算法之一是朴素贝叶斯算法。

朴素贝叶斯是一种基于贝叶斯定理的机器学习分类器，它假设输入数据中的特征都是独立的（一种很强的或"朴素的"假设，这就是名称的来源）。这种形式的数据分析比计算机更早出现，而且在第一次计算机实现（很可能要追溯到 20 世纪 50 年代）前的几十年就被手工应用。贝叶斯定理和统计学基础可以追溯到 18 世纪，有了它们就可以开始使用朴素贝叶斯分类器了。

一个密切相关的模型是**逻辑回归**（简称 *logreg*），它有时被认为是现代机器学习的"hello world"。不要被它的名字误导了，logreg 是一个分类算法而不是回归算法。就像朴素贝叶斯一样，logreg 的出现比计算机技术早很多；而且由于其简单和多用途的特性，它至今仍然有用。数据科学家通常会首先尝试在数据集上使用逻辑回归来初步了解手头的分类任务。

1.2.2　早期的神经网络

神经网络的早期迭代已经完全被本书中所涵盖的现代变体所取代，但是了解深度学习的起源还是很有帮助的。尽管早在 20 世纪 50 年代就出现了对神经网络核心思想的初步研究，但过了几十年这种方法才真正能应用。在很长一段时间里，人们缺少训练大型神经网络的有效方法。这种情况在 20 世纪 80 年代中期得到了改变，当时许多人独立地重新发现了后向传播算法［一种利用梯度下降优化来训练参数运算链的方法（本书后面将精确地定义这些概念）］并开始将其应用于神经网络。

神经网络的第一次成功的实际应用是在 1989 年，来自贝尔实验室的 Yann LeCun 将早期的卷积神经网络和后向传播的思想结合起来，并将其应用于手写数字分类的问题。由此产生的网络被称为 *LeNet*，该网络在 20 世纪 90 年代被美国邮政服务公司用于自动读取邮件信封上的邮编。

1.2.3　核方法

当神经网络在 20 世纪 90 年代开始获得研究人员的关注时，一种新的机器学习方法由于其第一次的成功而声名鹊起，并迅速将神经网络送回人们的记忆中。这种新方法就是核方法。**核方法**是一组分类算法，其中最著名的是**支持向量机**（SVM）。SVM 的现代公式是贝尔实验室的 Vladimir Vapnik 和 Corinna Cortes 在 20 世纪 90 年代初开发，并于 1995 年[⊖]发表的。不过 Vapnik 和 Alexey Chervonenkis 早在 1963 年[⊖]就发表了一个更老的线性公式。

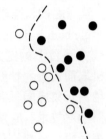

图 1.10　决策边界

SVM 旨在通过在属于两个不同类别的两组点之间找到好的**决策边界**（见图 1.10）来解决分类问题。决策边界可以看作是一条线或一个曲面，将你的训练数据分隔成对应于两个类别的两个空间。要对新数据点进行分类，只需检查它们位于决策边界的哪一边。

SVM 通过两个步骤找到这些边界：

1）将数据映射到新的高维表述，其中决策边界可以表示为超平面（如果数据是二维的，见图 1.10，超平面将是一条直线）。

2）通过试图最大化超平面和离每个类最近的数据点之间的距离来计算一个好的决策边界（分离超平面），这个步骤叫作**最大化边界**。这允许边界很好地用于训练数据集之外的新样本。

将数据映射到高维表述使分类问题变得更简单的技术在纸面上可能看起来不错，但在实践中常常难以计算。于是**核技巧**（核方法得名的关键思想）出现了。以下是它的要点：要在新的表述空间中找到好的决策超平面，不需要显式地计算新空间中点的坐标；只需要计算那个空间中的点对之间的距离，这可以使用**核函数**有效地完成。核函数是一个易于计算的操作，它将初始空间中的任意两点映射到目标表述空间中这两点之间的距离，完全绕过了新表述的显式计算。核函数通常是手工设计的，而不是从数据中学习得到——以支持向量机为例，只需要学习分离超平面。

在它们被开发的时候，SVM 在简单分类问题上表现出了最先进的性能，并且是为数不多的具备广泛理论支持并经得起严谨数学分析的机器学习方法之一，这使其易于理解和解释。由于这些有用的属性，在相当长的一段时间内 SVM 在这个领域非常受欢迎。

但事实证明，SVM 难以扩展到大型数据集，而且无法为图像分类等感知问题提供良好的结果。因为 SVM 是一种浅层的方法，所以将 SVM 应用于感知问题需要首先手工提取有用的表述（这一步称为**特征工程**），这是一个困难且脆弱的步骤。

1.2.4　决策树、随机森林、梯度提升机

决策树是一种类似流程图的结构，它允许对输入数据点进行分类或预测给定输入的输出值（见图 1.11）。它们易于可视化，也易于解释。从数据中学到的决策树在 21 世纪头 10

⊖　Vladimir Vapnik and Corinna Cortes, "Support-Vector Networks," *Machine Learning* 20, no. 3 (1995): 273–297.

⊖　Vladimir Vapnik and Alexey Chervonenkis, "A Note on One Class of Perceptrons," *Automation and Remote Control* 25 (1964).

年开始引起广泛的研究兴趣，到 2010 年时决策树比核方法更受青睐。

特别地，**随机森林**算法引入了一种健壮、实用的决策树学习方法，它涉及构建大量的专门决策树，然后集成它们的输出。随机森林适用于各种各样的问题——可以说，对于任何浅层机器学习任务，它们几乎总是第二好的算法。当著名的机器学习竞赛网站 Kaggle（https://kaggle.com）于 2010 年启动时，随机森林迅速成为平台上的宠儿，直到 2014 年被**梯度提升机**取而代之。梯度提升机很像随机森林，是一种基于集成弱预测模型（通常是决策树）的机器学习技术。它使用的**梯度提升法**通过迭代

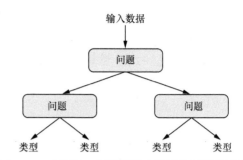

图 1.11　决策树：所学到的参数是关于数据的问题。问题可能是"数据中的系数 2 是否大于 3.5？"

训练新模型来改进任何机器学习模型，所训练的这些新模型专门针对以前模型的缺点。应用于决策树时，使用梯度提升技术可以使得模型在大多数情况下比随机森林表现更好，同时具有相似的特性。它可能是当今处理非感知数据的最好算法之一。除了用于深度学习之外，它也是 Kaggle 竞赛中最常用的技术之一。

1.2.5　回到神经网络

2010 年左右，科学界的大多数人几乎完全回避神经网络，但许多仍在研究神经网络的人开始取得重大突破：多伦多大学的 Geoffrey Hinton 团队、蒙特利尔大学的 Yoshua Bengio 团队、纽约大学的 Yann LeCun 团队以及瑞士的 IDSIA。

2011 年，来自 IDSIA 的 Dan Ciresan 开始通过 GPU 训练的深度神经网络在各种学术图像分类竞赛中胜出，这是现代深度学习的第一次实际成功。但在 2012 年，随着 Hinton 团队进入大规模图像分类挑战 ImageNet，分水岭出现了。ImageNet 的挑战在当时是出了名的困难，它要求在对 140 万张图片训练后将高分辨率的彩色图像分成 1000 个不同的类别。2011 年，基于经典计算机视觉方法的优胜模型的 Top-Five 准确率仅为 74.3%。然后，在 2012 年，由 Alex Krizhevsky 带领、Geoffrey Hinton 指导的团队实现了 83.6% 的 Top-Five 准确率，这是一个显著的突破。自那以后，该竞赛每年都被深度卷积神经网络所主导。到 2015 年，优胜者的准确率达到了 96.4%，ImageNet 上的分类任务被认为得到了完全解决。

自 2012 年以来，深度卷积神经网络成为所有计算机视觉任务的首选算法；更一般地说，它们适用于所有感知任务。在 2015 年和 2016 年的主要计算机视觉会议上，几乎不可能找到不以某种形式涉及卷积神经网络的演讲。与此同时，深度学习也在许多其他类型的问题中得到了应用，比如自然语言处理。在大量的应用程序中，它完全取代了 SVM 和决策树。例如，在好几年的时间内，欧洲核子研究组织（CERN）一直使用基于决策树的方法分析来自大型强子对撞机（LHC）的 ATLAS 探测器的粒子数据；但 CERN 最终转向基于 Keras 的深度神经网络，因为它们的性能更高，而且在大型数据集上训练也很容易。

1.2.6　是什么让深度学习与众不同

深度学习发展如此之快的主要原因是它在许多问题上提供了更好的性能，但这不是唯一的原因。深度学习还使问题求解变得容易很多，因为它完全自动化了机器学习工作流中最关键的一步：特征工程。

以前的机器学习方法（浅层学习）只涉及将输入数据转换成一个或两个连续的表述空间，这通常通过高维非线性投影（SVM）或决策树等简单的转换来实现。但是，复杂问题所需要的精细表述通常无法用这种方法来实现。因此，人类必须竭尽全力使最初的输入数据更易于通过这些方法进行处理：他们必须手工为他们的数据设计良好的表述层，这就是**特征工程**。另一方面，深度学习完全自动化了这一步骤：通过深度学习，你可以一次性学习所有的特征，而不必自己去设计它们。这大大简化了机器学习的工作流程，通常用一个简单的端到端深度学习模型取代复杂的多级管道即可。

你可能会问，如果问题的关键是要有多个连续的表述层，那么是否可以重复使用浅层方法来模拟深度学习的效果？在实践中，浅层学习方法的连续应用收益迅速减少，因为**三层模型中的最优第一表述层不是单层或双层模型中的最优第一层**。深度学习的革命性之处在于，它允许一个模型同时学习所有层次的表述，而不是连续地（或者说贪婪地）去学习。通过联合特征学习，当模型调整其内部的某个特征时，所有依赖它的其他特征都会自动适应变化，而不需要人工干预。每一件事都受到一个反馈信号的监督：模型中的每一个变化都服务于最终目标。这比贪婪地堆叠浅层模型要强大得多，因为它允许将复杂、抽象的表述分解为一系列中间空间（层）来学习；每个空间都只是对前一个空间的简单转换。

深度学习能够从数据中学习，是因为它具有两个基本特征：一是**递增、逐层的方式，层数越高表述越复杂**；二是**这些中间增量表述可以被共同学习**，每一层更新时都要满足上一层和下一层的表述需求。这两个特性使深度学习比以往的机器学习方法要成功得多。

1.2.7　现代机器学习发展

了解机器学习算法和工具现状的一个好方法是调研 Kaggle 上的机器学习竞赛。由于其高度竞争的环境（一些竞赛有成千上万的参赛者和百万美元的奖金）和所覆盖的广泛机器学习问题，Kaggle 可以用来实际评估什么有效、什么无效。那么，什么样的算法能够可靠地赢得比赛呢？顶级参赛者使用什么工具？

在 2016 年和 2017 年，Kaggle 被两种方法所主导：梯度提升机和深度学习。具体来说，梯度提升用于有结构化数据可用的问题，而深度学习用于图像分类等感知问题。前者的实践者几乎总是使用优秀的 XGBoost 库。同时，由于其易用性和灵活性，大多数使用深度学习的 Kaggle 参赛者都使用 Keras 库。XGBoost 和 Keras 都支持最流行的两种数据科学语言：R 和 Python。

为了在今天的应用机器学习中取得成功，你应该要最熟悉这两种技术：用于浅层学习问题的梯度提升机和用于感知问题的深度学习。从技术角度讲，这意味着你需要熟悉 XG-Boost 和 Keras 这两个目前主导 Kaggle 竞赛的库。有了这本书，你已经离成功近了一大步。

1.3 为什么会有深度学习？为什么是现在

1989 年，人们就已经很好地理解了在计算机视觉领域进行深度学习的两个关键驱动：卷积神经网络和后向传播。长短期记忆（Long Short-Term Memory，LSTM）算法是把深度学习用于时间序列的基础，它是在 1997 年提出的，自那以后几乎没有变化。那么为什么深度学习直到 2012 年之后才腾飞呢？这 20 年发生了什么变化？

总的来说，3 种技术力量在推动机器学习的进步：

- 硬件；
- 数据集和基准；
- 算法的进步。

因为这一领域是由实验发现而非理论来引导的，仅当有适当的数据和硬件来尝试新想法（或者扩展旧想法，这更常见）时，算法才会进步。机器学习不像数学或物理那样，主要的进步可以用一支笔和一张纸来完成。它是一门工程科学。

在 20 世纪 90 年代和 21 世纪头 10 年，真正的瓶颈是数据和硬件。但在此期间发生的事情是：互联网腾飞，高性能的显卡被开发出来以满足游戏市场的需求。

1.3.1 硬件

从 1990 年到 2010 年，成品 CPU 的速度提高了大约 5000 倍。因此，现在有可能在笔记本电脑上运行小型的深度学习模型，而这在 25 年前是难以实现的。

但是，计算机视觉或语音识别中常用的深度学习模型所需要的计算能力要比笔记本电脑大上几个数量级。在整个 21 世纪前 10 年，英伟达（NVIDIA）和 AMD 等公司投资了数十亿美元开发快速、大规模并行的芯片［图形处理单元（GPU）］，以支持日益逼真的视频游戏——这是廉价、单一用途的超级计算机，用于在屏幕上实时呈现复杂的 3D 场景。当 2007 年英伟达推出 CUDA（https：//developer.nvidia.com/about-cuda）——一系列 GPU 的编程接口时，这项投资使科学界受益。从物理建模开始，少量 GPU 开始在各种高度可并行化的应用程序中替换大量的 CPU 集群。深度神经网络主要由许多小的矩阵乘法组成，也是高度可并行化的；在 2011 年前后，一些研究人员开始用 CUDA 实现神经网络——Dan Ciresan[⊖] 和 Alex Krizhevsky[⊖] 是最早的实现者。

当时的情况是，游戏市场为下一代人工智能应用资助了超级算力。有时候，大事开始于游戏。今天，NVIDIA TITAN X 这款游戏 GPU 在 2015 年底售价 1000 美元，在单精度上能达到 6.6 TFLOPS 的峰值，即每秒可进行 6.6 万亿次的 32 位浮点运算。这速度大约是你能从现代的笔记本电脑上得到的 350 倍。在 TITAN X 上，只需要几天就能训练出一种能在几年前赢得 ILSVRC 竞赛的 ImageNet 模型。与此同时，大公司还用数百个专门为深度学习需要而开发的 GPU（如 NVIDIA Tesla K80）组成集群，来训练深度学习模型。如果没有现

⊖ 见 "Flexible, High Performance Convolutional Neural Networks for Image Classification," *Proceedings of the 22nd International Joint Conference on Artificial Intelligence*（2011），www.ijcai.org/Proceedings/11/Papers/210.pdf.

⊖ 见 "ImageNet Classification with Deep Convolutional Neural Networks," *Advances in Neural Information Processing Systems* 25（2012），http：//mng.bz/2286.

代的 GPU, 这些集群的计算能力是不可能实现的。

更重要的是，深度学习行业正开始超越 GPU，并投资于日益专业化、高效的深度学习芯片。在 2016 年的年度 I/O 大会上，谷歌公布了它的张量处理单元（TPU）项目：一种面向深度神经网络的全新设计的芯片，据说它比 GPU 快 10 倍，而且远比 GPU 节能。

1.3.2　数据

人工智能有时被誉为新工业革命。如果说深度学习是这场革命的蒸汽机，那么数据就是它的燃料：为我们的智能机器提供动力的原材料，没有它，一切都不可能。在数据方面，除了过去 20 年存储硬件的指数级进步（遵循摩尔定律）外，最大的推动来自互联网的崛起，它使得收集和分发非常大的机器学习数据集成为可能。如今，大公司使用的图像数据集、视频数据集和自然语言数据集，在没有互联网的情况下是无法收集到的。例如，Flickr 上的用户生成的图像标签就是计算机视觉数据的宝库，YouTube 视频也是如此。维基百科则是自然语言处理的关键数据集。

如果有一个数据集是深度学习兴起的催化剂，那么它就是 ImageNet 数据集。该数据集由 140 万张图像组成，这些图像被手工标注了 1000 个图像类别（每张图像一个类别）。但是，让 ImageNet 与众不同的不仅仅是它的大规模，还有与之相关的年度竞赛⊖。

正如 Kaggle 平台自 2010 年以来一直在展示的那样，公共竞赛是激发研究人员和工程师挑战极限的极好方式。拥有研究人员竞相超越的共同基准，极大地帮助了近期深度学习的兴起。

1.3.3　算法

除了硬件和数据，直到 21 世纪前 10 年的后期，我们还缺少一种训练深度神经网络的可靠方法。因此，神经网络仍然是相当浅的，仅使用一层或两层表述；因此，它们无法对更精细的浅层方法（如 SVM 和随机森林）进行研究。关键的问题是通过深层层叠的**梯度传播**。用于训练神经网络的反馈信号会随着层数的增加而逐渐消失。

随着一些简单但重要的算法改进的出现，这种情况在 2009 ~ 2010 年发生了变化。这些改进使得梯度传播变得更好：

- 更好的神经层激活功能。
- 更好的权重初始化方案，该方案最初随分层预训练出现，但分层预训练很快就被放弃了。
- 更好的优化方案，如 RMSProp 和 Adam。

只有当这些改进开始允许有 10 个或更多层次的训练模型时，深度学习才开始显现出来。

最后，在 2014 年、2015 年和 2016 年，研究人员发现了更先进的帮助梯度传播的方法，如批次标准化、残差连接和深度可分卷积。今天，我们可以从头开始训练数千层深的模型。

⊖　ImageNet 大规模视觉识别挑战（ILSVRC），www.image-net.org/challenges/LSVRC.

1.3.4　新一轮投资潮

随着深度学习在 2012～2013 年成为计算机视觉的最先进技术，并最终成为所有感知任务的最先进技术，业界领袖们也开始重视。随之而来的是一波逐渐兴起的行业投资浪潮，远远超出了人工智能历史上的任何时期。

2011 年，就在深度学习受到关注之前，人工智能的资本投资总额约为 1 900 万美元，几乎全部用于浅层机器学习方法的实际应用中。到 2014 年，这一数字已升至惊人的 3.94 亿美元。在这 3 年中，数十家创业公司成立，试图利用深度学习的大肆宣传来变现。与此同时，谷歌、Facebook、百度和微软等大型科技公司也已经在内部研究部门投资，资金量很可能会令风险投资资金相形见绌。只有部分数字浮出水面：2013 年，谷歌以 5 亿美元收购了深度学习的初创企业 DeepMind，这是历史上最大的一次人工智能公司收购案。2014 年，百度在硅谷成立了一个深度学习研究中心，在该项目上投资 3 亿美元。英特尔在 2016 年以超过 4 亿美元的价格收购了深度学习硬件初创公司 Nervana Systems。

机器学习（尤其是深度学习）已经成为这些科技巨头产品战略的核心。2015 年末，谷歌首席执行官桑达尔·皮查伊（Sundar Pichai）表示："机器学习是一种核心的、变革性的方式，通过它我们可以重新思考如何去做每一件事。无论是搜索、广告、YouTube 还是 Play，我们都在深思熟虑地将它应用到我们所有的产品中。我们还处于早期阶段，但你会看到我们（以一种系统化的方式）将机器学习应用到所有这些领域[⊖]。

得益于这波投资浪潮，从事深度学习的人数在短短 5 年内从几百人增加到几万人，研究也取得了一系列令人瞩目的进展。目前还没有迹象表明这一趋势会很快放缓。

1.3.5　深度学习走向大众

在深度学习中推动新面孔流入的关键因素之一是该领域所使用的工具集的大众化。在早期，深度学习需要大量的 C++ 和 CUDA 专业知识，这是很少有人具备的。而现在，基本的 Python 或 R 脚本技术已经足够完成高级的深度学习研究了。这一切的主要驱动力来自 Theano 和 TensorFlow（两个支持自动微分的符号张量运算框架，极大地简化了新模型的实现）的发展，以及像 Keras 这样的易操作的库的兴起，后者使得深度学习像操纵乐高积木一样简单。在 2015 年初发布之后，Keras 迅速成为大量新创业公司、研究生和研究人员转向深度学习的首选方案。

1.3.6　它会持续下去吗

深度神经网络有什么特别之处，使它们成为企业投资、研究人员蜂拥进入的"正确"方向？还是说深度学习只是昙花一现不会持续太久？20 年后我们还会使用深度神经网络吗？

深度学习有几个性质可以证明它作为一场人工智能革命的地位，而且它将继续存在。20 年后，我们可能不会再使用神经网络，但无论我们使用什么，都将直接继承现代深度学习及其核心概念。这些重要的性质可以大致分为三类：

⊖　Sundar Pichai, Alphabet 盈利电话会议（earnings call），2015 年 10 月 22 日。

● **简单性**——深度学习消除了对特征工程的需求，用简单的端到端可训练模型替换复杂、脆弱、工程繁重的管道，这些模型通常仅使用 5 个或 6 个不同的张量运算构建。

● **可扩展性**——深度学习非常适合 GPU 或 TPU 上的并行化，因此它可以充分利用摩尔定律。此外，通过迭代小批次数据来训练深度学习模型，允许它们在任意大小的数据集上进行训练。（唯一的瓶颈是可用的并行算力，但根据摩尔定律，这个屏障也是在快速向前移动的。）

● **多样性和可重用性**——与以前的许多机器学习方法不同，深度学习模型可以在不从头开始的情况下对额外的数据进行训练，使它们能够进行持续的在线学习——这是非常大的生产模型的一个重要性质。此外，经过训练的深度学习模型是可转变用途的，因此可以重复使用：例如，可以把训练用于图像分类的深度学习模型放入视频处理管道中。这使我们可以将以前的工作添加到日益复杂和强大的模型中。这也使得深度学习适用于相当小的数据集。

深度学习受到广泛关注只有几年的时间，我们还没有完全确定它的能力范围。每过一个月，我们都会看到能弱化以前限制的新用例和工程改进。科学革命发生后，进展通常遵循 S 形曲线：一开始进展很快，随着研究人员触及硬件限制而逐渐稳定，进一步的改进则是渐进的。2017 年的深度学习似乎是 S 形的前半部分，未来几年将有更多的进展。

第 **2** 章

在我们开始前：
构建神经网络的数学模块

本章内容包括：
- 第一个神经网络的例子；
- 张量和张量运算；
- 神经网络如何通过后向传播和梯度下降来学习。

理解深度学习需要熟悉许多简单的数学概念：张量、张量运算、导数、梯度下降等。我们在本章中的目标是在不过分强调专业化背景的基础上，建立你对这些概念的直观理解。特别是，我们将避开对于那些没有任何数学背景的人来说，可能令其反感的数学符号，因为它们并不是把事情解释清楚的必备内容。

为了增加一些有关张量和梯度下降的内容，我们将从一个神经网络的实际例子开始本章。然后我们将逐步介绍每一个被引入的新概念。请记住，这些概念对于你理解后续章节中的实际示例至关重要！

阅读本章后，你将对神经网络的工作原理有一个直观的了解，并且你将能够继续学习从第 3 章开始的实际应用。

2.1　有关神经网络的第一印象

让我们看一个使用 Keras R 包来学习对手写数字进行分类的神经网络的具体示例。除非你已经拥有关于 Keras 或类似库的经验，否则你将无法立即理解这第一个示例中的全部内容。你可能还没有安装过 Keras；没关系。在下一章中，我们将回顾示例中的每个元素并进行详细解释。所以不要担心，即便一些步骤看似随意或对你来说看起来像魔术！因为我们总是需要从某个地方开始。

我们在这里要解决的问题是将手写数字的灰度图像（28×28 像素）分为 10 个类别（0～9）。我们将使用 MNIST 数据集，这是机器学习社区中的一个经典，它的历史几乎与该领域的历史一样长，并且已经过深入研究。MNIST 数据集拥有 60000 张训练图像和 10000 张测试图像，由美国国家标准与技术研究院（MNIST 中的 NIST）于 20 世纪 80 年代收集整理而成。你可以将"解决"MNIST 视为深度学习的"hello world"，你要做的就是验证算法是否按预期工作。当你成为机器学习从业者时，你会看到 MNIST 在科学论文、博客文章等中反复出现。图 2.1 给出了一些 MNIST 样本。

> 类和标签
>
> 在机器学习中，分类问题中的类别称为类，数据点称为样本，与特定样本关联的类称为标签。

图 2.1　MNIST 样本数字

你现在不需要尝试在计算机上重现此示例。如果你愿意，你首先需要安装 3.3 节中介绍的 Keras。

MNIST 数据集以训练列表和测试列表的形式预先加载在 Keras 中，每个列表包括一组图像（x）和相关标签（y）。

代码清单 2.1　在 Keras 中加载 MNIST 数据集

```
library(keras)

mnist <- dataset_mnist()
train_images <- mnist$train$x
train_labels <- mnist$train$y
test_images <- mnist$test$x
test_labels <- mnist$test$y
```

train_images 和 train_labels 构成训练集：模型会从这些数据中学习。然后模型将在测试集（test_images 和 test_labels）上测试。图像被编码为三维数组，标签是一维数字数组，取值范围从 0 到 9。图像和标签具有一一对应关系。

R 中的 str() 函数是一种方便的方法，可以快速了解数组的结构。让我们用它来查看训练数据：

```
> str(train_images)
 int [1:60000, 1:28, 1:28] 0 0 0 0 0 0 0 0 0 0 ...
> str(train_labels)
 int [1:60000(1d)] 5 0 4 1 9 2 1 3 1 4 ...
```

这是测试数据：

```
> str(test_images)
 int [1:10000, 1:28, 1:28] 0 0 0 0 0 0 0 0 0 0 ...
> str(test_labels)
 int [1:10000(1d)] 7 2 1 0 4 1 4 9 5 9 ...
```

工作流程如下：首先，我们将向神经网络提供训练数据，`train_images` 和 `train_labels`。然后，网络将学习图像和标签之间的关联关系。最后，我们将要求神经网络为 `test_images` 生成预测，我们将验证这些预测是否与 `test_labels` 中的标签匹配。

让我们再次建立网络，记住你没必要完全理解这个例子的所有内容。

代码清单 2.2　网络架构

```
network <- keras_model_sequential() %>%
  layer_dense(units = 512, activation = "relu", input_shape = c(28 * 28)) %>%
  layer_dense(units = 10, activation = "softmax")
```

如果你不熟悉上述用于调用网络对象的管道运算符（%>%），请不要担心：当我们在本章末尾再次回顾此示例时，我们将介绍这一点。现在，在脑海中理解它为"然后"：从模型开始，然后添加一个层，然后添加另一个层，依此类推。

神经网络的核心构建块是层，这是一个数据处理模块，你可以将其视为数据过滤器。一些数据进入其中，并以某种更有用的形式出来。具体而言，层从提供给它们的数据中提取**表述**，希望这些表述对于手头的问题更有意义。大多数深度学习包括将简单的层链接在一起，这些层将实现逐步**数据蒸馏**的形式。深度学习模型就像是数据处理的筛子，由一系列不断完善的数据过滤器（层）组成。

在这里，我们的网络由两层序列组成，这两层是稠密连接（也称为**完全连接**）神经层。第二层（也是最后一层）是 10 路 *softmax* 层，这意味着它将返回由 10 个（总和为 1 的）概率分数组成的数组。每个分数将是当前数字图像属于 10 个数字类别之一的概率。

为了使网络能用于训练，我们还需要三样东西，作为**编译步骤**的一部分：

● **损失函数**：网络如何衡量其在训练数据上的表现，以及它如何能够在正确的方向上引导自身。

● **优化器**：网络根据其看到的数据及损失函数进行自我更新的机制。

● **在训练和测试期间监控的度量**：这里我们只关心准确率（正确分类的图像的比例）。

在接下来的两章中，将明确说明损失函数和优化器的确切目的。

代码清单 2.3　编译步骤

```
network %>% compile(
  optimizer = "rmsprop",
  loss = "categorical_crossentropy",
  metrics = c("accuracy")
)
```

你会注意到 compile() 函数修改了网络（而不是返回一个新的网络对象，这在 R 中是更常见的）。我们将在本章后面重新讨论这个例子时解释原因。

　　在训练之前需要进行数据的预处理，我们将数据重塑为网络预期的格式并对其进行缩放以使所有值都在 [0,1] 区间内。例如，我们的训练图像以前存储在格式为 (60000,28,28) 的整型数组中，其值在 [0,255] 区间中。我们将其转换为格式为 (60000,28*28) 的 double 型数组，其值介于 0 和 1 之间。

代码清单 2.4　准备图像数据

```
train_images <- array_reshape(train_images, c(60000, 28 * 28))
train_images <- train_images / 255

test_images <- array_reshape(test_images, c(10000, 28 * 28))
test_images <- test_images / 255
```

　　请注意，我们使用 array_reshape() 函数而不是 dim<-() 函数来重塑数组。后面讨论张量重塑时会解释原因。

　　我们还需要对标签进行分类编码，这一步骤将在第 3 章中解释。

代码清单 2.5　准备标签

```
train_labels <- to_categorical(train_labels)
test_labels <- to_categorical(test_labels)
```

　　我们现在已经准备好训练网络，在 Keras 中通过调用网络的 fit 方法来完成——使模型与其训练数据相匹配：

```
> network %>% fit(train_images, train_labels, epochs = 5, batch_size = 128)
Epoch 1/5
60000/60000 [==============================] - 9s - loss: 0.2575 -
      acc: 0.9255
Epoch 2/5
60000/60000 [==============================] - 10s - loss: 0.1038 -
      acc: 0.9687
Epoch 3/5
60000/60000 [==============================] - 10s - loss: 0.0688 -
      acc: 0.9793
Epoch 4/5
60000/60000 [==============================] - 9s - loss: 0.0496 -
      acc: 0.9855
Epoch 5/5
60000/60000 [==============================] - 9s - loss: 0.0372 -
      acc: 0.9883
```

　　在训练期间显示两个量：训练数据上的网络损失，以及网络对训练数据的准确率。

　　我们很快就在训练数据上达到了 0.989（98.9%）的准确率。现在让我们确认一下模型在测试集上的表现也很好：

```
> metrics <- network %>% evaluate(test_images, test_labels)
> metrics
$loss
[1] 0.07519608

$acc
[1] 0.9785
```

测试集上的准确率为 97.8%，比训练集准确率低较多。训练准确率和测试准确率之间的这一差距是**过拟合**的一个示例：机器学习模型在新数据上的表现往往比在训练数据上要差。过拟合是第 3 章的核心内容。

让我们为测试集的前 10 个样本生成预测：

```
> network %>% predict_classes(test_images[1:10,])
 [1] 7 2 1 0 4 1 4 9 5 9
```

这是我们的第一个例子。你刚刚看到了如何构建和训练神经网络，以便在少于 20 行的 R 代码中对手写数字进行分类。在下一章中，我们将详细讨论刚刚看到的每一块内容，并阐明幕后发生的事情。我们将学习张量（进入网络的数据存储对象）、张量运算（层的组成部分）以及梯度下降（允许网络从其训练示例中学习）。

2.2 神经网络的数据表示

在前面的示例中，我们从存储在多维数组中的数据（也称为张量）开始。通常，当前所有的机器学习系统都使用张量作为其基本数据结构。张量是该领域的基础，因此谷歌的 TensorFlow 以它命名。那么什么是张量？

张量是向量和矩阵到任意数量维度的泛化（注意，在张量的定义中，**维度**通常称为**轴**）。在 R 中，向量用于创建和操纵一维张量，矩阵用于二维张量。对于更高的维度，使用数组对象（支持任意维度）。

2.2.1 标量（零维张量）

仅包含一个数的张量称为**标量**（或**标量张量**、**零维张量**、**0D 张量**）。R 语言中没有表示标量的数据类型（所有数值对象都是向量、矩阵或数组），但长度始终为 1 的 R 向量在概念上类似于标量。

2.2.2 向量（一维张量）

一维数值数组称为**向量**或**一维张量**。一维张量恰好有一个轴。我们可以将 R 向量转换为数组对象以检查其维度：

```
> x <- c(12, 3, 6, 14, 10)
> str(x)
 num [1:5] 12 3 6 14 10

> dim(as.array(x))
[1] 5
```

该向量有五个条目，因此称为**五维向量**。不要将五维向量与五维张量混淆！五维向量仅具有一个轴并且沿其轴具有五个维度，而五维张量具有五个轴（并且沿着每个轴可以具有任何数量的维度）。**维度**可以表示沿着具体某个轴的条目数（例如五维向量的情况）或张量中的轴数（例如五维张量），这有时会令人困惑。在后一种情况下，称其为**阶 5 张量**（张量的阶是轴的数量）在技术上更正确，但是模糊的表示**五维张量**也是常见的。

2.2.3　矩阵（二维张量）

二维数值数组是**矩阵**或**二维张量**。矩阵具有两个轴（通常称为**行**和**列**）。你可以直观地将矩阵解释为矩形数值网格：

```
> x <- matrix(rep(0, 3*5), nrow = 3, ncol = 5)
> x
     [,1] [,2] [,3] [,4] [,5]
[1,]    0    0    0    0    0
[2,]    0    0    0    0    0
[3,]    0    0    0    0    0

> dim(x)
[1] 3 5
```

2.2.4　三维张量和高维张量

如果将这样的矩阵打包到一个新数组中，你将获得一个三维张量，你可以在视觉上将其解释为数值立方体：

```
> x <- array(rep(0, 2*3*2), dim = c(2,3,2))
> str(x)
num [1:2, 1:3, 1:2] 0 0 0 0 0 0 0 0

> dim(x)
[1] 2 3 2
```

通过在数组中打包三维张量，你可以创建四维张量，依此类推。在深度学习中，你通常会操作零维到四维的张量，但如果处理视频数据，可能会达到五维。

2.2.5　关键属性

张量由三个关键属性定义：

- **轴数（阶）**：例如，三维张量具有三个轴，矩阵具有两个轴。
- **格式**：这是一个整型向量，用于描述张量沿每个轴的维数。例如，先前的矩阵示例具有格式（3,5），而三维张量示例具有格式（2,3,2）。向量具有单个元素的格式，例如（5）。你可以使用dim()函数访问任何数组的维度。
- **数据类型**：这是张量中包含的数据类型；例如，张量的类型可以是integer或double。在极少数情况下，你可能会看到一个character张量。但是因为张量存在于预先分配的连续内存段中，并且字符串是可变长度的，实现不方便，因此很少使用它们。

为了使其更具体，让我们回顾一下我们在MNIST示例中处理的数据。首先，我们加载MNIST数据集：

```
library(keras)
mnist <- dataset_mnist()
train_images <- mnist$train$x
train_labels <- mnist$train$y
test_images <- mnist$test$x
test_labels <- mnist$test$y
```

接下来，我们显示张量train_images的轴数：

```
> length(dim(train_images))
[1] 3
```

这是它的格式：

```
> dim(train_images)
[1] 60000    28    28
```

这是它的数据类型：

```
> typeof(train_images)
[1] "integer"
```

所以我们得到了整型的三维张量。更准确地说，它是一个包含 60 000 个 28 × 28 整数矩阵的数组。每个这样的矩阵都是灰度图像，系数在 0 ~ 255 之间。

让我们绘制这个三维张量中的第五个数字（见图 2.2）：

```
digit <- train_images[5,,]
plot(as.raster(digit, max = 255))
```

图 2.2   数据集中的第五个样本

2.2.6   在 R 中使用张量

在前面的示例中，我们使用语法 train_images[i,,] 在第一轴旁边选择了一个具体的数字。选择张量中的具体元素称为**张量切片**。让我们看看 R 数组上的张量切片操作。

以下示例选择数字 # 10 到 # 99 并将它们放入一个格式为（90, 28, 28）的数组：

```
> my_slice <- train_images[10:99,,]
> dim(my_slice)
[1] 90 28 28
```

下面这种更详细的等价表示，指定了沿每个张量轴的切片的起始索引和停止索引：

```
> my_slice <- train_images[10:99,1:28,1:28]
> dim(my_slice)
[1] 90 28 28
```

通常，你可以在每个张量轴上的任意两个索引之间进行选择。例如，要在所有图像的右下角选择 14 × 14 像素，请执行以下操作：

```
my_slice <- train_images[, 15:28, 15:28]
```

2.2.7   数据批次的概念

通常，你在深度学习中遇到的所有数据张量中的第一个轴将是**样本轴**（有时称为**样本维度**）。在 MNIST 示例中，样本是数字的图像。

此外，深度学习模型不会立即处理整个数据集；相反，它们将数据分成小批次。具体来说，这是我们的一批 MNIST 数字，批次大小为 128：

```
batch <- train_images[1:128,,]
```

这是下一批：

```
batch <- train_images[129:256,,]
```

当考虑这种批次张量时，第一轴称为**批次轴**或**批次维度**。这是你在使用 Keras 和其他深度学习库时经常遇到的术语。

2.2.8　数据张量的真实示例

让我们通过一些与你稍后会遇到的类似的示例，使数据张量更加具体。你将处理的数据基本上属于以下类别：

- **向量数据**：格式为（samples,features）的二维张量；
- **时间序列数据或序列数据**：格式为（samples,timesteps,features）的三维张量；
- **图像**：格式为（samples,height,width,channels）或（samples,channels,height,width）的四维张量；
- **视频**：格式为（samples,frames,height,width,channels）或（samples,frames,channels,height,width）的五维张量。

2.2.9　向量数据

这是最常见的情况。在这样的数据集中，每个单个数据点可以编码为向量，因此一批数据将被编码为二维张量（即向量数组），其中第一个轴是**样本轴**，第二个轴是**特征轴**。

我们来看看两个例子：

- 个人精算数据集。我们考虑每个人的年龄、邮政编码和收入。每个人可以被表征为 3 个值的向量，因此可以将 100000 个人的整个数据集存储在格式为（100000,3）的二维张量中。
- 文本文档的数据集。我们通过每个单词出现在其中的次数（来自 20000 个常用词的字典）来表示每个文档。每个文档可以被编码为具有 20000 个值的向量（字典中每个单词一个计数），因此 500 个文档的数据集可以存储在格式为（500,20000）的张量中。

2.2.10　时间序列数据或序列数据

每当时间对你的数据（或序列顺序的概念）很重要时，将它存储在具有明确时间轴的三维张量中是有意义的。每个样本可以编码为一系列向量（二维张量），因此一批数据将被编码为三维张量（见图 2.3）。

按照惯例，时间轴始终是第二个轴。我们来看几个例子：

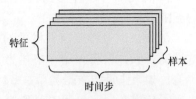

图 2.3　三维时间序列数据张量

- 股票价格数据集。每分钟，我们都会存储当前的股票价格、过去一分钟的最高价格以及过去一分钟的最低价格。因此，每一分钟的数据被编码为三维向量，整个交易日的数据被编码为格式为（390,3）的二维张量（每个交易日中有 390 分钟），250 天的数据可以存储在格式为（250,390,3）的三维张量中。在这里，每个样本都是一天的数据。
- 推文数据集，我们将每条推文编码为 140 个字符的序列，字符来自 128 个不同字符组成的字母表。在此设置中，每个字符可以编码为大小为 128 的二值向量（全零向量，只有对应于该字符的索引处为 1）。然后，每个推文可以被编码为格式为 (140,128) 的二维张量，并且 100 万个推文的数据集可以存储在格式为 (1000000,140,128) 的张量中。

2.2.11　图像数据

图像通常具有三个维度：高度、宽度和颜色深度。尽管灰度图像（如我们的 MNIST 数字）仅具有单个颜色通道并且因此可以存储在二维张量中，但是按照惯例，图像张量总是三维的，其中一维颜色通道用于灰度图像。因此，一批尺寸为 256×256 的 128 张灰度图像可以存储在格式为 (128,256,256,1) 的张量中，而一批 128 张彩色图像可以存储在格式为 (128,256,256,3) 的张量中（见图 2.4）。

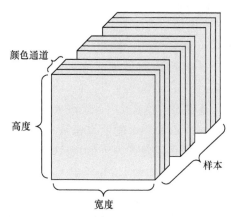

图 2.4　四维图像数据张量（通道优先惯例）

图像张量的格式有两种惯例：**通道最后**惯例（由 TensorFlow 使用）和**通道优先**惯例（由 Theano 使用）。来自 Google 的 TensorFlow 机器学习框架将颜色深度轴放在末尾：(samples,height,width,color_depth)，而 Theano 将颜色深度轴放在批次轴之后：(samples,color_depth,height,width)。如果使用 Theano 惯例，前面的例子将变为 (128,1,256,256) 和 (128,3,256,256)。Keras 框架为两种格式都提供了支持。

2.2.12　视频数据

视频数据是你需要五维张量的少数几种真实数据之一。视频可以被理解为帧序列，每个帧是彩色图像。因为每个帧可以存储在三维张量 (height,width,color_depth) 中，所以帧的序列可以以四维张量 (frames,height,width,color_depth) 存储，因此一批不同的视频可以存储在格式为 (samples,frames,height,width,color_depth) 的五维张量中。

例如，以每秒 4 帧采样的 60 秒、144×256 YouTube 视频片段具有 240 帧。一批四个这样的视频片段将存储在格式为 (4,240,144,256,3) 的张量中。这总共有 106 168 320 个值！如果张量的数据类型是 double，则每个值以 64 位存储，因此张量将占据 810 MB。太大了！你在现实生活中遇到的视频要小得多，因为它们不会以 double 类型存储，而且通常会被大比例压缩（例如采用 MPEG 格式）。

2.3　神经网络的齿轮：张量运算

就像任何计算机程序都可以简化为二进制输入上的一些二进制运算（AND、OR、NOR 等），深度神经网络学习的所有变换都可以简化为应用于数值数据张量的少数张量运算。例如，可以计算张量的和、乘积等。

在我们的初始示例中，我们通过将全连接层彼此堆叠来构建我们的网络。层实例如下所示：

```
layer_dense(units = 512, activation = "relu")
```

该层可以被解释为一个函数，它将二维张量作为输入并返回另一个二维张量——输入张量的新表示。具体来说，函数如下（其中 W 是二维张量，b 是向量，两者都是层的属性）：

```
output = relu(dot(W, input) + b)
```

我们深入研究一下。这里有三个张量运算：输入张量和一个名为 W 的张量之间的点积（dot）；得到的二维张量和向量 b 之间的加（+）；最后是 relu 运算，relu(x) 即 max(x,0)。

注意：虽然本节涉及线性代数表达式，但你在此处找不到任何数学符号。我们发现，如果把数学概念表达为短代码片段而不是数学公式，那么它们可以更容易地被没有数学背景的读者掌握。所以，我们将始终使用 R 代码。

2.3.1　逐元素运算

relu 运算和加法是逐元素的运算：独立应用于正在考虑的张量中的每个条目的运算。这意味着这些运算非常适合大规模并行实现（**向量化**实现，这一术语来自 1970 ~ 1990 年期间的**向量处理器**超级计算机体系结构）。如果你想编写逐元素运算的朴素 R 实现，你可以使用 for 循环，就像下面的逐元素 relu 运算实现一样：

```
naive_relu <- function(x) {          ◄———  x是二维张量(R矩阵)
  for (i in 1:nrow(x))
    for (j in 1:ncol(x))
      x[i, j] <- max(x[i, j], 0)
  x
}
```

你可以做同样的补充：

```
naive_add <- function(x, y) {        ◄———  x和y是二维张量(矩阵)
  for (i in 1:nrow(x))
    for (j in 1:ncol(x))
      x[i, j] = x[i, j] + y[i, j]
  x
}
```

根据相同的原理，你可以进行逐元素乘法、减法等。

实际上，在处理 R 数组时，这些运算可以用经过优化的内置 R 函数实现。如果安装了 BLAS（基本线性代数子程序，推荐安装）实现，就可以将繁重的任务委托给这些函数了。BLAS 是底层、高度并行、高效的张量运算例程，通常以 Fortran 或 C 实现。

因此，在 R 中，你可以执行以下的朴素逐元素运算，并且它们将非常快速：

```
z <- x + y          ◄——————  逐元素加法
z <- pmax(z, 0)     ◄——————  逐元素relu
```

2.3.2 包含不同维度张量的运算

我们早期对 naive_add 的简单实现仅支持相同格式的二维张量相加。但是在前面介绍的全连接层中，我们加上了一个带向量的二维张量。当两个待相加的张量格式不同时，加法如何进行？

R 的 sweep() 函数使你可以执行高维张量和低维张量之间的运算。使用 sweep()，我们可以执行前面描述的矩阵加向量加法，如下所示：

```
sweep(x, 2, y, `+`)
```

第二个参数（此处为 2）指定扫过 y 的 x 的维数。最后一个参数（这里是 +）是在扫描期间执行的运算，该运算应该是带两个参数 [x，以及由 y 通过 aperm() 生成的相同维度的数组] 的函数。

你可以在任意数量的维度中应用扫描，并且可以应用任何实现了两个数组间的向量化运算的函数。以下示例使用 pmax() 函数在四维张量的最后两个维度上扫描二维张量：

```
                                          x是具有格式(64, 3, 32, 10)的随机值的张量。
x <- array(round(runif(1000, 0, 9)), dim = c(64, 3, 32, 10))
y <- array(5, dim = c(32, 10))
                                          y是具有格式(32, 10)的全由5构成的张量。
z <- sweep(x, c(3, 4), y, pmax)

                                          输出z具有格式(64, 3, 32, 10)，如x。
```

2.3.3 张量点积

点积运算，也称为张量积（不要与逐元素的积相混淆）是最常见、最有用的张量运算。与逐元素运算相反，它结合了输入张量中的条目。

逐元素的积是使用 R 中的 * 运算符完成的，而点积使用 %*% 运算符：

```
z <- x %*% y
```

在数学表示中，你会看到带点（.）的运算：

```
z = x . y
```

数学上，点积有什么作用？让我们从两个向量 x 和 y 的点积开始。它的计算方法如下：

```
naive_vector_dot <- function(x, y) {
  z <- 0                                  x和y是一维张量(向量)
  for (i in 1:length(x))
    z <- z + x[[i]] * y[[i]]
  z
}
```

你会注意到两个向量之间的点积是标量，且只有具有相同元素数的向量才能进行点积运算。

你还可以在矩阵 x 和向量 y 之间取点积，它返回一个向量，其元素是 y 与 x 各行之间的点积。你按如下方式实现它：

```
naive_matrix_vector_dot <- function(x, y) {      ← x是二维张量(矩阵)。
                                                   y是一维张量(向量)
  z <- rep(0, nrow(x))
  for (i in 1:nrow(x))
    for (j in 1:ncol(x))
      z[[i]] <- z[[i]] + x[[i, j]] * y[[j]]
  z
}
```

你还可以重用我们之前编写的代码，这些代码突出了矩阵向量点积和向量点积之间的关系：

```
naive_matrix_vector_dot <- function(x, y) {
  z <- rep(0, nrow(x))
  for (i in 1:nrow(x))
    z[[i]] <- naive_vector_dot(x[i,], y)
  z
}
```

请注意，只要两个张量中的一个具有多个维度，`%*%` 就不再对称，也就是说 `x%*%y` 与 `y%*%x` 不同。

当然，点积可以推广到具有任意数量轴的张量。最常见的应用可能是两个矩阵之间的点积。当且仅当 `ncol(x)==nrow(y)` 时，你可以取两个矩阵 `x` 和 `y` 的点积 (`x%*%y`)。结果是具有格式 `(nrow(x),ncol(y))` 的矩阵，其中系数是的行和的列之间的向量积。下面是简单的实现：

```
naive_matrix_dot <- function(x, y) {
  z <- matrix(0, nrow = nrow(x), ncol = ncol(y))    ← x和y是二维张量(矩阵)
  for (i in 1:nrow(x))
    for (j in 1:ncol(y)) {
      row_x <- x[i,]
      column_y <- y[,j]
      z[i, j] <- naive_vector_dot(row_x, column_y)
    }
  z
}
```

要了解点积格式的兼容性，可以通过对齐它们使输入和输出张量可视化，如图 2.5 所示。

x、y 和 z 被描绘为矩形（意思是系数框）。因为 x 的行和 y 的列必须具有相同的大小，所以 x 的宽度必须与 y 的高度匹配。如果你继续开发新的机器学习算法，你可能会经常绘制这样的框图。

也就是说，你可以在高维张量之间计算点积，遵循与之前针对二维情况所述的格式兼

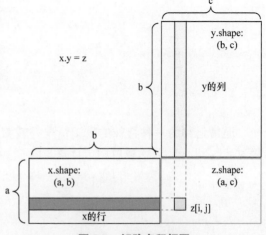

图 2.5　矩阵点积框图

容性相同的规则：

```
(a, b, c, d) . (d) -> (a, b, c)
(a, b, c, d) . (d, e) -> (a, b, c, e)
```

2.3.4　张量重塑

　　要理解的第三种张量运算是**张量重塑**。虽然在我们的第一个神经网络示例中没有在全连接层中使用它，但是在将其输入网络之前我们对其进行预处理时用到了：

```
train_images <- array_reshape(train_images, c(60000, 28 * 28))
```

　　请注意，我们使用 array_reshape() 函数而不是 dim<-(0) 函数来重塑数组。这样就可以使用行优先语义（与 R 默认的列优先语义相反）重新解释数据，而这又与 Keras（NumPy，TensorFlow 等）调用的数值库解释数组的方式兼容。在重塑将传递给 Keras 的 R 数组时，应始终使用 array_reshape() 函数。

　　重塑张量意味着重新排列其行和列以匹配目标格式。当然，重塑后的张量具有与初始张量相同的系数总数。通过简单的示例可以最好地理解重塑：

```
> x <- matrix(c(0, 1,
                2, 3,
                4, 5),
             nrow = 3, ncol = 2, byrow = TRUE)
> x
     [,1] [,2]
[1,]    0    1
[2,]    2    3
[3,]    4    5
> x <- array_reshape(x, dim = c(6, 1))
> x
     [,1]
[1,]    0
[2,]    1
[3,]    2
[4,]    3
[5,]    4
[6,]    5

 > x <- array_reshape(x, dim = c(2, 3))
 > x
     [,1] [,2] [,3]
[1,]    0    1    2
[2,]    3    4    5
```

　　通常遇到的一种特殊的重塑情况是**转置**。**转置**矩阵意味着交换其行和列，使得 x[i,] 变为 x[,i]。t() 函数可用于转置矩阵：

```
> x <- matrix(0, nrow = 300, ncol = 20)
> dim(x)
[1] 300  20

> x <- t(x)
> dim(x)
[1]  20 300
```

2.3.5　张量运算的几何解释

因为由张量运算操纵的张量的内容可以被解释为某些几何空间中的点的坐标，所以所有张量运算都具有几何解释。以加法为例，我们将从以下向量开始：

```
A = [0.5, 1.0]
```

它是二维空间中的一个点（见图 2.6）。将向量描绘为原点到该点的箭头是很常见的，如图 2.7 所示。

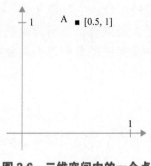

图 2.6　二维空间中的一个点

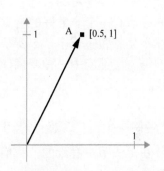

图 2.7　二维空间中的一个点，用箭头表示

让我们考虑一个新的点，B=[1,0.25]，我们将其加到前一个点上去。这在几何上可以通过将向量箭头连接在一起来完成，结果的位置是表示前两个向量之和的向量（见图 2.8）。

通常，诸如仿射变换、旋转、缩放等基本几何运算可以表示为张量运算。例如，二维向量旋转角度 θ 可以通过具有 2×2 矩阵 R=[u,v] 的点积来实现，其中 u 和 v 都是平面上的向量：u=[cos(θ),sin(θ)],v=[-sin(θ),cos(θ)]。

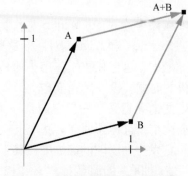

图 2.8　两个向量之和的几何解释

2.3.6　深度学习的几何解释

你刚刚了解到神经网络完全由张量运算链组成，并且所有这些张量运算都只是输入数据的几何变换。因此，你可以将神经网络解释为高维空间中非常复杂的几何变换，通过一系列简单的步骤实现。

在三维情况下，以下这幅想象的画面可能证明是有用的。想象一下两张彩色纸：一张红色，另一张蓝色。把一张放在另一张上面。现在把它们揉成一个小球。那个皱巴巴的纸球是你的输入数据，每张纸都是分类问题中的一类数据。神经网络（或任何其他机器学习模型）的意图是找到一种能展开纸球的变换方式，从而使两个类别再次完全分离。通过深度学习，这一过程可以用三维空间中的一系列简单的变换来实现，正如你用手指对纸球做的变换，每次做一个动作。

图 2.9　展开复杂的数据包

展开纸球是机器学习的目标：为复杂、高度混叠的数据包找到条理清晰的表述。在这一点上，你应该有一个非常好的直觉，为什么深度学习擅长于此：它采取了将一个复杂的几何变换逐步分解为一长串基本变换的方法，这几乎就是人类展开纸球将遵循的策略。深度网络中的每一层都应用一种变换使数据展开一点点，并且深层层叠使得极其复杂的过程也易于处理。

2.4　神经网络的引擎：基于梯度的优化

正如你在上一节中看到的，我们的第一个网络示例中的每个神经层都像下面这样变换其输入数据：

```
output = relu(dot(W, input) + b)
```

在该表达式中，W 和 b 是作为层属性的张量。它们被称为层的**权重**或**可训练参数**（分别是 kernel 和 bias 属性）。这些权重包含网络从训练数据中学到的信息。

最初，这些权重矩阵用小的随机值填充（该步骤称为**随机初始化**）。当然，当 W 和 b 是随机的时候，没有理由期望 relu(dot(W,input)+b) 将产生任何有用的表述。由此产生的表述毫无意义——但它们是一个起点。接下来是基于反馈信号逐渐调整这些权重。这种逐渐调整（也称为**训练**）基本上就是机器学习所涉及的学习过程了。

它发生在所谓的**训练**中，其工作原理如下。只要有必要，在回路中不断重复这些步骤：

1）抽取一批训练样本 x 和相应的目标 y。

2）在 x 上运行网络（该步骤称为**前向传播**）以获得预测 y_pred。

3）计算该批数据上网络的丢失，即衡量 y_pred 和 y 之间的不匹配。

4）以略微减少该批数据上的损失的方式更新网络的所有权重。

你最终会得到一个网络，其在训练数据上的损失非常低：预测 y_pred 和预期目标 y 之间的不匹配度很低。网络已经"学会"将其输入映射到正确的目标。乍一看可能像魔法一样，但如果你将其简化为基本步骤，那么就会变得非常简单。

第 1 步听起来很简单，只需 I/O 代码。第 2 步和第 3 步仅仅是少数张量运算的应用，因此你可以完全根据在上一节中学到的内容实现这些步骤。困难的部分是第 4 步：更新网络的权重。给定网络中的单个权重系数，你如何计算系数是应该增加还是减少，以及变化多少？

一个简单的解决方案是冻结网络中除了所考虑的标量系数之外的所有权重，并为该系数尝试不同的值。假设系数的初始值为 0.3。在前向传播一批数据之后，网络损失为 0.5。

如果将系数值更改为 0.35 并重新运行前向传播，损失增加为 0.6。但如果将系数降低到 0.25，则损失降至 0.4。在这种情况下，似乎更新系数使其减少 0.05 有助于最小化损失。对于网络中的所有系数都要重复这一过程。

但是这样的方法效率非常低，因为你需要为每个单独的系数（这样的系数有很多，通常是数千个，有时甚至是数百万个）计算两次前向传播（价格昂贵）。更好的方法是利用网络中使用的所有运算都**可微分**的事实，并基于网络的系数计算损失的**梯度**。然后，你可以沿着与梯度相反的方向改变系数，从而减少损失。

如果你已经知道**可微分**的含义以及什么是**梯度**，可以跳到 2.4.3 节。否则，以下两节将帮助你理解这些概念。

2.4.1　什么是导数

考虑连续的平滑函数 f(x)=y，它将实数 x 映射到新的实数 y。因为函数是连续的，x 的微小变化只能导致 y 的微小变化——这是连续性背后的直觉。假设你给 x 增加一个小因子 epsilon_x：这导致 y 发生一个值为 epsilon_y 的小变化：

```
f(x + epsilon_x) = y + epsilon_y
```

另外，因为函数是**平滑的**（即函数曲线没有任何突变的角度），当 epsilon_x 足够小时，在某个点 p 附近，可以将 f 近似为斜率为 a 的线性函数，于是 epsilon_y 变为 a*epsilon_x：

```
f(x + epsilon_x) = y + a * epsilon_x
```

显然，只有当 x 足够接近 p 时，这种线性近似才有效。

● 斜率 a 称为 f 在 p 处的**导数**。如果 a 为负数，则意味着 x 在 p 附近的微小变化将导致 f(x) 减小（见图 2.10）；如果 a 为正数，x 的微小变化将导致 f(x) 的增加。此外，a 的绝对值（导数的**大小**）告诉你这种增加或减少的发生速度。

对于每个可微分的函数 f(x)（**可微分**意味着"可以求导数"：例如，可以计算平滑的连续函数的导数），存在一个导数函数 f'(x)，它将 x 的一些值映射为 f(x) 的局部线性近似的

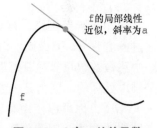

f的局部线性
近似，斜率为a

f

图 2.10　f 在 p 处的导数

斜率。例如，cos(x) 的导数是 -sin(x)，f(x)=a*x 的导数是 f'(x)=a 等。

如果你试图用因子 epsilon_x 更新以便最小化 f(x)，并且你知道的导数，那么你的工作就完成了：导数完全描述了当你改变 x 时 f(x) 如何演变。如果你想减小 f(x) 的值，你只需要在与导数相反的方向上把 x 移动一点就行。

2.4.2　张量运算的导数：梯度

梯度是张量运算的导数。这是导数概念在具有多维输入的函数（即以张量作为输入的函数）上的推广。

考虑输入向量 x，矩阵 W，目标 y 和损失函数 loss。你可以使用 W 计算目标候选 y_

pred，并计算目标候选 y_pred 和目标 y 之间的损失或者说不匹配：

```
y_pred = dot(W, x)
loss_value = loss(y_pred, y)
```

如果数据输入 x 和 y 被冻结，则可以将其解释为 W 将值映射到损失值的函数：

```
loss_value = f(W)
```

假设 W 的当前值是 W0。那么点 W0 处 f 的导数是与 W 具有相同格式的张量 gradient(f)(W0)，其中每个系数 gradient(f)(W0)[i,j] 表示我们修改 W0[i,j] 时要注意的 loss_value 的变化方向和大小。张量 gradient(f)(W0) 是 W0 处函数 f(W)=loss_value 的梯度。

前面看到，单个系数的函数 f(x) 的导数可以解释为 f 曲线的斜率。同样，gradient(f)(W0) 可以解释为描述 f(W) 在 W0 附近的**曲率**的张量。

基于这个原因，既然对于函数 f(x)，可以通过在与导数相反的方向上微量移动 x 来减小 f(x) 的值，那么对于张量的函数 f(W)，同样也可以通过在与梯度相反的方向上移动 W 来减小 f(W)：例如，W1=W0-step*gradient(f)(W0)（其中 step 是很小的缩放因子）。这意味着逆着曲率方向，直观上应该会使你在曲线上处于较低位置。请注意，需要缩放因子 step 是因为当 W 接近 W0 时，gradient(f)(W0) 仅接近曲率，而你不希望距离 W0 太远。

2.4.3　随机梯度下降

给定一个可微函数，理论上可以通过分析找到它的最小值：众所周知，函数的最小值是导数为 0 的点，所以你要做的就是找到导数为 0 的所有点并检查这些点中哪个点的函数具有最小值[⊖]。

应用于神经网络，这意味着通过分析找到产生最小可能损失函数的权值组合。这可以通过解方程 gradient(f)(W)=0 求 W 来完成。这是 N 个变量的多项式方程，其中 N 是网络中系数的数量。尽管可以为 N=2 或 N=3 求解这样的方程，但这对于真实的神经网络来说是难以处理的，因为其中参数的数量永远不会少于几千并且通常可能是几千万。

相反，你可以使用本节开头概述的四步算法：根据一批随机数据的当前损失值一点一点地修改参数。因为你正在处理一个可微函数，所以你可以计算它的梯度，这为你提供了一个有效的方法来实现第 4 步。如果你沿着与梯度相反的方向更新权重，每次损失都会少一些：

1）抽取一批训练样本 x 和相应的目标 y。

2）在 x 上运行网络以获取预测 y_pred。

3）计算该批数据上网络的丢失，即衡量 y_pred 和 y 之间的不匹配。

4）计算损失相对于网络参数的梯度（计算）。

5）将参数沿与梯度相反的方向微调 [例如 W=W-(step*gradient)]，以减少该批数据上的损失。

⊖　有两个问题，①可微函数不一定有最小值；②对于上凸函数，导数为零的点是最大值点。——译者注

很简单！我们刚刚描述的是**小批次随机梯度下降**（mini-batch stochastic gradient descent，小批次 SGD）。术语**随机**指的是每批数据是随机抽取的（stochastic 是 random 的同义词）。图 2.11 说明了一维情形下发生的情况，这里网络只有一个参数且你只有一个训练样本。

如图 2.11 所示，直观地说，为步长因子选择合理的值非常重要。如果它太小，曲线下降将需要多次迭代，并且可能会陷入局部最小值。如果步长太大，你的更新可能最终会将你带到曲线上完全随机的位置。

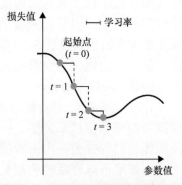

图 2.11　SGD 沿一维损失曲线下降（一个可学习的参数）

请注意，小批次 SGD 算法的一种变体是在每次迭代时抽取单个样本和目标，而不是抽取一批数据。这将是**真正的 SGD**（而不是**小批次 SGD**）。或者相反，你可以在所有可用数据上运行每一步，称为**批次 SGD**。每次更新都会更准确，但开销要大得多。这两个极端之间的有效折中是使用合理尺寸的小批次。

虽然图 2.11 说明了一维参数空间中的梯度下降，但实际上你会在高维空间中使用梯度下降：神经网络中的每个权重系数都是空间中的自由维度，而这样的权重系数可能有数万甚至数百万个。为了帮助你建立关于损失表面的直觉，你还可以沿二维损失表面可视化梯度下降，如图 2.12 所示。但是你不可能可视化神经网络的实际训练过程是什么样的——你不能用对人类有意义的方式来表述一个 1 000 000 维的空间。因此，请记住，通过这些低维表述形成的直觉在实践中可能并不总是准确的。这一直是深度学习研究领域的问题根源。

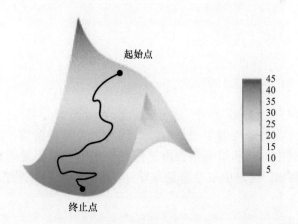

图 2.12　沿二维损失表面的梯度下降（两个可学习的参数）

另外，存在多种 SGD 变体，其不同之处在于，在计算下一个权重更新时考虑先前的权重更新而不是仅仅查看梯度的当前值。例如，动量 SGD、Adagrad SGD、RMSProp SGD 等。这些变体称为**优化方法**或**优化器**。特别是许多变体中使用的**动量**概念值得你关注。动量解决了 SGD 的两个问题：收敛速度和局部最小值。它将损失函数展示为网络参数的函数，如

图 2.13 所示。

正如你所看到的，在某个参数值附近，存在局部最小值：在该点附近，向左移动会导致损失增加，但是向右移动也是如此。如果正在考虑的参数通过 SGD 以较小的学习率进行优化，则优化过程将陷入局部最小值而不是达到全局最小值。

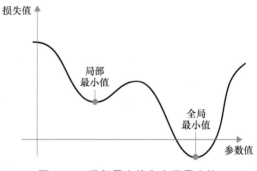

图 2.13　局部最小值和全局最小值

你可以通过使用动量来避免这些问题，动量从物理学中汲取灵感。一个实用的想象是将优化过程视为一个沿着损失曲线滚动的小球。如果小球有足够的动量，它不会卡在峡谷里，最终将到达全局最低点。每次移动小球时，不仅要考虑当前的斜率值（当前的加速度），还要考虑当前的速度（由过去的加速度产生），这就可以实现动量。在实践中，这意味着参数 w 的更新不仅基于当前梯度值，而且基于先前的参数更新，下面这种朴素的实现就是如此：

```
past_velocity <- 0
momentum <- 0.1
while (loss > 0.01) {
  params <- get_current_parameters()
  w <- params$w
  loss <- params$loss
  gradient <- params$gradient

  velocity <- past_velocity * momentum + learning_rate * gradient
  w <- w + momentum * velocity - learning_rate * gradient
  past_velocity <- velocity

  update_parameter(w)
}
```

2.4.4　链式导数：后向传播算法

在前面的算法中，我们随便做了一个假设：因为函数是可微的，所以我们可以明确地计算它的导数。在实践中，神经网络函数由链接在一起的许多张量运算组成，每个运算具有简单的已知导数。例如，这是由三个张量运算 a、b 和 c 组成的网络 f，对应的权重矩阵分别为 W1、W2 和 W3：

```
f(W1, W2, W3) = a(W1, b(W2, c(W3)))
```

微积分告诉我们，这样的一系列函数可以基于以下性质（称为**链式法则**）来微分：$f(g(x))=f'(g(x))*g'(x)$ ⊖ 。将链式法则应用于神经网络的梯度值的计算，就得到了称为**后向传播**的算法（有时也称为**反向微分**）。后向传播从最终损失值开始，从顶层到底层后向考虑，应用链式法则计算每个参数在损失值中的贡献。

⊖　这个式子不对，等号左边应加上求关于 x 的导数的符号，参考百度百科的写法。——译者注

今后，人们将在现代框架中实现能够进行**符号微分**的网络，例如 TensorFlow。这意味着给定具有已知导数的一系列运算，可以通过链式法则计算梯度**函数**，该函数将网络参数值映射为梯度值。当你可以访问此类函数时，后向计算将简化为对此梯度函数的调用。由于有符号微分，你将永远不必手动实现后向传播算法。因此，我们不会浪费你的时间和精力来推导后向传播算法的精确公式。你所需要的只是很好地理解基于梯度的优化原理。

2.5　回顾我们的第一个例子

你已经阅读到了本章的最后，现在你应该对神经网络中底层发生的事情有一个大致的了解。让我们回到第一个例子，根据你在前面学到的内容来回顾每一部分内容。

这是输入数据：

```
library(keras)
mnist <- dataset_mnist()

train_images <- mnist$train$x
train_images <- array_reshape(train_images, c(60000, 28 * 28))
train_images <- train_images / 255

test_images <- mnist$test$x
test_images <- array_reshape(test_images, c(10000, 28 * 28))
test_images <- test_images / 255
```

现在你已理解输入图像分别*存储*在格式为 (60000,784)（训练数据）和 (10000,784)（测试数据）的张量中。

这是我们的网络：

```
network <- keras_model_sequential() %>%
  layer_dense(units = 512, activation = "relu", input_shape = c(28*28)) %>%
  layer_dense(units = 10, activation = "softmax")
```

现在你已理解该网络由两个全连接层组成，每个层对输入数据应用一些简单的张量运算，并且这些操作涉及权重张量。权重张量是层的属性，是网络维持其**知识**的地方。

使用管道运算符

使用管道（%>%）运算符将层添加到网络。该运算符来自 magrittr 包；它是将左边的值作为右边函数的第一个参数传递的简写。我们可以编写如下网络代码：

```
network <- keras_model_sequential()
layer_dense(network, units = 512, activation = "relu",
            input_shape = c(28*28))
layer_dense(network, units = 10, activation = "softmax")
```

使用 %>% 会产生更具可读性和紧凑性的代码，因此我们将在本书中使用此形式。

如果你正在使用 RStudio，则可以使用 Ctrl-Shift-M 键盘快捷键插入 %>%。要了解有关管道运算符的更多信息，请参见 http : //r4ds.had.co.nz/ pipes.html。

这是网络编译步骤：

```
network %>% compile(
  optimizer = "rmsprop",
  loss = "categorical_crossentropy",
  metrics = c("accuracy")
)
```

现在你已理解 categorical_crossentropy 是用于学习权重张量的反馈信号的损失函数，训练阶段将尝试对其进行最小化。你还知道，这种损失的减少是基于小批次随机梯度下降发生的。管理梯度下降的具体使用的确切法则由作为第一个参数传递的 rmsprop 优化器定义。

就地修改模型

我们使用 %>% 运算符来调用 compile()。可以编写网络编译步骤如下：

```
compile(
  network,
  optimizer = "rmsprop",
  loss = "categorical_crossentropy",
  metrics = c("accuracy")
)
```

使用 %>% 进行编译主要不是为了紧凑性，更多的是希望提供关于 Keras 模型的重要特征的语法提醒：与你在 R 中使用的大多数对象不同，Keras 模型被就地修改了。这是因为 Keras 模型是层的有向无环图，其状态在训练期间更新。

你不是对 network 做一些操作，然后返回新的 network 对象，而是对 network 对象做了一些操作。将 network 放置在 %>% 的左侧，且不将结果保存到新变量中，给读者传递的信息是你在进行就地修改。

最后，这是训练回路：

```
network %>% fit(train_images, train_labels, epochs = 5, batch_size = 128)
```

现在你已理解调用 fit 时会发生什么：网络将开始以 128 个样本的小批次迭代训练数据，重复 5 次（对所有训练数据进行的一次迭代称为一轮）。在每次迭代时，网络将根据该批数据上的损失计算权重的梯度，并相应地更新权重。在这 5 轮之后，网络已执行了 2 345 次梯度更新（每轮有 469 次），并且网络的丢失足够低，使得网络能够以高精度对手写数字进行分类。

此时，你已经了解了有关神经网络的大部分内容。

2.6　本章小结

● **学习**意味着找到一种模型参数的组合，使其能够基于给定的训练数据样本集及对应的目标来最小化损失函数。

● 学习可以通过获取随机的批次数据样本及其目标，并根据该批数据上的损失计算网络参数的梯度来进行。然后，网络参数在与梯度相反的方向上移动一点（移动的幅度由学

习率定义)。

● 神经网络是可微分张量运算链的事实使得整个学习过程成为可能，因此可以应用微分的链式法则来找到将当前参数和当前批次数据映射到梯度值的梯度函数。

● 你将在以后的章节中经常看到的两个关键概念是**损失**和**优化器**。这是你在开始向网络提供数据之前需要定义的两项内容：

- **损失**是你在训练期间尝试最小化的量，因此它应该代表对成功完成你所尝试解决任务的度量。

- **优化器**指定将使用损失梯度更新参数的确切方式：例如，它可以是 RMSProp 优化器、动量 SGD 等。

第 *3* 章
神经网络入门

本章内容包括：
- 神经网络的核心组件；
- 对 Keras 的介绍；
- 设置深度学习工作站；
- 使用神经网络解决基本的分类和回归问题。

本章旨在帮助你开始使用神经网络来解决实际问题。你将巩固从第 2 章中的第一个示例中所获得的知识，并将所学到的知识应用于三个新问题，涵盖三个最常见的神经网络用例：二元分类、多类分类和标量回归。

在本章中，我们将仔细研究第 2 章介绍的神经网络的核心组件：层、网络、目标函数和优化器。

我们将向你简要介绍 Keras，这是我们将在本书中使用的深度学习库。你将建立一个具有 TensorFlow、Keras 和 GPU 支持的深度学习工作站。我们将深入探讨如何使用神经网络解决实际问题的三个入门示例：

- 将电影评论分类为正面或负面（二元分类）；
- 按主题分类新闻线（多类分类）；
- 给出房地产数据估算房屋价格（回归）。

到本章结束时，你将能够使用神经网络来解决简单的机器问题，例如向量数据的分类和回归。你将会在第 4 章开始对机器学习建立一个更有原则、理论性更强的理解。

3.1 神经网络的剖析

正如你在前面的章节中所看到的，训练神经网络围绕着以下对象：

- **层**，组合成网络（或模型）；

- **输入数据**和相应的**目标**；
- **损失函数**，定义用于学习的反馈信号；
- **优化器**，用于确定学习的过程。

它们之间的相互关系如图 3.1 所示：
网络（由链接在一起的层组成）将输入数
据映射到预测。然后，损失函数将这些预
测与目标进行比较，产生损失值：衡量网
络预测与预期匹配的程度。优化器使用此
损失值来更新网络的权重。

让我们仔细看看层、网络、损失函数
和优化器。

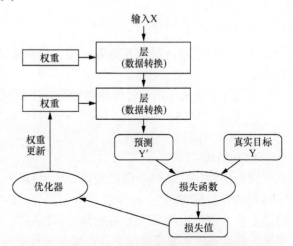

图 3.1　网络、层、损失函数和优化器之间的关系

3.1.1　层：深度学习的基石

神经网络中的基本数据结构是第 2 章
中介绍的层。层是一个数据处理模块，它
将一个或多个张量作为输入，并输出一个或多个张量。有些层是无状态的，但更常见的是
层具有状态：层的**权重**，一个或多个使用随机梯度下降学习的张量，它们共同包含网络的
知识。

不同的层适用于不同的张量格式和不同类型的数据处理。例如，存储在格式（样本，
特征）的二维张量中的简单向量数据通常由**稠密集连接**层处理，也称为**完全连接**或**全连接**
层（Keras 中的 `layer_dense` 函数）。存储在格式（样本，时间步，特征）的三维张量中
的序列数据通常由诸如 `layer_lstm` 的**复现**层处理。存储在四维张量中的图像数据通常由
二维卷积层（`layer_conv_2d`）处理。

你可以将层视为深度学习的乐高积木，这可以由 Keras 这样的框架来明确解释。在
Keras 中构建深度学习模型是通过将兼容层剪切在一起以形成有用的数据转换通道来完成
的。这里的层兼容性的概念具体指的是每个层仅接受某种格式的输入张量并且将返回具有
某种格式的输出张量的事实。请考虑以下示例：

```
layer <- layer_dense(units = 32, input_shape = c(784))
```

我们正在创建一个只接受输入二维张量的层，其中第一个维度是 784（第一个维度即批
次维度未指定，因此任何值都可以接受）。该层将返回一个张量，其中第一个维度已转换为
32。

因此，该层只能连接到期望 32 维向量作为其输入的下游层。使用 Keras 时，你不必担
心兼容性，因为你添加到模型的层是动态构建的，以匹配传入层的格式。例如，假设你编
写以下内容：

```
model <- keras_model_sequential() %>%
  layer_dense(units = 32, input_shape = c(784)) %>%
  layer_dense(units = 32)
```

第二层没有收到输入格式参数——相反，它自动推断其输入格式为之前的层的输出格式。

3.1.2 模型：层网络

深度学习模型是层的有向无环图。最常见的实例是线性堆栈层，将单个输入映射到单个输出。

但随着不断地了解，你将接触到更广泛的网络拓扑结构。一些常见的内容包括：

- 双分支网络；
- 多头网络；
- 初始块。

网络拓扑定义了一个**假设空间**。你可能还记得，在第 1 章中，我们将机器学习定义为"使用反馈信号的指导，在预定义的可能空间内搜索某些输入数据的有用表示。"通过选择网络拓扑，你可以约束**可能的空间**（假设空间）对特定系列的张量运算，将输入数据映射到输出数据。你将要搜索的是这些张量运算中涉及的多个权重值的一组较好的值。

选择正确的网络架构更像是一门艺术，而不是一门科学；虽然有一些你可以依赖的最佳实践和原则，但只有练习可以帮助你成为一个合适的神经网络架构师。接下来的几章将教会你构建神经网络的明确原则，并帮助你提高认知能力，了解哪些对特定问题有效或无效。

3.1.3 损失函数和优化器：配置学习过程的关键

一旦定义了网络架构，你仍然需要选择另外两个：

- **损失函数（目标函数）**：训练期间最小化的数量。它代表了手头任务成功的标准。
- **优化器**：根据损失函数确定网络的更新方式。它实现了随机梯度下降（SGD）的特定变体。

具有多个输出的神经网络可以具有多个损失函数（每个输出一个）。但是梯度下降过程必须基于**单个标量**损失值；因此，对于多损失网络，所有损失都会（通过平均）组合成单个标量。

为正确的问题选择正确的目标函数非常重要：你的网络将采取任何捷径，以尽量减少损失；因此，如果目标与当前任务的成功并不完全相关，那么你的网络将最终做出你可能不想要的事情。想象一下通过 SGD 训练的一个愚蠢的、无所不能的人工智能，其目标函数选择不当："最大限度地提高所有人活着的平均水平。"为了使其工作更轻松，这个人工智能可能会选择杀死所有人，除了少数人，并专注于剩下的人的生活水平——因为平均水平不受剩下多少人的影响。那可能不是你想要的结果！请记住，你构建的所有神经网络在降低其损失函数方面都是无情的——因此请明智地选择目标，否则你将产生副作用。

幸运的是，当涉及分类、回归和序列预测等常见问题时，你可以遵循简单的指导方针来选择正确的损失。例如，你将使用二元交叉熵进行两类分类问题，对于多类分类问题使用分类交叉熵，对于回归问题使用均值误差，对于序列学习问题使用连接主义时间分类（CTC），等等。只有当你正在研究真正的新研究问题时，你才能开发自己的目标函数。在接下来的几章中，我们将明确详细说明为各种常见任务选择哪些损失函数。

3.2　Keras 简介

在本书中，所有代码示例均使用 Keras（https：//keras.rstudio.com）。Keras 是一个深度学习框架，提供了一种方便的方法来定义和训练几乎任何类型的深度学习模型。Keras 最初是为研究人员开发的，旨在实现快速实验。

Keras 具有以下主要功能：

- 它允许相同的代码在 CPU 或 GPU 上无缝运行。
- 它具有用户友好的 API，可以轻松快速地构建深度学习模型。
- 它具有对卷积网络（用于计算机视觉）、循环网络（用于序列处理）以及两者的任意组合的内置支持。
- 它支持任意网络架构：多输入或多输出模型，层共享，模型共享等。这意味着 Keras 基本上适合构建从生成对抗网络到神经图灵机的任何深度学习模型。

Keras 及其 R 接口在许可的 MIT 许可下分发，这意味着它们可以在商业项目中自由使用。Keras R 软件包兼容 R 版本 3.2 及更高版本。有关 R 接口的文档，请访问 https：//keras.rstudio.com。主要的 Keras 项目网站可以在 https：//keras.io 上找到。

Kcras 拥有超过 15 万用户，从初创公司和大公司的学术研究人员和工程师到研究生和业余爱好者。Keras 用于谷歌、Netflix、优步、欧洲核子研究中心、Yelp、Square，以及数百家创业公司解决各种各样的问题。Keras 也是机器学习竞赛网站 Kaggle 的流行框架，几乎每一个最近的深度学习竞赛都是使用 Keras 模型赢得的（见图 3.2）。

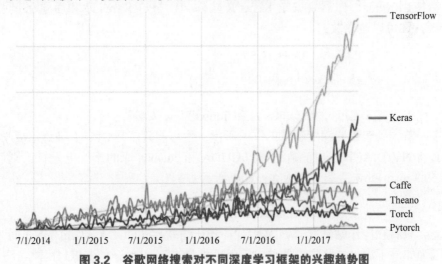

图 3.2　谷歌网络搜索对不同深度学习框架的兴趣趋势图

3.2.1　Keras、TensorFlow、Theano 和 CNTK

Keras 是一个模型级库，为开发深度学习模型提供高级构建块。它不处理张量操作和微

分等低层运算。相反，它依赖于专门的、优化良好的张量库来实现这一目标，作为 Keras 的
后端引擎。Keras 不是选择单个张量库并将 Keras
的实现与该库联系起来，而是以模块化的方式处
理问题（见图 3.3）；因此，几个不同的后端引擎
可以无缝插入 Keras。目前，三个现有的后端实
现是 TensorFlow 后端、Theano 后端和微软认知
工具箱（CNTK）后端。将来，Keras 很可能会扩
展到更深入学习的执行引擎。

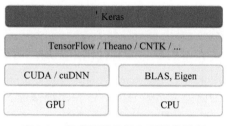

图 3.3　深度学习软件和硬件堆栈图

    TensorFlow、CNTK 和 Theano 是当今深度学
习的一些主要平台。Theano 由蒙特利尔大学 MILA 实验室开发，TensorFlow 由谷歌开发，
而 CNTK 由微软开发。用 Keras 编写的任何代码段都可以与这些后端中的任何一个一起运
行，而无需更改代码中的任何内容：你可以在开发过程中在两者之间无缝切换，这通常证
明是有用的，例如，如果这些后端之一能更快地完成特定任务。我们建议将 TensorFlow 后
端作为大多数深度学习需求的默认值，因为它是使用最广泛、可扩展且最适合生产的。

    通过 TensorFlow（或 Theano，或 CNTK），Keras 能够在 CPU 和 GPU 上无缝运行。当
在 CPU 上运行时，TensorFlow 本身会包含一个用于张量运算的低级库，称为 Eigen（http://
eigen.tuxfamily.org）。在 GPU 上运行时，TensorFlow 包含了经过优化的深度学习操作库，
称为 NVIDIA CUDA 深度神经网络库（cuDNN）。

3.2.2　安装 Keras

    要开始使用 Keras，你需要安装 Keras R 软件包、核心 Keras 库和后端张量引擎（如
TensorFlow）。你可以这样做：

```
install.packages("keras")    ◁── 安装Keras R包

library(keras)
install_keras()         安装核心Keras库和TensorFlow
```

    这将为你提供基于 CPU 的默认 Keras 和 TensorFlow 安装。

    正如下一节中关于设置深度学习工作站所述，你可能只想在 GPU 上训练深度学习模型。
如果你在具有 NVIDIA GPU 和正确配置的 CUDA 和 cuDNN 库的系统上运行，则可以安装
基于 GPU 的 TensorFlow 后端引擎版本，如下所示：

```
install_keras(tensorflow = "gpu")
```

    请注意，只有在工作站具有 NVIDIA GPU 和所需软件（CUDA 和 cuDNN）时才应执行
此操作，因为如果不满足这些先决条件，则无法加载 TensorFlow 的 GPU 版本。下一节将更
详细地介绍 GPU 配置。

3.2.3　使用 Keras 进行开发：快速概述

    你已经看过一个 Keras 模型的例子：MNIST 示例。典型的 Keras 工作流看起来就像那

个例子：

　　1）定义训练数据：输入张量和目标张量。

　　2）定义将输入映射到目标的层（或**模型**）网络。

　　3）通过选择损失函数、优化器和用于监视的某些指标来配置学习过程。

　　4）通过调用模型的 fit() 方法迭代你的训练数据。

　　定义模型有两种方法：使用 keras_model_sequential() 函数（仅用于线性堆栈的层，这是目前最常见的网络架构）或使用**功能** API（用于层的有向无环图，可让你构建任意架构）。

　　作为复习，这里是使用 keras_model_sequential 定义的两层模型（请注意，我们将输入数据的预期格式传递给第一层）：

```
model <- keras_model_sequential() %>%
  layer_dense(units = 32, input_shape = c(784)) %>%
  layer_dense(units = 10, activation = "softmax")
```

　　这是使用函数 API 定义的相同模型：

```
input_tensor <- layer_input(shape = c(784))
output_tensor <- input_tensor %>%
  layer_dense(units = 32, activation = "relu") %>%
  layer_dense(units = 10, activation = "softmax")
model <- keras_model(inputs = input_tensor, outputs = output_tensor)
```

　　使用函数 API，你可以操作模型处理的数据张量，并将层应用于此张量，就好像它们是函数一样。

　　注意：有关使用函数 API 可以执行的操作的详细指南，请参阅第 7 章。在第 7 章之前，我们将仅在代码示例中使用 keras_model_sequential。

　　一旦定义了模型体系结构，无论你使用的是 keras_model_sequential 还是函数 API 都无关紧要。以下所有步骤都是相同的。

　　学习过程在编译步骤中配置，你可以在其中指定模型应使用的优化器和损失函数，以及要在训练期间监视的度量标准。这是一个带有单个损失函数的示例，这是迄今为止最常见的情况：

```
model %>% compile(
  optimizer = optimizer_rmsprop(lr = 0.0001),
  loss = "mse",
  metrics = c("accuracy")
)
```

　　最后，学习过程包括通过 fit() 方法将输入数据（和相应的目标数据）数组传递给模型，类似于你对其他机器学习库所做的操作：

```
model %>% fit(input_tensor, target_tensor, batch_size = 128, epochs = 10)
```

在接下来的几章中，你将建立一个较为准确的直觉，了解哪种类型的网络架构适用于不同类型的问题，如何选择正确的学习配置，以及如何调整模型直到它提供你想要查看的结果。我们将在 3.4 节、3.5 节和 3.6 节中看到三个基本示例：一个两类分类示例、一个多类分类示例和一个回归示例。本书中的所有代码示例均以开源笔记本的形式提供；你可以从本书英文版的网站 www.manning.com/books/deep-learning-with-r 下载它们。

3.3　建立深度学习工作站

在开始开发深度学习应用程序之前，你需要设置工作站。尽管不是绝对必要，但强烈建议你在现代 NVIDIA GPU 上运行深度学习代码。一些应用程序——特别是使用卷积网络的图像处理和具有循环神经网络的序列处理——在 CPU 甚至是快速的多核 CPU 上都会非常慢。甚至对于可以在 CPU 上实际运行的应用程序，通常也是如此。通过使用现代 GPU，可以看到速度提高了 5 倍或 10 倍。如果你不想在计算机上安装 GPU，则可以考虑在 AWS EC2 GPU 实例或 Google Cloud Platform 上运行实验。但请注意，随着时间的推移，云 GPU 实例会变得昂贵。

无论你是在本地运行还是在云中运行，最好使用 Unix 工作站。虽然技术上可以在 Windows 上使用 Keras（所有三个 Keras 后端都支持 Windows），但我们不推荐它。如果你是 Windows 用户，最简单的解决方案就是在你的计算机上设置 Ubuntu 双启动。这可能看起来很麻烦，但从长远来看，使用 Ubuntu 可以为你节省大量时间和麻烦。

请注意，为了使用 Keras，你需要安装 TensorFlow 或 CNTK 或 Theano（或者所有这些，如果你希望能够在三个后端之间来回切换）。在本书中，我们将重点介绍 TensorFlow，并提供一些与 Theano 相关的指示。我们不会涵盖 CNTK。

3.3.1　让 Keras 运行：两个选项

要开始实践，我们建议使用以下两个选项之一：

● 使用官方的 EC2 深度学习 AMI（https : //aws.amazon.com/amazon-ai/amis），并在 EC2 上的 RStudio 服务器中运行 Keras 实验。你可以在 https : //tensorflow.rstudio.com/tools/cloud_server_gpu 上找到有关此 GPU 和其他云 GPU 选项的详细信息。

● 在本地 Unix 工作站上从头开始安装所有内容。如果你已经拥有高端 NVIDIA GPU，请执行此操作。你可以在 https : //tensorflow.rstudio.com/tools/local_gpu 上找到有关设置本地 GPU 工作站的详细信息。

让我们仔细看看选择其中一个选项而不是另一个选项时，所涉及的一些折中。

3.3.2　在云中运行深度学习任务：优点和缺点

如果你还没有可用于深度学习的 GPU（最近的高端 NVIDIA GPU），那么在云中运行深度学习实验是一种简单、低成本的方式，让你在开始时无须购买任何额外的硬件。如果你正在使用 RStudio Server，那么在云中运行的体验与在本地运行的体验没有什么不同。截至 2017 年中期，最容易开始深度学习的云端产品绝对是 AWS EC2。

但是如果你是深度学习的重度用户，这种设置在长期内是不可持续的——甚至可能持续超过几周。EC2 实例很昂贵：例如，截至 2017 年中期，p2.xlarge 实例不会为你提供足够的功率，每小时成本为 0.90 美元。与此同时，坚固的消费级 GPU 将花费你介于 1 000 ~ 1 500 美元之间——这个价格随着时间的推移已经相当稳定，即使这些 GPU 的规格在不断提高。如果你认真考虑深度学习，则应设置具有一个或多个 GPU 的本地工作站。

简而言之，EC2 是一个很好的入门方式。你可以在 EC2 GPU 实例上完全遵循本书中的代码示例。但是，如果你要成为深度学习的高级用户，请获取自己的 GPU。

3.3.3　什么是深度学习的最佳 GPU

如果你打算购买 GPU，你应该选择哪一款？首先要注意的是它必须是 NVIDIA GPU。NVIDIA 是目前唯一一家在深度学习方面投入巨资的图形计算公司，而现代深度学习框架只能在 NVIDIA 显卡上运行。

截至 2017 年年中，我们推荐 NVIDIA TITAN Xp 作为市场上最好的深度学习卡。对于较低的预算，你可能需要考虑 GTX 1060。如果你在 2018 年或更晚的时间阅读这些页面，请花点时间在线查看更新的建议，因为每年都有新的模型出现。

从本节开始，我们假设你可以访问安装了 Keras 及其依赖项的计算机——最好是支持 GPU。在继续之前，请确保完成此步骤。关于如何安装 Keras 和常见的深度学习依赖项的教程并不缺乏。

我们现在可以深入研究实用的 Keras 示例。

3.4　电影评论分类：二元分类示例

两类分类或二元分类可能是最广泛应用的机器学习问题。在此示例中，你将学习根据评论的文本内容将电影评论分类为正面或负面。

3.4.1　IMDB 数据集

你将使用 IMDB 数据集：来自 Internet 电影数据库的一组 50 000 个高度极化的评论。它们分为 25 000 个训练评论和 25 000 个测试评论，每个评论包含 50% 的负面评价和 50% 的正面评价。

为什么要使用单独的训练和测试集？因为你永远不应该在用于训练的相同数据上测试机器学习模型！仅仅因为模型在其训练数据上的良好表现并不意味着它在从未见过的数据上表现良好；而你关心的是模型在新数据上的表现（因为你已经知道训练数据的标签——显然，你不需要模型来预测这些数据）。例如，你的模型可能最终只会**记住**你的训练样本和目标之间的映射，这对于预测模型从未见过的数据目标是没用的。我们将在下一章中详细讨论这个问题。

就像MNIST数据集一样，IMDB数据集与Keras打包在一起。它已经被预处理：评论（单词序列）已经变成整数序列，其中每个整数代表字典中的特定单词。

以下代码将加载数据集（第一次运行时，大约 80 MB 的数据将下载到你的计算机上）。

代码清单 3.1　加载 IMDB 数据集

```
library(keras)

imdb <- dataset_imdb(num_words = 10000)
c(c(train_data, train_labels), c(test_data, test_labels)) %<-% imdb
```

使用多分配（%< - %）运算符

　　Keras 内置的数据集都是训练和测试数据的嵌套列表。在这里，我们使用 zeallot 包中的多赋值运算符（%< - %）将列表解压缩为一组不同的变量。这同样可以写成如下：

```
imdb <- dataset_imdb(num_words = 10000)
train_data <- imdb$train$x
train_labels <- imdb$train$y
test_data <- imdb$test$x
test_labels <- imdb$test$y
```

　　多分配版本更可取，因为它更紧凑。只要加载 R Keras 软件包，%< - % 运算符就会自动可用。

　　参数 num_words=10000 意味着你将仅保留训练数据中最常发生的 10 000 个最常用词。稀有的单词将被丢弃。这允许你使用可管理大小的向量数据。

　　变量 train_data 和 test_data 是评论列表；每个评论都是单词索引列表（编码单词序列）。train_labels 和 test_labels 是 0 和 1 的列表，其中 0 代表**负数**，1 代表**正数**：

```
> str(train_data[[1]])
int [1:218] 1 14 22 16 43 530 973 1622 1385 65 ...

> train_labels[[1]]
[1] 1
```

　　因为你将自己限制在最常见的 10 000 个单词中，所以单词索引不会超过 10 000：

```
> max(sapply(train_data, max))
[1] 9999
```

　　为了更有趣，下面展示如何快速解码其中一个评论回到英文单词：

是一个将单词映射到整数　　　　　　反转它，将整数索引　　　　　对评论进行解码。请注意，索引值偏
索引的命名列表　　　　　　　　　　映射到单词　　　　　　　　移了，因为0、1、2分别表示"填充"
　　　　　　　　　　　　　　　　　　　　　　　　　　　　　　"序列起始""未知"的保留索引

```
   word_index <- dataset_imdb_word_index()
   reverse_word_index <- names(word_index)
   names(reverse_word_index) <- word_index
   decoded_review <- sapply(train_data[[1]], function(index) {
     word <- if (index >= 3) reverse_word_index[[as.character(index - 3)]]
     if (!is.null(word)) word else "?"
   })
```

3.4.2 准备数据

你无法将整数列表提供给神经网络。你必须将列表转换为张量。有两种方法可以做到这一点：

1）填充列表，使它们都具有相同的长度，将它们转换为格式为（samples，word_indices）的整型张量，然后将网络中的第一层用作处理此类整数张量的层（"嵌入层"将在本书后面详细介绍）。

2）对你的列表进行独热编码，将其转换为 0 和 1 的向量。例如，这将意味着将序列 [3,5] 转换为 10 000 维向量，除了索引 3 和 5（将为 1s）之外全部为 0。然后，你可以将网络中的第一层用作全连接层，能够处理浮点向量数据。

让我们使用后一种解决方案对数据进行向量化，你可以手动完成这些操作以获得最大的清晰度。

代码清单 3.2 将整数序列编码为二进制矩阵

```
vectorize_sequences <- function(sequences, dimension = 10000) {
  results <- matrix(0, nrow = length(sequences), ncol = dimension)    <—
  for (i in 1:length(sequences))
    results[i, sequences[[i]]] <- 1    <—
  results
}

x_train <- vectorize_sequences(train_data)
x_test <- vectorize_sequences(test_data)
```

把results[i]的具体索引设置为1

创建格式为(序列长度，维度的全零矩阵)

这是样本现在的样子：

```
> str(x_train[1,])
num [1:10000] 1 1 0 1 1 1 1 1 1 0 ...
```

你还应该将标签从整数转换为数字，这很简单：

```
y_train <- as.numeric(train_labels)
y_test <- as.numeric(test_labels)
```

现在，数据已准备好输入神经网络。

3.4.3 构建网络

输入数据是向量，标签是标量（1 和 0）：这是你将遇到的最简单的设置。在这样的问题上表现良好的一种网络是具有 relu 激活的全连接（密集）层的简单堆栈：layer_dense(units = 16,activation ="relu")。

传递给每个全连接层（16）的参数是该层的隐藏单元的数量。**隐藏单元**是层表示空间中的维度。你可以从第 2 章中了解，每个具有 relu 激活的全连接层都会实现以下张量运算链：

```
output = relu(dot(W, input) + b)
```

具有 16 个隐藏单元意味着权重矩阵 W 将具有格式（input_dimension,16）：具有 W 的点积将输入数据投影到 16 维表示空间（然后你将添加偏置向量 b 并应用 relu 操作）。你可以直观地将表示空间的维度理解为"在学习内部表示时允许网络拥有多大的自由度。"拥有更多隐藏单元（更高维度的表示空间）可让你的网络学习更复杂的表示，但它使网络的计算成本更高，并可能导致学习不需要的模式（模式将提高训练数据的性能，但不会提高测试数据的性能）。

关于这样一堆全连接层，有两个关键的架构决策：

1）使用多少层；

2）每层选择多少个隐藏单元。

在第 4 章中，你将学习正式的原则来指导你做出这些选择。目前，你必须信任我们以下架构选择：

1）两个中间层，每个中间层有 16 个隐藏单元；

2）第三层将输出关于当前评论情绪的标量预测。

中间层将使用 relu 作为其激活函数，最后一层将使用 sigmoid 激活以输出概率（0 ~ 1 之间的分数，表示样本有多大可能具有目标"1"：有多大可能评论是积极的）。relu（修正线性单元）是一个用于将负值归零的函数（见图 3.4），而 sigmoid 将任意值"压缩"到 [0,1] 区间（见图 3.5），输出可以解释的东西作为概率。

图 3.6 显示了网络的外观。代码清单 3.3 显示了 Keras 实现，类似于你之前看到的 MNIST 示例。

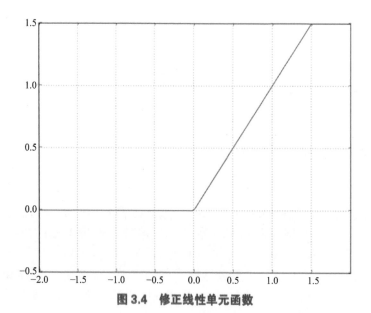

图 3.4　修正线性单元函数

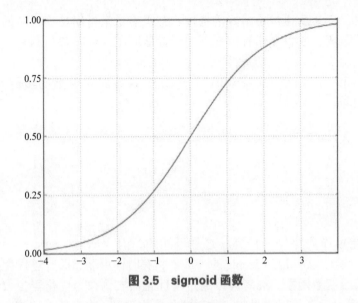

图 3.5 sigmoid 函数

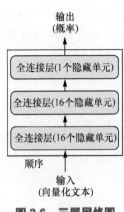

图 3.6 三层网络图

代码清单 3.3　模型定义

```
library(keras)

model <- keras_model_sequential() %>%
  layer_dense(units = 16, activation = "relu", input_shape = c(10000)) %>%
  layer_dense(units = 16, activation = "relu") %>%
  layer_dense(units = 1, activation = "sigmoid")
```

什么是激活函数，为什么它们是必要的？

　　如果没有像 relu 这样的激活函数（也称为非线性），全连接层将包含两个线性运算：点积和加法：

```
output = dot(W, input) + b
```

　　因此，该层只能学习输入数据的**线性变换**（仿射变换）：该层的假设空间将是输入数据进入 16 维空间的所有可能线性变换的集合。这样的假设空间太受限制并且不会受益于多层表示，因为深层的线性层堆栈仍然会实现线性运算：添加更多层不会扩展假设空间。

　　为了能够访问将从深度表示中受益的更丰富的假设空间，你需要非线性或激活函数。relu 是深度学习中最受欢迎的激活函数，但还有许多其他的候选，它们都有类似的奇怪名称：prelu、elu 等。

　　最后，你需要选择一个损失函数和一个优化器。因为你正面临二元分类问题并且网络输出是概率（你使用 sigmoid 激活的单个单元层结束网络），所以最好使用 binary_crossentropy 丢失。它不是唯一可行的选择：例如，你可以使用 mean_squared_error。

但是当你处理输出概率的模型时，交叉熵通常是最好的选择。**交叉熵**是来自信息论领域的一个量，它测量概率分布之间的距离，或者在这种情况下，测量地面实况分布和预测之间的距离。

以下是使用 **rmsprop** 优化器和 `binary_crossentropy` 损失函数配置模型的步骤。请注意，你还将在训练期间监控准确性。

代码清单 3.4　编译模型

```
model %>% compile(
  optimizer = "rmsprop",
  loss = "binary_crossentropy",
  metrics = c("accuracy")
)
```

你将优化器、损失函数和指标作为字符串传递，这是可能的，因为 rmsprop、binary_crossentropy 和 accuracy 被打包为 Keras 的一部分。有时你可能想要配置优化器的参数或传递自定义损失函数或度量函数。前者可以通过将优化器实例作为优化器参数传递来完成，如代码清单 3.5 所示；后者可以通过将函数对象作为损失和 / 或度量参数传递来完成，如代码清单 3.6 所示。

代码清单 3.5　配置优化器

```
model %>% compile(
  optimizer = optimizer_rmsprop(lr=0.001),
  loss = "binary_crossentropy",
  metrics = c("accuracy")
)
```

代码清单 3.6　使用自定义损失和指标

```
model %>% compile(
  optimizer = optimizer_rmsprop(lr = 0.001),
  loss = loss_binary_crossentropy,
  metrics = metric_binary_accuracy
)
```

3.4.4　方法验证

为了在训练期间监控模型对以前从未见过的数据的准确性，你将通过从原始训练数据中分离 10 000 个样本来创建验证集。

代码清单 3.7　留出法验证集

```
val_indices <- 1:10000

x_val <- x_train[val_indices,]
partial_x_train <- x_train[-val_indices,]
y_val <- y_train[val_indices]
partial_y_train <- y_train[-val_indices]
```

你现在将对模型进行 20 轮训练（在 x_train 和 y_train 张量中的所有样本上进行 20 次迭代），以 512 个样本的小批次进行训练。同时，你将监控设置的 10 000 个样本的损失和准确性。你可以通过将验证数据作为 validation_data 参数传递来执行此操作。

代码清单 3.8　训练模型

```
model %>% compile(
  optimizer = "rmsprop",
  loss = "binary_crossentropy",
  metrics = c("accuracy")
)

history <- model %>% fit(
  partial_x_train,
  partial_y_train,
  epochs = 20,
  batch_size = 512,
  validation_data = list(x_val, y_val)
)
```

在 CPU 上，每轮训练需要不到 2 秒，整个训练过程可以在 40 秒内结束。在每轮结束时，由于模型计算了 10 000 个验证数据样本的损失和准确性，因此会有很短的暂停。

请注意，对 fit() 的调用返回历史对象。我们来看看它：

```
> str(history)
List of 2
 $ params :List of 8
  ..$ metrics           : chr [1:4] "loss" "acc" "val_loss" "val_acc"
  ..$ epochs            : int 20
  ..$ steps             : NULL
  ..$ do_validation     : logi TRUE
  ..$ samples           : int 15000
  ..$ batch_size        : int 512
  ..$ verbose           : int 1
  ..$ validation_samples: int 10000
 $ metrics:List of 4
  ..$ acc     : num [1:20] 0.783 0.896 0.925 0.941 0.952 ...
  ..$ loss    : num [1:20] 0.532 0.331 0.24 0.186 0.153 ...
  ..$ val_acc : num [1:20] 0.832 0.882 0.886 0.888 0.888 ...
  ..$ val_loss: num [1:20] 0.432 0.323 0.292 0.278 0.278 ...
 - attr(*, "class")= chr "keras_training_history"
```

history 对象包括用于拟合模型的参数（history- $ params）以及被监控的每个度量的数据（history $ metrics）。

history 对象有一个 plot( ) 方法，使你可以逐轮进行可视化训练和指标验证：

```
plot(history)
```

在图 3.7 中，精确度绘制在顶部面板中，损失位于底部面板中。请注意，由于网络的随机初始化不同，你的结果可能会略有不同。

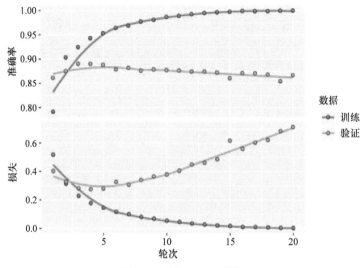

图 3.7　训练和验证指标

使用 plot（ ）方法训练历史记录

　　用于训练历史对象的 plot() 方法使用 ggplot2 进行绘图，如果它可用（如果不可用，则使用基本图形）。该图包括所有指定的指标以及损失；如果有 10 轮或更多轮，它会绘制平滑线。你可以通过 plot() 方法的各种参数自定义所有这些行为。

　　如果要创建自定义可视化，请在历史记录上调用 as.data.frame() 方法以获取包含每个度量标准因子的数据框和训练版本验证：

```
> history_df <- as.data.frame(history)
> str(history_df)
'data.frame':    120 obs. of  4 variables:
 $ epoch : int  1 2 3 4 5 6 7 8 9 10 ...
 $ value : num  0.87 0.941 0.954 0.962 0.965 ...
 $ metric: Factor w/ 2 levels "acc","loss": 1 1 1 1 1 1 1 1 1 1 ...
 $ data  : Factor w/ 2 levels "training","validation": 1 1 1 1 1 1 1 1 1
1 ...
```

　　如你所见，训练损失逐轮减少，训练准确率逐轮增加。这是你在运行梯度下降优化时所期望的——每次迭代时你试图最小化的数量应该更少。但这不是验证损失和准确性的情况：它们似乎在第四轮达到顶峰。这是我们之前警告过的一个例子：在训练数据上表现更好的模型不一定是能够在以前从未见过的数据上做得更好的模型。准确地说，你所看到的是**过拟合**：在第二轮之后，你对训练数据过度优化，你最终学习了特定于训练数据的表示，而不是推广到训练数据以外的数据。

　　在这种情况下，为了防止过拟合，你可以在三轮之后停止训练。通常，你可以使用一系列技术来缓解过拟合，我们将在第 4 章中介绍。

让我们从头开始对一个新网络进行四轮训练，然后根据测试数据对其进行评估。

代码清单 3.9　从头开始重新训练模型

```
model <- keras_model_sequential() %>%
  layer_dense(units = 16, activation = "relu", input_shape = c(10000)) %>%
  layer_dense(units = 16, activation = "relu") %>%
  layer_dense(units = 1, activation = "sigmoid")

model %>% compile(
  optimizer = "rmsprop",
  loss = "binary_crossentropy",
  metrics = c("accuracy")
)

model %>% fit(x_train, y_train, epochs = 4, batch_size = 512)
results <- model %>% evaluate(x_test, y_test)
```

最终结果如下：

```
> results
$loss
[1] 0.2900235

$acc
[1] 0.88512
```

这种相当初级的方法可以达到 88% 的准确率。使用最先进的方法，你应该能够接近 95%。

3.4.5　使用经过训练的网络生成对新数据的预测

在训练了网络之后，你将希望在实际环境中使用它。你可以使用预测方法预测评论为正的可能性：

```
> model %>% predict(x_test[1:10,])
 [1,] 0.92306918
 [2,] 0.84061098
 [3,] 0.99952853
 [4,] 0.67913240
 [5,] 0.73874789
 [6,] 0.23108074
 [7,] 0.01230567
 [8,] 0.04898361
 [9,] 0.99017477
[10,] 0.72034937
```

正如你所看到的，网络对某些样本（ ≥ 0.99， ≤ 0.01）充满信心，但对其他样本则不是很有把握（ 0.7， 0.2）。

3.4.6　进一步的实验

以下实验将有助于说服你所做的架构选择都相当合理，尽管仍有改进的余地：

1）你使用了两个隐藏层。尝试使用一个或三个隐藏层，看看这样做是如何影响验证和测试准确性的。

2）尝试使用具有更多隐藏单元或更少隐藏单元的层：32 个单元，64 个单元，依此类推。

3）尝试使用 mse 损失函数而不是 binary_crossentropy。

4）尝试使用 tanh 激活（神经网络早期流行的激活）而不是 relu。

3.4.7 小结

你应该从这个例子中学到的东西：

1）你通常需要对原始数据进行相当多的预处理，以便能够将其作为张量传递到神经网络中。单词序列可以编码为二进制向量，但也有其他编码选项。

2）具有 relu 激活的全连接层堆栈可以解决各种问题（包括情感分类），并且你可能经常使用它们。

3）在二元分类问题（两个输出类）中，你的网络应该以具有一个单元和 sigmoid 激活的全连接层结束：网络的输出应该是 0～1 之间的标量，编码概率。

4）在二元分类问题上有这样的标量 sigmoid 输出，你应该使用的损失函数是 binary_crossentropy。

5）无论你的问题是什么，rmsprop 优化器通常都是一个不错的选择。你担心的事情少了一点。

6）随着它们的训练数据变得越来越好，神经网络最终会重新开始，最终会对它们以前从未见过的数据产生越来越糟糕的结果。务必始终监控训练集之外的数据的性能。

3.5 新闻专线分类：多类分类示例

在上一节中，你了解了如何使用稠密连接神经网络将向量输入分类为两个相互排斥的类。但是当你有两个以上的类别时会发生什么？

在本节中，你将构建一个网络，将路透社新闻专线分为 46 个互斥主题。因为你有很多类，这个问题是多类分类的一个例子，并且因为每个数据点应该只分为一个类别，所以问题更具体地说是**单标签、多类分类**的实例。如果每个数据点可能属于多个类别（在本例中为主题），那么你将面临**多标签、多类分类**问题。

3.5.1 Reuters 数据集

你将使用路透社在 1986 年发布的 **Reuters 数据集**，一组简短的新闻专线及其主题。这是一个简单、广泛使用的文本分类玩具数据集。有 46 个不同的主题；某些主题比其他主题更具代表性，但每个主题在训练集中至少有 10 个示例。

与 IMDB 和 MNIST 一样，Reuters 数据集作为 Keras 的一部分打包。让我们来看看。

代码清单 3.10 加载 Reuters 数据集

```
library(keras)

reuters <- dataset_reuters(num_words = 10000)
c(c(train_data, train_labels), c(test_data, test_labels)) %<-% reuters
```

与 IMDB 数据集一样，参数 num_words=10000 将数据限制为数据中找到的 10 000 个最常出现的单词。

你有 8 982 个训练示例和 2 246 个测试示例：

```
> length(train_data)
[1] 8982
> length(test_data)
[1] 2246
```

与 IMDB 评论一样，每个示例都是一个整数列表（单词索引）：

```
> train_data[[1]]
 [1]    1    2    2    8   43   10  447    5   25  207  270    5 3095  111   16
[16]  369  186   90   67    7   89    5   19  102    6   19  124   15   90   67
[31]   84   22  482   26    7   48    4   49    8  864   39  209  154    6  151
[46]    6   83   11   15   22  155   11   15    7   48    9 4579 1005  504    6
[61]  258    6  272   11   15   22  134   44   11   15   16    8  197 1245   90
[76]   67   52   29  209   30   32  132    6  109   15   17   12
```

如果你感到好奇，可以使用以下内容将其解码为单词。

代码清单 3.11 将新闻专线解码回文本

```
word_index <- dataset_reuters_word_index()
reverse_word_index <- names(word_index)
names(reverse_word_index) <- word_index
decoded_newswire <- sapply(train_data[[1]], function(index) {
  word <- if (index >= 3) reverse_word_index[[as.character(index - 3)]]   ◁─┐
  if (!is.null(word)) word else "?"
})
```

注意，索引值偏移了3，因为 0、1、2分别表示"填充""序列起始""未知"的保留索引

与示例关联的标签是 0 ~ 45 之间的整数——主题索引：

```
> train_labels[[1]]
3
```

3.5.2 准备数据

你可以使用与上一示例中完全相同的代码对数据进行向量化。

代码清单 3.12　编码数据

```
vectorize_sequences <- function(sequences, dimension = 10000) {
  results <- matrix(0, nrow = length(sequences), ncol = dimension)
  for (i in 1:length(sequences))
    results[i, sequences[[i]]] <- 1
  results
}

x_train <- vectorize_sequences(train_data)
x_test <- vectorize_sequences(test_data)
```

向量化的训练数据

向量化的测试数据

要对标签进行向量化，有两种可能性：你可以将标签列表转换为内部张量，也可以使用独热编码。独热编码广泛用于分类数据的匹配，也称为**分类编码**。有关独热编码的更详细说明，请参见 6.1 节。在这种情况下，标签的独热编码包括将每个标签嵌入为全零向量，其中 1 代替标签索引。这是一个例子：

```
to_one_hot <- function(labels, dimension = 46) {
  results <- matrix(0, nrow = length(labels), ncol = dimension)
  for (i in 1:length(labels))
    results[i, labels[[i]] + 1] <- 1
  results
}

one_hot_train_labels <- to_one_hot(train_labels)
one_hot_test_labels <- to_one_hot(test_labels)
```

向量化的训练标签

向量化的测试标签

请注意，在 Keras 中有一种内置的方法，你已经在 MNIST 示例中看到过这种方法：

```
one_hot_train_labels <- to_categorical(train_labels)
one_hot_test_labels <- to_categorical(test_labels)
```

3.5.3　构建网络

这个主题分类问题看起来类似于之前的电影评论分类问题：在这两种情况下，你都试图对短文本片段进行分类。但是这里有一个新约束：输出类的数量从 2 变为 46。输出空间的维数要大得多。

在像你一直使用的全连接层堆栈中，每个层只能访问前一层输出中存在的信息。如果一个层丢弃了一些与分类问题相关的信息，则以后的各层永远无法恢复此信息：每个层都可能成为信息瓶颈。在电影评论示例中，你使用了 16 维中间层，但是 16 维空间可能太有限，无法学会分离 46 个不同的类：这样的小层可能充当信息瓶颈，永久丢弃相关信息。

因此，你将使用更大的层。让我们来看 64 个单元。

代码清单 3.13　模型定义

```
model <- keras_model_sequential() %>%
  layer_dense(units = 64, activation = "relu", input_shape = c(10000)) %>%
  layer_dense(units = 64, activation = "relu") %>%
  layer_dense(units = 46, activation = "softmax")
```

关于这种架构，还有两点需要注意：

1）你使用包含 46 个神经元的全连接层结束网络。这意味着对于每个输入样本，网络将输出 46 维向量。此向量中的每个条目（每个维度）将编码不同的输出类。

2）最后一层使用 softmax 激活。你在 MNIST 示例中看到了这种模式。这意味着网络将输出 46 个不同输出类别的**概率分布**——对于每个输入样本，网络将产生 46 维输出向量，其中输出 output[[i]] 是样本属于 i 的概率。46 个不同输出的分布概率总和为 1。

在这种情况下使用的最佳损失函数是 categorical_crossentropy。它测量两个概率分布之间的距离：在网络输出的概率分布和标签的真实分布之间。通过最小化这两个分布之间的距离，你可以训练网络输出尽可能接近真实标签的东西。

代码清单 3.14　编译模型

```
model %>% compile(
  optimizer = "rmsprop",
  loss = "categorical_crossentropy",
  metrics = c("accuracy")
)
```

3.5.4　方法验证

让我们在训练数据中设置 1 000 个样本以用作验证集。

代码清单 3.15　留出验证集

```
val_indices <- 1:1000

x_val <- x_train[val_indices,]
partial_x_train <- x_train[-val_indices,]

y_val <- one_hot_train_labels[val_indices,]
partial_y_train = one_hot_train_labels[-val_indices,]
```

现在，让我们对网络进行 20 轮训练。

代码清单 3.16　训练模型

```
history <- model %>% fit(
  partial_x_train,
  partial_y_train,
  epochs = 20,
  batch_size = 512,
  validation_data = list(x_val, y_val)
)
```

最后，让我们显示其损失和准确度曲线（见图 3.8）。

代码清单 3.17　绘制训练和验证指标

```
plot(history)
```

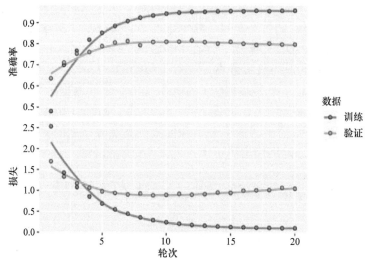

图 3.8　训练和验证指标

　　网络在 9 轮之后开始过拟合。让我们从头开始对一个新网络进行 9 轮训练，然后在测试集上进行评估。

代码清单 3.18　从头开始重新训练模型

```
model <- keras_model_sequential() %>%
  layer_dense(units = 64, activation = "relu", input_shape = c(10000)) %>%
  layer_dense(units = 64, activation = "relu") %>%
  layer_dense(units = 46, activation = "softmax")

model %>% compile(
  optimizer = "rmsprop",
  loss = "categorical_crossentropy",
  metrics = c("accuracy")
)

history <- model %>% fit(
  partial_x_train,
  partial_y_train,
  epochs = 9,
  batch_size = 512,
  validation_data = list(x_val, y_val)
)

results <- model %>% evaluate(x_test, one_hot_test_labels)
```

　　以下是最终结果：

```
> results
$loss
[1] 0.9834202

$acc
[1] 0.7898486
```

该方法达到约 79% 的准确度。对于平衡的二元分类问题，纯随机分类器达到的准确度将是 50%。但在这种情况下它接近 18%，所以至少与随机基线方法相比，结果似乎相当不错：

```
> test_labels_copy <- test_labels
> test_labels_copy <- sample(test_labels_copy)
> length(which(test_labels == test_labels_copy)) / length(test_labels)
[1] 0.1821015
```

3.5.5 生成对新数据的预测

你可以验证模型实例的预测方法是否返回所有 46 个主题的概率分布。让我们为所有测试数据生成主题预测。

代码清单 3.19 为新数据生成预测

```
predictions <- model %>% predict(x_test)
```

预测中的每个条目都是长度为 46 的向量：

```
> dim(predictions)
[1] 2246    46
```

此向量中的系数总和为 1：

```
> sum(predictions[1,])
[1] 1
```

最大的条目是预测的类——具有最高概率的类：

```
> which.max(predictions[1,])
[1] 4
```

3.5.6 处理标签和损失的不同方式

我们之前提到过，编码标签的另一种方法是保留它们的整数值。这种方法唯一会改变的是损失函数的选择。先前的损失函数 categorical_crossentropy 期望标签遵循分类编码。对于整数标签，你应该使用 sparse_categorical_crossentropy：

```
model %>% compile(
  optimizer = "rmsprop",
  loss = "sparse_categorical_crossentropy",
  metrics = c("accuracy")
)
```

这个新的损失函数在数学上仍然与 categorical_crossentropy 相同；它只是有一个不同的接口。

3.5.7 具有足够大的中间层的重要性

我们之前提到过，因为最终输出是 46 维的，所以应该避免使用明显少于 46 个隐藏单

元的中间层。现在让我们通过使中间层明显小于 46 维来引入信息瓶颈时会发生什么：例如，
4 维。

> **代码清单 3.20   带有信息瓶颈的模型**

```
model <- keras_model_sequential() %>%
  layer_dense(units = 64, activation = "relu", input_shape = c(10000)) %>%
  layer_dense(units = 4, activation = "relu") %>%
  layer_dense(units = 46, activation = "softmax")

model %>% compile(
  optimizer = "rmsprop",
  loss = "categorical_crossentropy",
  metrics = c("accuracy")
)

model %>% fit(
  partial_x_train,
  partial_y_train,
  epochs = 20,
  batch_size = 128,
  validation_data = list(x_val, y_val)
)
```

现在，网络的验证准确率达到了约 71%，绝对准确率下降了 8%。这种下降主要是因为
你试图压缩大量信息（足够的信息来恢复 46 类的分离超平面）到一个太低维度的中间空间。
网络能够将大部分必要信息塞入这些 8 维表示中，但不是全部。

3.5.8   进一步的实验

1）尝试使用更大或更小的层：32 个单元，128 个单元，依此类推。

2）你使用了两个隐藏层。现在尝试使用单个隐藏层或三个隐藏层。

3.5.9   小结

你应该在这个例子中学到以下知识：

1）如果你尝试在 N 个类别中对数据点进行分类，则你的网络应该以大小为 N 的全连
接层结束。

2）在单标签、多类别分类问题中，你的网络应以 softmax 激活层结束，以便在 N 个输
出类别上输出概率分布。

3）分类交叉熵几乎总是你应该用于此类问题的损失函数。它最小化了网络输出的概率
分布与目标的真实分布之间的距离。

4）在多类分类中有两种处理标签的方法：

- 通过分类编码（也称为独热编码）对标签进行编码，并使用 categorical_
crossentropy 作为损失函数。

- 将标签编码为整数并使用 sparse_categorical_crossentropy 损失函数。

5）如果你需要将数据分类为大量类别，则应避免由于中间层太小而在网络中造成信息

瓶颈。

3.6　预测房价：一个回归的例子

前两个示例被认为是分类问题，其目标是预测输入数据点的单个离散标签。另一种常见的机器学习问题是**回归**，它包括预测连续值而不是离散标签：例如，根据气象数据预测明天的温度；或根据其规范预测软件项目完成所需的时间。

注意：不要将**回归**与算法**逻辑回归**混淆。令人困惑的是，逻辑回归不是回归算法——它是一种分类算法。

3.6.1　波士顿住房价格数据集

考虑到当时的郊区数据点，例如犯罪率、当地财产税率等，你将尝试预测 20 世纪 70 年代中期某波士顿郊区房屋的中位数价格。你将使用的数据集与前两个示例有一个有趣的区别。它具有相对较少的数据点：仅有 506 个，分为 404 个训练样本和 102 个测试样本。输入数据中的每个**功能**（例如，犯罪率）都有不同的比例。例如，某些值是比例，取值介于 0~1 之间；其他人的值介于 1~12 之间，其他值介于 0~100 之间，依此类推。

代码清单 3.21　加载 Boston 数据集

```
library(keras)

dataset <- dataset_boston_housing()
c(c(train_data, train_targets), c(test_data, test_targets)) %<-% dataset
```

我们来看看数据：

```
> str(train_data)
 num [1:404, 1:13] 1.2325 0.0218 4.8982 0.0396 3.6931 ...
> str(test_data)
 num [1:102, 1:13] 18.0846 0.1233 0.055 1.2735 0.0715 ...
```

如你所见，你有 404 个训练样本和 102 个测试样本，每个样本有 13 个数字特征，例如人均犯罪率、每个居住的平均房间数、高速公路的可达性等。

目标是自住房屋的中位数，价值数千美元：

```
> str(train_targets)
num [1:404(1d)] 15.2 42.3 50 21.1 17.7 18.5 11.3 15.6 15.6 14.4 ...
```

价格通常在 10 000~50 000 美元之间。如果这听起来便宜，请记住这是 20 世纪 70 年代中期，这些价格没有根据通货膨胀进行调整。

3.6.2　准备数据

输入到神经网络中的数据范围过大是有问题的。网络可能能够自动适应这种异构数据，但肯定会使学习变得更加困难。处理此类数据的一种广泛的最佳实践是进行特征标准化：对于输入数据中的每个特征（输入数据矩阵中的一列），你减去特征的平均值并除以标准差，以便该特征以 0 为中心，具有单位标准差。这可以使用 scale() 函数在 R 中轻松完成。

代码清单 3.22　标准化数据

```
mean <- apply(train_data, 2, mean)
std <- apply(train_data, 2, sd)
train_data <- scale(train_data, center = mean, scale = std)
test_data <- scale(test_data, center = mean, scale = std)
```

计算训练数据的
均值和标准差

用训练数据的均值和
标准化对训练数据、
测试数据进行缩放

注意，使用训练数据计算用于标准化测试数据的量。你不应该在工作流程中使用在测试数据上计算的任何数量，即使对于像数据标准化这样简单的事情也是如此。

3.6.3　构建网络

由于可用的样本很少，你将使用一个非常小的网络，其中有两个隐藏层，每个层有 64 个单元。通常，你拥有的训练数据越少，过拟合就越严重，使用小型网络是缓解过拟合的一种方法。

代码清单 3.23　模型定义

```
build_model <- function() {
  model <- keras_model_sequential() %>%
    layer_dense(units = 64, activation = "relu",
                input_shape = dim(train_data)[[2]]) %>%
    layer_dense(units = 64, activation = "relu") %>%
    layer_dense(units = 1)

  model %>% compile(
    optimizer = "rmsprop",
    loss = "mse",
    metrics = c("mae")
  )
}
```

因为需要多次用同一个
模型做示例，我们将其
构建为一个函数

网络以单个单元结束而不激活（它将是线性层）。这是标量回归的典型设置（你尝试预测单个连续值的回归）。应用激活函数会限制输出可以采用的范围；例如，如果你将 sigmoid 激活函数应用于最后一层，则网络只能学习预测 0~1 之间的值。这里，因为最后一层是纯线性的，所以网络可以自由地学习预测任何范围内的值。

请注意，你使用 mse 损失函数——**均方误差**编译网络，即预测和目标之间差异的二次方。这是回归问题广泛使用的损失函数。

你还在训练期间监控新指标：**平均绝对误差**（MAE）。它是预测和目标之间差异的绝对值。例如，此问题的 MAE 为 0.5 意味着你的预测平均减少 500 美元。

3.6.4 使用 K 折验证

要在不断调整其参数（例如训练的轮数）的同时评估你的网络，你可以将数据拆分为训练集和验证集，如前面示例中所做的那样。但是因为你的数据点很少，验证集最终会非常小（例如，大约 100 个例子）。因此，验证分数可能会发生很大变化，具体取决于你选择用于验证的数据点以及用于训练的数据点：验证分数可能与验证分割有很大**差异**。这样会妨碍你准确有效地评估模型。

在这种情况下的最佳做法是使用 K 折交叉验证（见图 3.9）。它包括将可用数据拆分为 K 个分区（通常为 K = 4 或 5），实例化 K 个相同模型，并在评估剩余分区时对 K-1 个分区进行训练。所用模型的验证分数是获得的 K 折验证分数的平均值。在代码方面，这很简单。

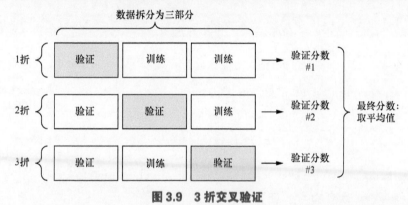

图 3.9　3 折交叉验证

代码清单 3.24　K 折验证

```
k <- 4
indices <- sample(1:nrow(train_data))
folds <- cut(1:length(indices), breaks = k, labels = FALSE)

num_epochs <- 100
all_scores <- c()
for (i in 1:k) {
  cat("processing fold #", i, "\n")

  val_indices <- which(folds == i, arr.ind = TRUE)     准备验证数据：第k
  val_data <- train_data[val_indices,]                  部分的数据
  val_targets <- train_targets[val_indices]
                                                        准备训练数据：其他
  partial_train_data <- train_data[-val_indices,]       所有部分的数据
  partial_train_targets <- train_targets[-val_indices]

  model <- build_model()     构建Keras模型(已编译)

  model %>% fit(partial_train_data, partial_train_targets,
                epochs = num_epochs, batch_size = 1, verbose = 0)

  results <- model %>% evaluate(val_data, val_targets, verbose = 0)
  all_scores <- c(all_scores, results$mean_absolute_error)
}

Trains the model (in silent                           在验证数据
mode, verbose = 0)                                    上评估模型
```

使用 num_epochs = 100 运行此代码会产生以下结果：

```
> all_scores
[1] 2.065541 2.270200 2.838082 2.381782
> mean(all_scores)
[1] 2.388901
```

不同的运行确实显示了相当不同的验证分数，从 2.1 到 2.8。平均值（2.4）是比任何单个得分更可靠的指标——这是 K 折交叉验证的整个点。在这种情况下，平均价格低于 2 400 美元，考虑到价格从 10 000 美元到 50 000 美元不等。

让我们尝试更长时间地训练网络：500 轮。为了记录模型在每轮的表现，你将修改训练回路以保存每轮的验证分数日志。

代码清单 3.25　保存每折的验证日志

```
num_epochs <- 500
all_mae_histories <- NULL
for (i in 1:k) {
  cat("processing fold #", i, "\n")

  val_indices <- which(folds == i, arr.ind = TRUE)          准备验证数据：第
  val_data <- train_data[val_indices,]                      k部分的数据
  val_targets <- train_targets[val_indices]

  partial_train_data <- train_data[-val_indices,]           准备训练数据：其他
  partial_train_targets <- train_targets[-val_indices]      所有部分的数据

  model <- build_model()                    构建Keras
                                            模型
  history <- model %>% fit(                 （已编译）        以静默模式训练
    partial_train_data, partial_train_targets,               模型(verbose=0)
    validation_data = list(val_data, val_targets),
    epochs = num_epochs, batch_size = 1, verbose = 0
  )
  mae_history <- history$metrics$val_mean_absolute_error
  all_mae_histories <- rbind(all_mae_histories, mae_history)
}
```

然后，你可以计算每折每轮的 MAE 分数的平均值。

代码清单 3.26　构建连续平均 K 折验证分数的历史记录

```
average_mae_history <- data.frame(
  epoch = seq(1:ncol(all_mae_histories)),
  validation_mae = apply(all_mae_histories, 2, mean)
)
```

让我们描绘一下图像，如图 3.10 所示。

代码清单 3.27　绘制验证分数

```
library(ggplot2)
ggplot(average_mae_history, aes(x = epoch, y = validation_mae)) + geom_line()
```

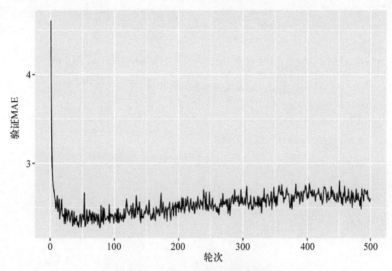

图 3.10　验证 MAE 的逐轮变化

由于缩放问题和相对较高的方差，可能难以看到该图。让我们使用 geom_smooth( ) 来尝试获得更清晰的图像（见图 3.11 ）。

代码清单 3.28　使用 geom_smooth( ) 绘制验证分数

```
ggplot(average_mae_history, aes(x = epoch, y = validation_mae)) + geom_smooth()
```

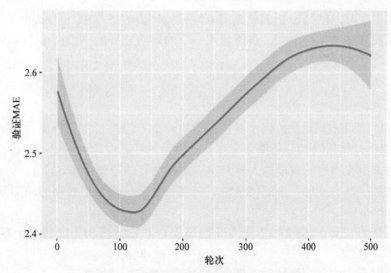

图 3.11　验证 MAE 的逐轮变化：平滑后

根据该图，验证 MAE 在 125 轮后停止显著改善。过了这一点，开始过拟合。

完成模型的其他参数调整后（除了轮数，你还可以调整隐藏层的大小），你可以在所有训练数据上训练最终生产模型，并获得最佳参数，然后看看它在测试数据上的表现。

代码清单 3.29　训练最终模型

```
model <- build_model()
model %>% fit(train_data, train_targets,
              epochs = 80, batch_size = 16, verbose = 0)      在所有数据上
                                                              训练模型
result <- model %>% evaluate(test_data, test_targets)
```

这是最终结果：

```
> result
$loss
[1] 15.58299

$mean_absolute_error
[1] 2.54131
```

仍然产生约 2 540 美元的误差。

3.6.5　小结

这是你应该从这个例子中学到的知识：

1）使用与分类不同的损失函数进行回归。方均误差（MSE）是通常用于回归的损失函数。

2）同样，用于回归的评估指标与用于分类的评估指标不同；当然，准确性的概念不适用于回归。常见的回归指标是平均绝对误差（MAE）。

3）当输入数据中的特征具有不同范围的值时，应将每个特征作为预处理步骤单独进行缩放。

4）当数据很少时，使用 K 折验证是可靠地评估模型的好方法。

5）当可用的训练数据很少时，最好使用一个隐藏层较少的小型网络（通常只有一个或两个），以避免严重的过拟合。

3.7　本章小结

1）现在，你可以处理向量数据中最常见的机器学习任务：二元分类、多类分类和标量回归。本章前面的"结语"部分总结了你在这些类型的任务中学到的重要内容。

2）你通常需要在将原始数据输入神经网络之前对其进行预处理。

3）当你的数据具有不同范围的特征时，请将每个特征作为预处理的一部分进行无限缩放。

4）随着训练的进行，神经网络最终开始过拟合并在前所未见的数据上获得更差的结果。

5）如果你没有太多的训练数据，请使用只有一个或两个隐藏层的小型网络，以避免严重过拟合。

6）如果你的数据分为多个类别，并且你将中间层设置得太小，则可能会导致信息瓶颈。

7）回归使用不同的损失函数和不同的评估指标而不是分类。

8）当你处理少量数据时，K 折验证可以帮助你可靠地评估你的模型。

第*4*章
机器学习基础

本章内容包括：
- 超出分类和回归的机器学习形式；
- 机器学习模型的正式评估程序；
- 为深度学习准备数据；
- 特征工程；
- 解决过拟合问题；
- 机器学习问题的通用工作流程。

在第 3 章中的三个实际例子之后，你应该开始熟悉如何使用神经网络来处理分类和回归问题，并且你已经目睹了机器学习的核心问题：**过拟合**。本章将把这些初步印象转化为坚实的概念框架，用于攻破和解决深度学习问题。在 4.5 节中，我们将所有这些概念：模型评估、数据预处理和特征工程以及过拟合，整合到一个详细的七步工作流程中，以解决任何机器学习问题。

4.1 机器学习的四个分支

在前面的示例中，你已经熟悉了三种特定类型的机器学习问题：二元分类、多类分类和标量回归。这三个都是**监督学习**的实例，其目标是学习训练输入和训练目标之间的关系。

监督学习只是冰山一角，机器学习是一个分支众多的广阔领域。机器学习算法通常分为四大类，如以下部分所述。

4.1.1 监督学习

这是迄今为止最常见的情况。它包括学习将输入数据映射到已知标签（也称为标记），给出一组示例（通常是人为标记）。到目前为止，你在本书中遇到的所有四个例子都是监督学习的典型例子。一般来说，目前几乎所有受到关注的深度学习应用都属于这一类，如光学字符识别、语音识别、图像分类和语言翻译。

尽管监督学习主要包括分类和回归，但也有更多的外来变种，包括以下（有例子）：

● **序列生成**：给定图片，预测描述它的标题。序列生成有时可以重新表述为一系列分类问题（例如重复预测序列中的单词或标记）。

● **语法树预测**：给定一个句子，将其分解预测为语法树。

● **目标检测**：给定图片，在图片内的某些对象周围绘制一个边界框。这也可以表示为分类问题（给定许多候选边界框，对每个边界框的内容进行分类）或者作为联合分类和回归问题，其中通过向量回归预测边界框坐标。

● **图像分割**：给定图片，在特定对象上绘制像素级蒙版。

4.1.2　无监督学习

机器学习的这个分支包括在没有任何目标帮助的情况下发现输入数据的有趣变换，用于数据可视化，数据压缩或数据去噪，或者更好地理解手头数据中存在的相关性。无监督学习是数据分析的基础，而且在尝试解决监督学习问题之前，它通常是更好地理解数据集的必要步骤。**降维和聚类**是两种著名的无监督学习。

4.1.3　自监督学习

这是监督学习的一个特定实例，但它的不同之处在于它应该属于自己的类别。自监督学习是一种没有人工注释标签的监督学习：你可以将其视为没有人工参与的监督学习。仍然涉及标签（因为学习必须由某些东西监督），但它们是从输入数据生成的，通常使用启发式算法。

例如，**自编码器**是自监督学习的一个著名的例子，其中生成的目标是未经修改的输入。以同样的方式，给定过去的帧，尝试预测视频中的下一帧，或给定前一个词，预测文本中的下一个词，都是自监督学习（时域监督学习：在这种情况下，监督来自未来的输入数据）的实例。请注意，监督、自监督和无监督学习之间的区别有时可能会模糊——这些类别更像是没有固体边界的连续统一体。自监督学习可以被重新解释为监督或无监督学习，这取决于你是否关注学习机制或其应用的背景。

注意：在本书中，我们将专注于监督学习，因为它是迄今为止深度学习的主要形式，具有广泛的行业应用。我们还将在后面的章节中简要介绍一下自监督学习。

4.1.4　强化学习

机器学习的这个分支长期被忽视，在 Google DeepMind 成功应用它来学习玩 Atari 游戏（后来又学着玩最高级别的围棋）之后，最近它开始受到很多关注。在强化学习中，代理人接收有关其环境的信息，并学会选择使回报最大化的行动。例如，可以通过强化学习来训练一个"看"视频游戏屏幕并输出游戏动作以最大化其得分的神经网络。

目前，强化学习主要是一个研究领域，并且除了游戏之外还没有取得重大的实际成功。然而，随着时间的推移，我们希望强化学习能够接管越来越多的实际应用：自动驾驶汽车、机器人技术、资源管理、教育等。这是一个时机已经到来或即将到来的想法。

分类和回归词汇表

分类和回归涉及许多专业术语。你在前面的示例中遇到过其中的一些内容，你将在以后的章节中看到更多内容。它们具有精确的机器学习特定定义，你应该熟悉它们：

- **样本**或**输入**：进入模型的一个数据点。
- **预测**或**输出**：模型的结果。
- **目标**：真相。根据外部数据来源，你的模型应该理想地预测了什么。
- **预测误差**或**损失值**：模型预测与目标之间距离的度量。
- **类**：在分类问题中可供选择的一组可能标签。例如，在对猫和狗图片进行分类时，"狗"和"猫"是两类。
- **标签**：分类问题中类注释的特定实例。例如，如果图片 # 1234 被注释为包含类 "dog"，则 "dog" 是图片 # 1234 的标签。
- **地面实况**或**注释**：数据集的所有目标，通常由人类收集。
- **二元分类**：一种分类任务，其中每个输入样本应分为两个独占类别。
- **多类分类**：一种分类任务，其中每个输入样本应分为两类以上，例如，对手写数字进行分类。
- **Multilabel 分类**：一种分类任务，其中每个输入样本可以分配多个标签。例如，给定的图像可能包含猫和狗，并且应该使用 "cat" 标签和 "dog" 标签进行注释。每张图像的标签数量通常是可变的。
- **标量回归**：目标是连续标量值的任务。预测房价就是一个很好的例子：不同的目标价格形成了一个连续的空间。
- **向量回归**：目标是一组连续值的任务：例如，连续向量。如果你正在对多个值（例如图像中的边界框的坐标）进行回归，那么你正在进行向量回归。
- **小批次**或**批次**：由模型同时处理的一小组样本（通常在 8~128 之间）。样本数通常是 2 的幂，以便于在 GPU 上进行内存分配。训练时，使用小批次计算应用于模型权重的单个梯度下降更新。

4.2 评估机器学习模型

在第 3 章介绍的三个示例中，我们将数据拆分为训练集、验证集和测试集。很快我们就发现不能用训练数据来评估模型：在几轮训练之后，这三个模型都开始过拟合。也就是说，与它们在训练数据上的表现（随着训练的进行总是会有所改善）相比，它们在前所未见的数据上的表现开始停滞（或恶化）。

在机器学习中，我们的目标是实现能够泛化（在前所未见的数据上表现良好）的模型，过拟合是主要障碍。你只能控制可以观察到的内容，因此能够可靠地测量模型的泛化能力至关重要。以下部分介绍了减轻过拟合和最大化泛化的策略。在本节中，我们将重点介绍如何衡量泛化：如何评估机器学习模型。

4.2.1　训练、验证和测试集

评估模型总是归结为将可用数据分为三组：训练、验证和测试。你可以训练训练数据并根据验证数据评估模型。一旦你的模型准备就绪，你就可以最后一次测试测试数据。

你可能会问，为什么没有两组：训练集和测试集？你将训练训练数据并评估测试数据。更简单！

原因是开发模型总是涉及配置的调整：例如，选择层数或层的大小（称为模型的**超参数**，以区别于**参数**，即网络的权重）。你可以通过使用模型在验证数据上的性能作为反馈信号来进行此调整。本质上，这种调整是一种**学习**形式：在某个参数空间中搜索良好的配置。因此，根据验证集上的性能调整模型的配置可能很快导致**验证集过拟合**，即使你的模型从未直接对其进行过训练。

这种现象的核心是**信息泄漏**的概念。每次根据模型在验证集上的性能调整模型的超参数时，有关验证数据的一些信息会泄漏到模型中。如果只对一个参数执行此操作，则会泄漏极少量信息，并且验证集将保持可靠以评估模型。但是，如果你重复这么多次运行一个实验，评估验证集，并根据结果修改模型，那么你将在模型中泄漏有关验证集的越来越多的信息。

最后，你会得到一个在验证数据上性能很好的模型，这是你优化的结果。你关心的模型在全新数据而不是验证数据上的性能，因此你需要使用完全不同的、前所未见的数据集来评估模型：测试数据集。你的模型不应该间接访问有关测试集的**任何**信息。如果基于测试集性能调整了关于模型的任何信息，那么你的推广测量将是有缺陷的。

将你的数据拆分为训练、验证和测试集可能看起来很简单，但有一些先进的方法可以在小数据可用时派上用场。让我们回顾一下三个经典的评估方法：简单的留出法验证，K 折验证和置乱数据的重复 K 折验证。

简单的留出法验证

将一部分数据分开作为测试集。训练剩余数据，并在测试集上进行评估。正如你在前面部分中看到的，为了防止信息泄漏，你不应该根据测试集调整模型，因此你还应该留出一个验证集。

示意性地，留出法验证如图 4.1 所示。代码清单 4.1 显示了一个简单的实现。

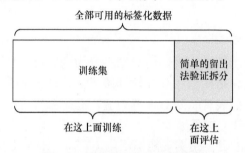

图 4.1　简单的留出法验证拆分

代码清单 4.1　留出法验证

数据置乱通
常是合适的

```
indices <- sample(1:nrow(data), size = 0.80 * nrow(data))
evaluation_data  <- data[-indices, ]                       定义测试集
training_data <- data[indices, ]                           定义训练集

model <- get_model()
model %>% train(training_data)                          在训练数据上训练模型，
validation_score <- model %>% evaluate(validation_data) 并在验证数据上对其进
                                                        行评估
model <- get_model()
model %>% train(data)                                   一旦调整了超参数，通常
test_score <- model %>% evaluate(test_data)             就在所有可用的非测试数
                                                        据上从头开始训练最终的
                                                        模型
```

　　这是最简单的评估方法，它有一个缺陷：如果可用的数据很少，那么你的验证和测试集可能包含的样本太少，无法在统计上代表手头的数据。这很容易识别：如果在拆分之前对数据进行不同的随机排列，最终会产生非常不同的模型性能度量，那么你就遇到了这个问题。如下所述，K 折验证和重复 K 折验证是解决此问题的两种方法。

K 折验证

　　使用此方法，你可以将数据拆分为相同大小的 K 个分区。对于每个分区 i，在剩余的 $K-1$ 分区上训练模型，并在分区 i 上进行评估。你的最终得分是获得的 K 得分的平均值。当你的模型的性能根据你的训练集和测试集划分显示出显著差异时，此方法很有用。与留出法验证一样，此方法不会免除你使用不同的验证集进行模型校准。

　　示意性地，K 折交叉验证如图 4.2 所示。代码清单 4.2 显示了一个简单的 R 伪代码实现。

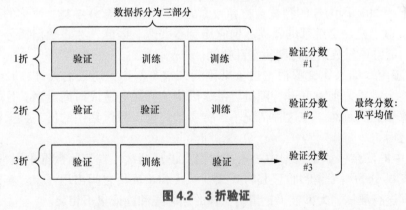

图 4.2　3 折验证

代码清单 4.2　K 折交叉验证

```
k <- 4
indices <- sample(1:nrow(data))                          选择验证数据
folds <- cut(1:length(indices), breaks = k, labels = FALSE) 的具体部分
```

```
validation_scores <- c()
for (i in 1:k) {                                          使用剩余的数据
                                                          作为训练数据
  validation_indices <- which(folds == i, arr.ind = TRUE)
  validation_data <- data[validation_indices,]    ◄───
  training_data <- data[-validation_indices,]     ◄───   创建一个全新的模型
                                                          实例(未经过训练)
  model <- get_model()                            ◄───
  model %>% train(training_data)
  results <- model %>% evaluate(validation_data)
  validation_scores <- c(validation_scores, results$accuracy)
}                                                         验证分数: K折验
                                                          证分数的平均值
validation_score <- mean(validation_scores)     ◄───

model <- get_model()
model %>% train(data)                                在所有可用的非测试数
results <- model %>% evaluate(test_data)             据上训练最终模型
```

置乱数据的重复 *K* 折验证

这个适用于你可用的数据相对较少且需要尽可能精确地评估模型的情况。我们发现它在 Kaggle 比赛中非常有用。它包括多次应用 *K* 折验证，在用 *K* 种方式分割之前每次都对数据进行置乱。最终得分是每次 *K* 折验证时获得的分数的平均值。请注意，你最终会训练和评估 $P \times K$ 个模型（其中 *P* 是你使用的迭代次数），这个代价可能非常大。

4.2.2　要记住的事情

在选择评估方法时，请注意以下事项：

● **数据代表性**：你希望训练集和测试集都能代表手头的数据。例如，如果你正在尝试对数字图像进行分类，并且你从样本按类别排序的样本数组开始，则将阵列的前 80% 作为训练集，剩下的 20% 因为你的测试集将导致你的训练集仅包含 0~7 类，而你的测试集仅包含 8~9 类。这似乎是一个荒谬的错误，但它出奇得普遍。因此，在将数据拆分为训练集和测试集之前，通常应对数据进行**随机置乱**数据。

● **时间顺序**：如果你试图根据过去来预测未来（例如，明天的天气、股票走势等），你不应该在拆分数据之前对其进行随机置乱，因为这样做会造成**时间泄漏**：你的模型将有效地接受未来数据的训练。在这种情况下，你应始终确保测试集中的所有数据都位于训练集中的数据之后。

● **数据中的冗余**：如果数据中的某些数据点出现两次（在实际数据中很常见），则置乱数据并将其拆分为训练集和验证集将导致训练集和验证集之间出现冗余。实际上，你对部分训练数据进行测试，太糟糕了！请确保你的训练集和验证集不相交。

4.3　数据预处理、特征工程和特征学习

除了模型评估之外，在深入研究模型开发之前，我们必须解决的一个重要问题如下：在将输入数据和目标投入神经网络之前，如何准备输入数据和目标？许多数据预处理和特征工程技术都是特定于域的（例如，特定于文本数据或图像数据）；在实际示例中，我们将在以下章节中介绍这些内容。现在，我们将回顾所有数据域通用的基础知识。

4.3.1 神经网络的数据预处理

数据预处理旨在使手头的原始数据更适合神经网络。这包括向量化、标准化、处理缺失值和特征提取。

➤ 向量化

神经网络中的所有输入和目标必须是浮点数据的张量（或者，在特定情况下，是整数的张量）。无论你需要处理什么数据——声音、图像、文本——你必须首先转变为张量，这一步称为**数据向量化**。例如，在之前的两个文本分类示例中，我们从表示为整数列表（代表单词序列）的文本开始，并且我们使用独热编码将它们转换为浮点数据的张量。在对数字进行分类和预测房价的示例中，数据已经以向量化的形式出现，因此你可以跳过此步骤。

➤ 标准化

在数字分类示例中，你从编码为 0~255 范围内的整数的图像数据开始，编码灰度值。在将此数据输入网络之前，必须除以 255，这样才能得到 0~1 范围内的浮点值。同样，在预测房价时，你从具有各种取值范围的特征开始——某些特征具有较小的浮点值，而其他特征具有相当大的整数值。在将此数据输入网络之前，必须单独标准化每个特征，使其标准差为 1，平均值为 0。

一般来说，向神经网络输入取值相对较大的数据（例如，多位数整数，比网络权重所采用的初始值大得多）或异构数据（例如，一个特征在 0~1 范围内而另一个特征在 100~200 范围内）是不安全的。这样做可能会触发较大的梯度更新，从而阻止网络收敛。为了使你的网络更容易学习，你的数据应具有以下特征：

1）**取小值**：通常，大多数值应在 0~1 范围内。

2）**是同质的**：也就是说，所有特征都应该在大致相同的范围内取值。

此外，以下更严格的标准化实践是常见的并且可以提供帮助，但并不总是必要的（例如，你在数据分类示例中没有这样做）：

1）将每个特征独立标准化，使其均值为 0。

2）将每个特征独立标准化使其标准差为 1。

使用 scale() 函数，R 很容易做到这一点：

```
x <- scale(x)          假设x是格式为(样本，特征)的二维矩阵
```

通常，你将对训练和测试数据中的功能进行标准化。在这种情况下，你只想计算训练数据的均值和标准差，然后将它们应用于训练和测试数据。这是我们在第 3 章中对波士顿住房数据集中的特征进行标准化时所做的：

```
mean <- apply(train_data, 2, mean)
std <- apply(train_data, 2, sd)              计算训练数据的均值和标准差
train_data <- scale(train_data, center = mean, scale = std)
test_data <- scale(test_data, center = mean, scale = std)

                                使用训练数据的均值和标准
                                差来缩放训练和测试数据
```

R 中的 caret 和 recipes 包都包含更多用于数据预处理和标准化的高级函数。

➤ 处理缺失值

有时你的数据中可能有缺失值。例如，在房价示例中，第一个特征（数据中索引为 0 的那一列）是人均犯罪率。如果有的样本没这一特征怎么办？那样的话你在训练或测试数据中就有缺失值了。

通常，使用神经网络，将缺失值输入为 0 是安全的，条件是 0 不是有意义的值。网络将从数据中学到 0 是**缺失数据**，并忽略该值。

请注意，如果你希望测试数据中有缺失值，但网络是在没有任何缺失值的情况下对数据进行训练的，则网络没有学会忽略缺失值！在这种情况下，你应该人为地生成具有缺失条目的训练样本：多次复制一些训练样本，并丢弃某些你觉得测试数据中可能会缺失的特性。

4.3.2　特征工程

特征工程是使用你自己的数据知识和有关机器学习算法（在本例中为神经网络）的过程，通过在数据进入模型之前对数据进行硬编码（非学习）转换来使算法更好地工作。在许多情况下，期望机器学习模型能够从完全任意的数据中学习是不合理的。需要以一种使模型工作更容易的方式将数据呈现给模型。

让我们看一个直观的例子。假设你正在尝试开发一种模型，该模型可以将时钟图像作为输入，并可以输出一天中的时间（见图 4.3）。

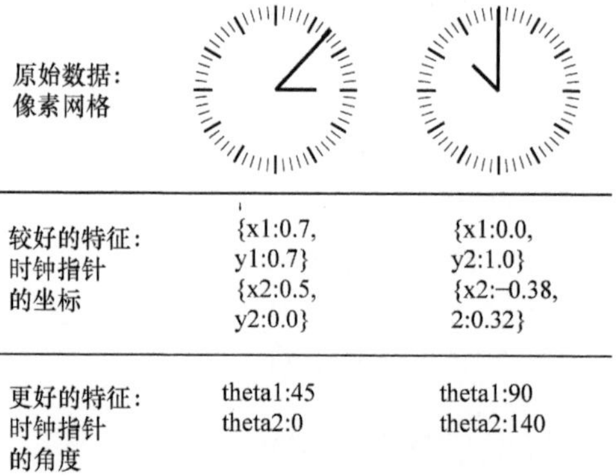

原始数据：像素网格		
较好的特征：时钟指针的坐标	{x1:0.7, y1:0.7} {x2:0.5, y2:0.0}	{x1:0.0, y2:1.0} {x2:-0.38, 2:0.32}
更好的特征：时钟指针的角度	theta1:45 theta2:0	theta1:90 theta2:140

图 4.3　用于读取时钟时间的特征工程

如果你选择使用图像的原始像素作为输入数据，那么你就会遇到困难的机器学习问题。你需要一个卷积神经网络来解决它，你将不得不花费相当多的计算资源来训练网络。

但如果你已经在高层次上理解了这个问题（你了解人类如何在钟面上读取时间），那么你可以为机器学习算法提供更好的输入功能：例如，它很容易写出一个简短的 R 脚本跟随时钟指针的黑色像素并输出每只针尖的（x，y）坐标。然后，一个简单的机器学习算法可以学习将这些坐标与适当的时间相关联。

你可以更进一步：进行坐标更改，并将（x，y）坐标表示为关于图像中心的极坐标。

你的输入将成为每个时钟指针的角度 θ。此时，你的特征使问题变得如此简单，以至于不需要机器学习；简单的舍入操作和字典查找足以恢复一天的大致时间。

这就是特征工程的本质：通过更简单方式表达问题，从而使问题更容易解决。通常需要深入了解问题。

在深度学习之前，特征工程曾经是至关重要的，因为经典的浅层算法没有足够丰富的假设空间来自己学习有用的特征。你向算法提供数据的方式对其成功至关重要。例如，在卷积神经网络在 MNIST 数字分类问题上取得成功之前，解决方案通常基于硬编码特征，例如数字图像中的循环数、图像中每个数字的高度、像素值的直方图等。

幸运的是，现代深度学习消除了对大多数特征工程的需求，因为神经网络能够从原始数据中自动提取有用的特征。这是否意味着只要你使用深度神经网络，你就不必担心特征工程？不，有两个原因：

● 良好的特征仍然允许你在使用更少资源的同时更好地解决问题。例如，使用卷积神经网络解决钟面读取问题是荒谬的。

● 良好的特征使你可以用更少的数据解决问题。深度学习模型自己学习特征的能力依赖于提供大量的训练数据；如果你只有少量样本，则其特征中的信息值变得至关重要。

4.4　过拟合和欠拟合

在前一章的所有三个例子中——预测电影评论、主题分类和房价回归——模型在留出法验证数据上的表现总是在几轮之后达到峰值，然后开始降低：模型在训练数据上快速**过拟合**。过拟合发生在每个机器学习问题中。学习如何处理过拟合对于掌握机器学习至关重要。

机器学习的根本问题是优化和泛化之间的矛盾。**优化**是指调整模型以在训练数据（**机器学习**中的**学习**）上获得最佳性能的过程，而**泛化**是指训练模型对以前从未见过的数据的执行情况。当然，我们的目标是获得良好的泛化能力，但是你不能控制泛化，只能根据其训练数据调整模型。

在训练开始时，优化和泛化是相关的：训练数据的损失越低，测试数据的损失越低。当这种情况发生时，可以说你的模型欠拟合的：仍然有待改进；网络尚未模拟训练数据中的所有相关模式。但是在对训练数据进行了一定数量的迭代之后，泛化停止了改进，验证指标停滞了，然后开始降级：模型开始过拟合。它开始学习特定于训练数据的模式，但在涉及新数据时会产生误导或不相关的模式。

为了防止模型学习训练数据中发现的误导或不相关的模式，**最好的解决方案是获得更多的训练数据**。受过更多数据训练的模型自然会更好地概括。如果无法做到这一点，那么下一个最佳解决方案是调整允许模型存储的信息量，或者添加对允许存储的信息的约束。如果一个网络只能记住少量的模式，那么优化过程将迫使它专注于最突出的模式，这些模式有更好的概括性。

以这种方式对抗过拟合的过程称为**正则化**。让我们回顾一些最常见的正则化技术，并在实践中应用它们来改进 3.4 节中的电影分类模型。

4.4.1　缩小网络规模

防止过拟合的最简单方法是降低模型的大小：模型中可学习参数的数量（由层数和每层单元数决定）。在深度学习中，模型中可学习参数的数量通常被称为模型的**容量**。直观地，具有更多参数的模型具有更多的**记忆能力**，因此可以容易地在训练样本和它们的目标之间学习完美的字典式映射——没有任何泛化能力的映射。例如，可以轻松地创建具有500 000 个二进制参数的模型来学习 MNIST 训练集中每个数字的类：我们每 50 000 个数字中只需要 10 个二进制参数。但是这样的模型对于分类新的数字样本将毫无用处。应始终牢记这一点：深度学习模型倾向于擅长拟合训练数据，但真正的挑战是泛化，而不是拟合。

另一方面，如果网络具有有限的记忆资源，则将无法容易地学习该映射；因此，为了使其损失最小化，它将不得不求助于学习具有关于目标的预测能力的压缩表示——正是我们感兴趣的表示类型。与此同时，请记住，你所使用的模型应具有足够的参数，以致它们不适合使用：不应该使你的模型缺乏记忆资源。在**容量过大**和**容量不足**之间存在折中方案。

不幸的是，没有神奇的公式来确定每层的正确层数或正确的大小。你必须评估不同体系结构的数组（在验证集上，而不是在测试集上），以便为数据找到正确的模型大小。找到合适的模型大小的一般工作流程是从相对较少的层和参数开始，并增加层的大小或添加新层，直到你看到验证集的损失递减。

让我们在电影评论分类网络上试一试。接下来显示原始网络。

代码清单 4.3　原始模型

```
library(keras)

model <- keras_model_sequential() %>%
  layer_dense(units = 16, activation = "relu", input_shape = c(10000)) %>%
  layer_dense(units = 16, activation = "relu") %>%
  layer_dense(units = 1, activation = "sigmoid")
```

现在让我们尝试用这个更小的网络替换它。

代码清单 4.4　容量较低的模型版本

```
model <- keras_model_sequential() %>%
  layer_dense(units = 4, activation = "relu", input_shape = c(10000)) %>%
  layer_dense(units = 4, activation = "relu") %>%
  layer_dense(units = 1, activation = "sigmoid")
```

图 4.4 显示了原始网络和较小网络的验证损失的比较（请记住，较低的验证损失表示更好的模型）。正如你所看到的，较小的网络开始过拟合，而不是参考网络，并且一旦开始过拟合，其性能会降低得更慢。

现在，对于踢球，让我们在这个基准测试中添加一个容量远远超过问题所需的网络。

代码清单 4.5　具有更高容量的模型的版本

```
model <- keras_model_sequential() %>%
  layer_dense(units = 512, activation = "relu", input_shape = c(10000)) %>%
  layer_dense(units = 512, activation = "relu") %>%
  layer_dense(units = 1, activation = "sigmoid")
```

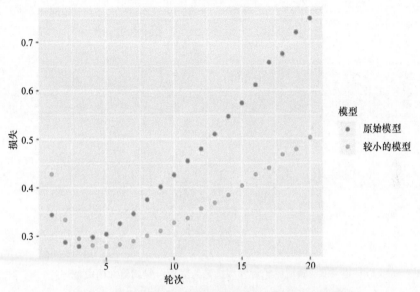

图 4.4　模型容量对验证损失的影响：尝试较小的模型

图 4.5 显示了与参考网络相比，较大网络的问题。在仅仅一轮之后，更大的网络几乎立即开始过拟合，并且严重过拟合。其验证损失也较大。

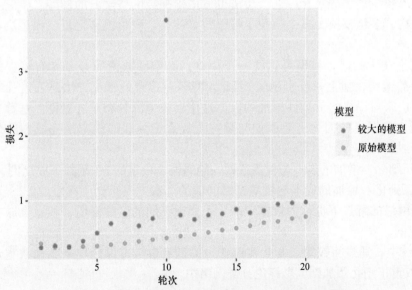

图 4.5　模型容量对验证损失的影响：尝试较大的模型

　　同时，图 4.6 显示了两个网络的训练损失。如你所见，较大的网络很快就会使其训练损失接近于零。网络容量越大，它对训练数据建模的速度就越快（导致训练损失低），但过拟合的可能性越大（导致训练和验证损失之间的差异很大）。

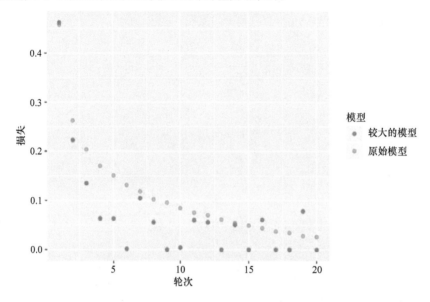

图 4.6　模型容量对训练损失的影响：尝试更大的模型

4.4.2　添加权重正则化

　　你可能熟悉**奥卡姆剃刀**原理：给出两个解释的东西，最可能是正确解释的是最简单的一个——做出较少假设的解释。这个想法也适用于神经网络学习的模型：给定一些训练数据和网络架构，多组权值（多个**模型**）可以解释数据。简单模型比复杂模型更不容易过拟合。

　　在此上下文中的**简单模型**是这样一个模型，其中参数值的分布具有较少的熵（或具有较少参数的模型，如上一节所示）。因此，减轻过拟合的常见方法是通过强制其权重仅采用较小的值来对网络的复杂性施加约束，这使得权值的分布更加**规则**。这称为**权重正则化**，并且通过向网络的损失函数添加与具有大权重相关联的成本来完成。这个成本有两种：

- **L1 正则化**：增加的成本与**权重系数的绝对值**（权重的 L1 范数）成比例。
- **L2 正则化**：增加的成本与**权重系数的值的二次方**成正比（权重的 L2 范数）。L2 正则化在神经网络的背景下也称为**权重衰减**。不要被不同的名称混淆：权重衰减在数学上与 L2 正则化相同。

　　在 Keras 中，通过将**权重正则化实例**作为关键字参数传递给层来添加权重正则化。让我们将 L2 权重正则化添加到电影评论分类网络中。

```
model1 <- keras_model_sequential() %>%
  layer_dense(units = 16, kernel_regularizer = regularizer_l2(0.001),
              activation = "relu", input_shape = c(10000)) %>%
  layer_dense(units = 16, kernel_regularizer = regularizer_l2(0.001),
              activation = "relu") %>%
  layer_dense(units = 1, activation = "sigmoid")
```

regularizer_l2(0.001) 表示该层的权重矩阵中的每个系数将 0.001*weight_coefficient_value 添加到网络的总损失中。请注意，由于此惩罚**仅在训练时添加**，因此在训练时此网络的损失将远高于测试时间。

图 4.7 显示了 L2 正则化惩罚的影响。如你所见，具有 L2 正则化的模型比参考模型更能抵抗过拟合，即使两个模型具有相同数量的参数。

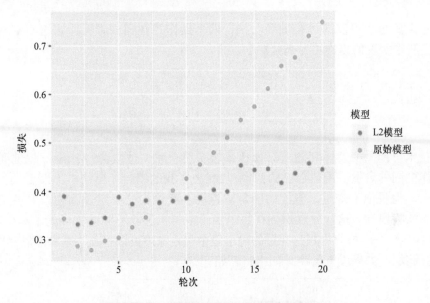

图 4.7　L2 权重正则化对验证损失的影响

作为 L2 正则化的替代方案，你可以使用以下 Keras 权重正则化器之一。

```
regularizer_l1(0.001)
regularizer_l1_l2(l1 = 0.001, l2 = 0.001)
```

4.4.3　添加 dropout

dropout 是由 Geoff Hinton 和他在多伦多大学的学生开发的最有效和最常用的神经网络正则化技术之一。应用于层的滤除包括在训练期间随机**丢弃**（设置为零）层的多个输出特征。假设给定层通常在训练期间返回给定输入样本的向量 [0.2,0.5,1.3,0.8,1.1]。

应用 dropout 后，此向量将随机分布几个零条目：例如，[0,0.5,1.3,0,1.1]。**dropout率**是被归零的特征的一部分；它通常设置在 0.2~0.5 之间。在测试时，没有任何单元退出；相反，层的输出值按照等于 dropout 率的因子按比例缩小，以平衡更多单元有效的事实而不是训练时间。

考虑一个包含层输出（layer_output）的矩阵（batch_size, features）。在训练时，我们随机将矩阵中的一小部分值归零：

```
layer_output <- layer_output * sample(0:1, length(layer_output),
                                      replace = TRUE)
```

在测试时，我们通过 dropout 率缩减输出。在这里，我们缩放 0.5（因为我们之前减少了一半的单元）：

```
layer_output <- layer_output * 0.5
```

请注意，此过程可以通过在训练时执行两个操作并在测试时保持输出不变来实现，这通常是在实践中实现的方式（见图 4.8）：

```
layer_output <- layer_output * sample(0:1, length(layer_output),
                                      replace = TRUE)
layer_output <- layer_output / 0.5
```

在训练时间

请注意，在这种情况下，我们正在扩大规模

这种技术可能看似奇怪和随意。为什么这有助于减少过拟合？ Hinton 说他受到银行使用的防欺诈机制的启发。用他自己的话说，"我去了我的银行。出纳员不断变换，我问其中一个为什么。他说他不知道，但他们经常被感动。我认为这一定是因为需要员工之间的合作才能成功欺骗银行。这让我意识到在每个例子中随机移除不同的神经元子集会阻止阴谋，从而减少过拟合。"⊖ 核心思想是在层的输出值中引入噪声可以打破不重要的偶然模式（Hinton 所说的**阴谋**），如果没有噪声，网络将开始记忆。

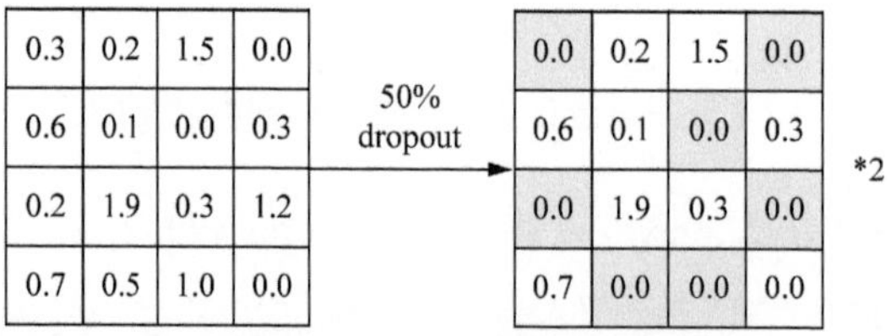

图 4.8　在训练时应用于激活矩阵的丢弃，训练时进行重新缩放，测试时激活矩阵不变

在 Keras 中，你可以通过 layer_dropout 在网络中引入 dropout，它将立即应用于紧接其之前的层的输出：

```
layer_dropout(rate = 0.5)
```

⊖　请参阅 Reddit 主题 "AMA: We are the Google Brain team. We'd love to answer your questions about machine learning," http://mng.bz/xrsS.

让我们在 IMDB 网络中添加两个 dropout 层，看看它们在减少过拟合方面做得如何。

代码清单 4.8　添加 dropout 层到 IMDB 网络

```
model1 <- keras_model_sequential() %>%
  layer_dense(units = 16, activation = "relu", input_shape = c(10000)) %>%
  layer_dropout(rate = 0.5) %>%
  layer_dense(units = 16, activation = "relu") %>%
  layer_dropout(rate = 0.5) %>%
  layer_dense(units = 1, activation = "sigmoid")
```

图 4.9 显示了结果图。同样，这是对参考网络的明显改进。

回顾一下，这些是防止神经网络过拟合的最常见方法：

- 获取更多训练数据。
- 降低网络容量。
- 添加权重正则化。
- 添加 dropout。

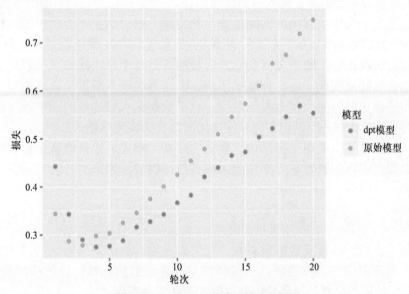

图 4.9　dropout 对验证损失的影响

4.5　机器学习的通用工作流程

在本节中，我们将提供一个通用蓝图，你可以使用它来应对和解决任何机器学习问题。蓝图将你在本章中学到的概念联系在一起：问题定义、评估、特征工程和过拟合。

4.5.1　定义问题并整合数据集

首先，你必须定义手头的问题：

- 你的输入数据是什么？你想要预测什么？如果你有可用的训练数据，你只能学习预测某些内容：例如，如果你同时拥有电影评论和情绪注释，则你只能学习对电影评论的情绪进行分类。因此，数据可用性通常是此阶段的限制因素（除非你有有能力付钱给人们为你收集数据）。

- 你面临什么类型的问题？是二元分类吗？多类分类？标量回归？向量回归？多类、多标签分类？还有什么，比如聚类、生成或强化学习？识别问题类型将指导你选择模型体系结构、损失函数等。

在知道输入和输出是什么以及你将使用哪些数据之前，你无法进入下一阶段。请注意你在此阶段所做的假设：

- 你假设你的输出可以根据你的输入进行预测。
- 你假设你的可用数据足以提供信息，以便了解输入和输出之间的关系。

在你有一个工作模型之前，这些只是假设，等待验证或无效。并非所有问题都可以解决；仅仅因为你已经汇集了输入 X 和目标 Y 的例子，并不意味着 X 包含足够的信息来预测 Y。例如，如果你试图根据最近的股价历史数据来预测股票在股市中的走势，那么你不太可能成功，因为股价历史数据不包含太多的预测信息。

你应该注意的一类无法解决的问题是**非平稳问题**。假设你正在尝试为服装构建推荐引擎，你将在一个月的数据（8 月）上进行训练，并且你希望在冬季开始生成推荐。一个大问题是，人们购买的衣服种类随季节而变化：服装购买是几个月内的非平稳现象。你尝试建模的内容会随着时间而变化。在这种情况下，正确的方法是不断重新训练模型中最近的数据，或者在问题静止的时间尺度上收集数据。对于像购买衣服这样的周期性问题，几年的数据足以捕捉季节变化——但请记住将一年中的时间作为模型的输入！

请记住，机器学习只能用于记忆训练数据中存在的模式。你只能认出你以前见过的东西。使用过去数据训练的机器学习来预测未来，就可以假设未来的行为与过去一样。通常情况并非如此。

4.5.2　选择衡量成功的标准

要控制某些东西，你需要能够观察它。要取得成功，你必须准确定义成功的含义吗？精度和召回？客户保留率？你的成功指标将指导损失函数的选择：你的模型将优化什么。它应该直接与你的更高级别目标保持一致，例如你的业务获得成功。

对于平衡分类问题，每个类别同样可能，**接收器操作特性曲线下的准确度和面积**（ROC AUC）是常见度量。对于类不平衡问题，你可以使用精度和召回。对于排名问题或多标签分类，你可以使用平均精度。并且必须定义自己的自定义指标来衡量成功并不罕见。为了了解机器学习成功指标的多样性以及它们与不同问题域的关系，在 Kaggle 上浏览数据科学竞赛是有帮助的（https：//kaggle.com）；它们展示了广泛的问题和评估指标。

4.5.3　确定评估方案

一旦了解了你的目标，就必须确定如何衡量当前的进度。我们之前已经审查了三种常见的评估方案：

- **维护留出法验证集**：当你拥有大量数据时的方法。
- **进行 K 折交叉验证**：如果样本太少，留出法验证可靠，则是正确的选择。
- **进行重复 K 折验证**：用于在数据很少时执行高度准确的模型评估。

只需选择其中一个。在大多数情况下，第一个会运行良好。

4.5.4　准备数据

一旦你知道你正在训练什么，你正在优化什么，以及如何评估你的方法，你几乎已经准备好开始训练模型了。但首先，你应该以可以输入机器学习模型的方式格式化你的数据——在这里，我们将假设一个深度神经网络：

- 如前所述，你的数据应格式化为张量。
- 这些张量所取的值通常应缩放为较小的值：例如，在 [−1,1] 或 [0,1] 范围内。
- 如果不同的特征采用不同范围的值（异构数据），则应对数据进行标准化。
- 你可能需要进行一些特征工程，尤其是小数据问题。

一旦你的输入数据和目标数据的张量准备就绪，你就可以开始训练模型。

4.5.5　开发一个比基线更好的模型

你在这个阶段的目标是实现**统计功效**：即开发一个能够击败基本基线的小型模型。在 MNIST 数字分类示例中，任何精度大于 0.1 的东西都可以说是具有统计功效；在 IMDB 示例中，它是精度大于 0.5 的任何东西。

请注意，并不总是能够实现统计功效。如果在尝试多种合理的体系结构后无法击败随机基线，则可能是输入数据中没有你要问的问题的答案。请记住，你提出两个假设：

- 你假设你的输出可以根据你的输入进行预测。
- 你假设可用数据足以提供信息，以了解输入和输出之间的关系。

很可能这些假设都是假的，在这种情况下你必须回到绘图板上。

假设事情进展顺利，你需要做出三个关键选择来构建你的第一个工作模型：

- **最后一层激活**：这为网络输出建立了有用的约束。例如，IMDB 分类示例在最后一层使用了 `sigmoid`；回归示例没有使用任何最后一层激活；等等。
- **损失函数**：这应该与你尝试解决的问题类型相匹配。例如，IMDB 示例使用 `binary_crossentropy`，回归示例使用 mse，依此类推。
- **优化配置**：你将使用哪种优化器？它的学习率是多少？在大多数情况下，使用 `rmsprop` 及其默认学习率是安全的。

关于损失函数的选择，请注意，并不总是可以直接优化衡量问题成功的指标。有时候没有简单的方法可以将指标转换为损失函数；毕竟，损失函数只需要一小批数据就可以计算（理想情况下，损失函数应该可以计算为单个数据点）并且必须是可微分的（否则，你不能使用后向传播来训练你的网络）。例如，广泛使用的分类度量 ROC AUC 不能直接优化。因此，在分类任务中，通常优化 ROC AUC 的代理度量，例如交叉熵。通常，你可以希望交叉熵越低，ROC AUC 越高。

表 4.1 可以帮助你为几种常见问题类型选择最后一层激活和损失函数。

表 4.1   为模型选择正确的最后一层激活和损失函数

问题类型	最后一层激活	损失函数
二元分类	sigmoid	binary_crossentropy
多类、单标签分类	softmax	categorical_crossentropy
多类、多标签分类	sigmoid	binary_crossentropy
回归到任意值	None	mse
回归到 0~1 之间的值	sigmoid	mse 或 binary_crossentropy

4.5.6   扩展：开发一个过拟合的模型

一旦你获得了具有统计能力的模型，问题就变得足够强大了吗？它是否有足够的层和参数来正确模拟手头的问题？例如，具有两个单元的单个隐藏层的网络将具有 MNIST 的统计功效，但不足以很好地解决该问题。请记住，机器学习中的普遍张力是在优化和泛化之间；理想的模型是位于欠拟合和过拟合、产能不足和产能过剩之间的边界。要弄清楚这个边界的位置，首先必须越过它。

要弄清楚你需要多大的模型，你必须开发一个过拟合的模型。这很容易：

- 添加网络层数。
- 使网络层神经元更多。
- 进行更多轮训练。

始终监控训练损失和验证损失，以及你关注的任何指标的训练和验证值。当你看到模型在验证数据上的性能开始下降时，你已经实现了过拟合。

下一阶段是开始正则化和调整模型，以尽可能接近既不欠拟合也不过拟合的理想模型。

4.5.7   正则化模型并调整超参数

这一步将占用大部分时间：你将反复修改模型，训练它，评估你的验证数据（此时不是测试数据），再次修改它并重复，直到模型达到可以得到的最佳状态为止。这些是你应该尝试的一些事情：

- 添加 dropout。
- 尝试不同的架构：添加或删除层。
- 添加 L1 和 / 或 L2 正则化。
- 尝试不同的超参数（例如每层的单元数或优化器的学习率）以找到最佳配置。
- （可选）迭代特征工程：添加新特征，或删除似乎没有提供信息的特征。

请注意以下事项：每次使用验证过程中的反馈来调整模型时，都会将有关验证过程的信息泄漏到模型中。重复几次，这是无害的；但是在多次迭代中系统地完成，最终会使你的模型过拟合验证过程（即使没有模型直接训练任何验证数据）。这使得评估过程不太可靠。

　　一旦你开发出令人满意的模型配置,你就可以在所有可用数据(训练和验证)上训练你的最终生产模型,并在测试集上最后一次评估它。如果事实证明测试集上的性能明显比验证数据上测得的性能差,这可能意味着你的验证程序毕竟不可靠,或者你在调整时开始过拟合验证数据模型的参数。在这种情况下,你可能希望切换到更可靠的评估方案(例如重复 K 折验证)。

4.6　本章小结

- 定义手头的问题以及你将训练的数据。收集此数据,或在需要时使用标签对其进行注释。
- 选择衡量问题成功与否的方法。你将在验证数据上监控哪些指标?
- 确定你的评估方案:留出法验证? K 折验证? 你应该使用哪部分数据进行验证?
- 开发出比基本基线更好的第一个模型:具有统计功效的模型。
- 开发一个过拟合的模型。
- 根据验证数据的性能,正则化你的模型并调整其超参数。许多机器学习研究往往只关注这一步,但要牢记大局。

第二部分

深度学习实战

第 5~9 章将帮助你获得有关如何使用深度学习解决实际问题的实践直觉，并使你熟悉基本的深度学习最佳实践。本书中的大多数代码示例都集中在下半部分。

第 *5* 章
计算机视觉中的深度学习

本章内容包括：

- 了解卷积神经网络；
- 使用数据扩充来减轻过拟合；
- 使用预训练的卷积神经网络进行特征提取；
- 微调训练前的卷积神经网络；
- 可视化卷积神经网络学习的数据以及如何制定分类决策。

本章介绍卷积神经网络，也称为**卷积网络**，一种几乎普遍用于计算机视觉应用的深度学习模型。你将学习将卷积网络应用于图像分类问题——特别是那些涉及小型训练数据集的问题，如果你不是大型科技公司的从业者，这会是最常见的用例。

5.1 卷积网络概述

我们将深入探讨什么是卷积网络以及为什么它们在计算机视觉任务中如此成功。但首先，让我们实际看一个简单的卷积网络示例。它使用一个卷积网络来对 MNIST 数字进行分类，这是我们在第 2 章中使用稠密连接网络执行的任务（我们的测试准确率为 97.8%）。即使卷积网络是基本网络，其准确率也远高于第 2 章中的稠密连接模型。

以下代码行显示了基本的卷积网络是什么样的。它是一堆 `layer_conv_2d` 和 `layer_max_pooling_2d` 层。你很快就会看到它们的确切行为。

代码清单 5.1　实例化一个小的卷积网络

```
library(keras)

model <- keras_model_sequential() %>%
```

```
layer_conv_2d(filters = 32, kernel_size = c(3, 3), activation = "relu",
              input_shape = c(28, 28, 1)) %>%
layer_max_pooling_2d(pool_size = c(2, 2)) %>%
layer_conv_2d(filters = 64, kernel_size = c(3, 3), activation = "relu") %>%
layer_max_pooling_2d(pool_size = c(2, 2)) %>%
layer_conv_2d(filters = 64, kernel_size = c(3, 3), activation = "relu")
```

重要的是，卷积网络的输入张量格式为（image_height，image_width，image_channels）（不包括批次维度）。在这种情况下，我们将配置卷积网络以处理大小为（28,28,1）的输入，这是 MNIST 图像的格式。我们将把参数 input_shape = c(28,28,1) 传递给第一层。

让我们展示一下目前为止的网络架构：

```
> model
```

Layer (type)	Output Shape	Param #
conv2d_1 (Conv2D)	(None, 26, 26, 32)	320
maxpooling2d_1 (MaxPooling2D)	(None, 13, 13, 32)	0
conv2d_2 (Conv2D)	(None, 11, 11, 64)	18496
maxpooling2d_2 (MaxPooling2D)	(None, 5, 5, 64)	0
conv2d_3 (Conv2D)	(None, 3, 3, 64)	36928

```
Total params: 55,744
Trainable params: 55,744
Non-trainable params: 0
```

你可以看到每个 layer_conv_2d 和 layer_max_pooling_2d 的输出都是格式为（height，width，channels）的**三维张量**。随着你深入网络，宽度和高度尺寸趋于缩小。通道数由传递给 layer_conv_2d（32 或 64）的第一个参数控制。

下一步是将最后一个输出张量 [格式（3,3,64）] 输入到稠密连接分类器网络中，就像你已经熟悉的那样：一堆全连接层。这些分类器处理一维向量，而当前输出是三维张量。首先，我们必须将三维输出展平为一维，然后在顶部添加几个全连接层。

代码清单 5.2　在卷积网络上添加分类器

```
model <- model %>%
  layer_flatten() %>%
  layer_dense(units = 64, activation = "relu") %>%
  layer_dense(units = 10, activation = "softmax")
```

我们将进行 10 路分类，使用具有 10 个输出的最终层和 softmax 激活。以下是网络现在的样子：

```
> model

Layer (type)                    Output Shape              Param #
================================================================
conv2d_1 (Conv2D)               (None, 26, 26, 32)        320

maxpooling2d_1 (MaxPooling2D)   (None, 13, 13, 32)        0

conv2d_2 (Conv2D)               (None, 11, 11, 64)        18496

maxpooling2d_2 (MaxPooling2D)   (None, 5, 5, 64)          0

conv2d_3 (Conv2D)               (None, 3, 3, 64)          36928

flatten_1 (Flatten)             (None, 576)               0

dense_1 (Dense)                 (None, 64)                36928

dense_2 (Dense)                 (None, 10)                650
================================================================
Total params: 93,322
Trainable params: 93,322
Non-trainable params: 0
```

如你所见，（3,3,64）输出在通过两个全连接层之前被平展为格式向量（576）。

现在，让我们在 MNIST 数字上训练卷积网络。我们将大量重用第 2 章 MNIST 示例中的代码。

代码清单 5.3　在 MNIST 图像上训练卷积网络

```
mnist <- dataset_mnist()
c(c(train_images, train_labels), c(test_images, test_labels)) %<-% mnist

train_images <- array_reshape(train_images, c(60000, 28, 28, 1))
train_images <- train_images / 255
test_images <- array_reshape(test_images, c(10000, 28, 28, 1))
test_images <- test_images / 255

train_labels <- to_categorical(train_labels)
test_labels <- to_categorical(test_labels)

model %>% compile(
  optimizer = "rmsprop",
  loss = "categorical_crossentropy",
  metrics = c("accuracy")
)

model %>% fit(
  train_images, train_labels,
  epochs = 5, batch_size=64
)
```

让我们在测试数据上评估模型：

```
> results <- model %>% evaluate(test_images, test_labels)
> results
$loss
[1] 0.02563557
```

```
$acc
[1] 0.993
```

第 2 章中稠密连接网络的测试准确率为 97.8%，而基本的卷积网络的测试准确率为 99.3%：我们将错误率降低了 68%（相对）。不错！

但是，与稠密连接模型相比，为什么这个简单的卷积网络工作得如此之好？ 要回答这个问题，让我们深入了解 `layer_conv_2d` 和 `layer_max_pooling_2d` 的内容。

5.1.1　卷积操作

全连接层和卷积层之间的根本区别在于：全连接层在其输入特征空间中学习全局模式（例如，对于 MNIST 数字，模式涉及所有像素），而卷积层学习的是局部模式（见图 5.1）：对图像而言，是在输入的二维窗口中找到的模式。在前面的例子中，这些窗口都是 3×3 的。

这个关键特性为卷积网络提供了两个有趣的属性：

1）**它们学习的模式是平移不变的。** 在图 5-1 的右下角学习某个模式后，卷积网络可以在任何地方识别它：例如，在左上角。如果稠密连接网络出现在新位置，则必须重新学习该模式。这使得卷积网络在处理图像时效率更高（因为视觉世界基本上都是平移不变的）：它们需要更少的训练样本来学习具有泛化能力的表示。

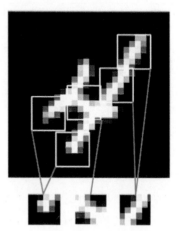

图 5.1　图像可以分解为局部模式，如边缘、纹理等

2）**它们可以学习模式的空间层次结构（见图 5.2）。** 第一卷积层将学习诸如边缘的小局部模式，第二卷积层将学习由第一层的特征构成的较大模式，等等。这使得卷积网络能够有效地学习越来越复杂和抽象的视觉概念（因为**视觉世界从根本上讲是空间分层的**）。

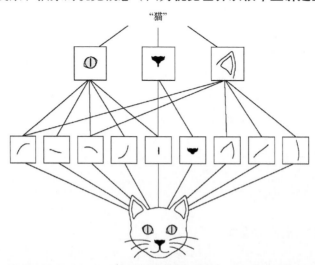

图 5.2　视觉世界形成了视觉模块的空间层次结构：超局部边缘组合成眼睛、耳朵这样的局部对象，它们进一步组合成"猫"这样的高级概念

卷积在三维张量上运算，称为**特征图**，具有两个空间轴（**高度和宽度**）以及**深度**轴（也称为**通道**轴）。对于 RGB 图像，深度轴的尺寸为 3，因为图像具有三个颜色通道：红色、绿色和蓝色。对于黑白图片，如 MNIST 数字，深度为 1（灰度级）。卷积操作从其输入特征图中提取小块，并将相同的变换应用于所有这些小块，从而生成**输出特征图**。此输出特征图仍然是三维张量：它具有宽度和高度。它的深度可以是任意的，因为输出深度是层的参数，深度轴中的不同通道不再像 RGB 输入那样代表特定的颜色；相反，它们代表**过滤器**。过滤器对输入数据的特定方面进行编码：例如，在高级别，单个过滤器可以编码"在输入中存在面部"的概念。

在 MNIST 示例中，第一个卷积层采用大小为（28,28,1）的特征图，并输出大小为（26,26,32）的特征图：它在其输入上计算 32 个过滤器。这 32 个输出通道中的每一个都包含一个 26×26 的网格值，它是过滤器对输入的**响应图**，表示该过滤器模式在输入中不同位置的响应（见图 5.3）。这就是术语**特征图**的含义：深度轴中的每个维度都是一个特征（或过滤器），二维张量 output[:,:,n] 是该过滤器对输入的响应的二维空间**图**。

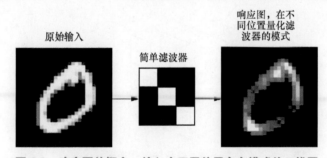

图 5.3 响应图的概念：输入中不同位置存在模式的二维图

卷积由两个关键参数定义：

1）**从输入中提取的块的大小**：这些通常是 3×3 或 5×5。在该示例中，它们是 3×3，这是常见的选择。

2）**输出特征图的深度**：由卷积计算的过滤器数。该示例以深度 32 开始，以 64 的深度结束。

在 Keras 中，这些参数是传递给层的第一个参数：`layer_conv_2d(output_depth, c(window_height, window_width))`。

卷积通过在三维输入特征图上滑动这些大小为 3×3 或 5×5 的窗口，在每个可能的位置停止，并提取周围特征的三维小块 [格式 (window_height,window_width,input_depth)] 来工作。然后将每个这样的三维小块（通过具有相同学习权重矩阵的张量积，称为**卷积核**）变换为格式为 (output_depth) 的一维向量。然后将所有这些向量在空间上重新组装成格式 (height, width, output_depth) 的三维输出图。输出特征图中的每个空间位置对应于输入特征图中的相同位置（例如，输出的右下角包含有关输入右下角的信息）。例如，对于 3×3 窗口，向量 output [i,j,] 来自三维小块 input[i-1: i + 1,j-1: j + 1,]。整个过程如图 5.4 所示。

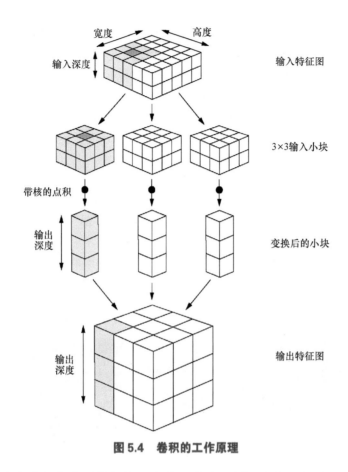

图 5.4 卷积的工作原理

请注意，输出宽度和高度可能与输入宽度和高度不同。它们可能由于两个原因而不同：

1）边界效应，可以通过填充输入特征图来抵消。

2）使用**步幅**，我们稍后会定义。

让我们深入研究一下这些概念。

1. 了解边界效应和填充

考虑一个 5×5 的特征图（总共 25 个图块）。若要以某个图块为中心构成 3×3 的窗口，这样的图块一共只有 9 个，形成了一个 3×3 的网格（见图 5.5）。因此，输出特征图将是 3×3。它会缩小一点：在这种情况下，每个维度旁边恰好有两个图块。你可以在前面的示例中看到此边界效应：从 28×28 输入开始，在第一个卷积层之后变为 26×26。

如果要获得与输入具有相同空间维度的输出特征图，可以使用**填充**。填充包括在输入特征图的每一侧添加适当数量的行和列，以使得可以围绕每个输入图块拟合中心对应窗口。对于 3×3 窗口，可以在右侧添加一列，在左侧添加一列，在顶部添加一行，在底部添加一行。对于 5×5 窗口，添加两行（见图 5.6）。

在 layer_conv_2d 层中，填充可以通过 padding 参数进行配置，该参数有两个值："valid"，这意味着没有填充（仅使用有效的窗口位置）；"same"，这意味着"以这样的方式填充以使输出具有与输入相同的宽度和高度。"填充参数默认为"valid"。

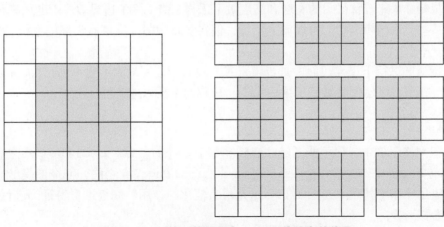

图 5.5　5 × 5 输入特征图中 3 × 3 小块的有效位置

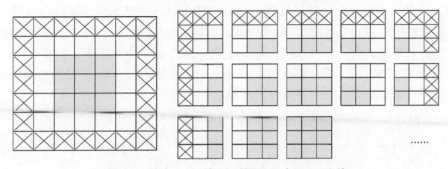

图 5.6　填充 5 × 5 输入以提取 25 个 3 × 3 小块

2. 了解卷积的步幅

影响输出大小的另一个因素是步幅的概念。到目前为止卷积的描述假设卷积窗口的中心图块都是连续的。但是两个连续窗口之间的距离是卷积的一个参数，称为**步幅**，默认为 1。可以进行**跨步卷积**：步幅大于 1 的卷积。在图 5.7 中，你可以看到由 3 × 3 卷积提取的小块，卷积的步长为 2，输入为 5 × 5（无填充）。

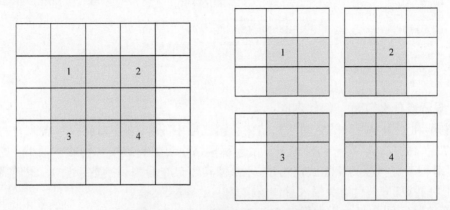

图 5.7　3 × 3 卷积小块，2 × 2 步幅

使用步幅 2 意味着特征图的宽度和高度被下采样 2 倍（除了边界效应引起的任何变化）。虽然对于某些类型的模型它们可以派上用场，但在实践中很少使用有步幅的卷积；熟悉这个概念是件好事。

要对特征图进行下采样，而不是步幅，我们倾向于使用**最大池化**（max-pooling）操作，你在第一个卷积网络示例中看到了这一操作。让我们更深入地了解一下。

5.1.2 最大池化操作

在卷积网络示例中，你可能已经注意到在每个 layer_max_pooling_2d 之后，特征图的大小减半。例如，在第一个 layer_max_ pooling_2d 之前，特征图是 26×26 的，但是最大池化操作将其减半到 13×13。这是最大池化的作用：积极地对特征图进行下采样，就像跨步卷积一样。

最大池化包括从输入特征图中提取窗口，然后输出每个通道的最大值。它在概念上类似于卷积，除了不是通过学习的线性变换（卷积核）转换局部小块，而是通过硬编码的最大张量运算来转换它们。与卷积的一个很大区别是最大池化通常用 2×2 窗口和步幅 2 完成，以便将特征图下采样 2 倍。另一方面，卷积通常用 3×3 窗口完成而不是跨步（步幅 1）。

为什么采用这种方式下采样特征图？ 为什么不删除最大池化层并保持相当大的特征图增加？让我们来看看这个选项。该模型的卷积基如下所示：

```
model_no_max_pool <- keras_model_sequential() %>%
  layer_conv_2d(filters = 32, kernel_size = c(3, 3), activation = "relu",
                input_shape = c(28, 28, 1)) %>%
  layer_conv_2d(filters = 64, kernel_size = c(3, 3), activation = "relu") %>%
  layer_conv_2d(filters = 64, kernel_size = c(3, 3), activation = "relu")
```

以下是该模型的摘要：

```
> model_no_max_pool
```

Layer (type)	Output Shape	Param #
conv2d_4 (Conv2D)	(None, 26, 26, 32)	320
conv2d_5 (Conv2D)	(None, 24, 24, 64)	18496
conv2d_6 (Conv2D)	(None, 22, 22, 64)	36928

```
Total params: 55,744
Trainable params: 55,744
Non-trainable params: 0
```

这个设置有什么问题？ 两件事情：

1）它不利于学习特征的空间层次结构。第三层中的 3×3 窗口将仅包含来自初始输入中的 7×7 窗口的信息。对于初始输入，由卷积网络学习的高级模式仍然非常小，这可能不足以学习对数字进行分类（尝试仅通过 7×7 像素窗口查看来识别数字！）。我们需要最后一个卷积层的特征来包含有关输入总体的信息。

2）最终特征图的每个样本具有 $22 \times 22 \times 64 = 30\ 976$ 个总系数。这是巨大的。如果将其压扁以在顶部粘上一层大小为 512 的全连接层，那么该层将有 1580 万个参数。这对于如此小的模型而言太大了，并且会导致强烈的过拟合。

简而言之，使用下采样的原因是减少要处理的特征图系数的数量，以及通过使连续的卷积层看到越来越大的窗口来引入空间过滤器层次结构（就它们覆盖的原始输入的分数而言）。

请注意，最大池化不是实现此类下采样的唯一方法。如你所知，你还可以在先前的卷积层中使用步幅。并且可以使用平均池化而不是最大池化，其中每个局部输入小块通过获取小块上的每个通道的平均值而不是最大值来转换。但最大池化通常比这些替代解决方案更好。简而言之，原因是特征倾向于在特征图的不同图块上编码某些模式或概念的空域值（所以术语叫**特征图**），并且查看不同特征的**最大值比平均值**更有信息量。因此，最合理的子采样策略是首先生成密集的特征图（通过无限旋转），然后在小块上查看特征的最大激活，而不是查看输入的较稀疏窗口（通过跨旋转的卷积）或平均输入小块，可能会导致你错过或淡化功能存在信息。

此时，你应该了解卷积网络的基础知识（特征图、卷积和最大池化）——并且知道如何构建一个小的卷积网络来解决简单问题，例如 MNIST 数字分类。现在让我们继续学习更有用、更实用的应用程序。

5.2　在小型数据集上从头开始训练一个卷积网络

必须使用非常少的数据训练图像分类模型是一种常见的情况，如果你在专业背景下从事计算机视觉工作，你可能会在实践中遇到这种情况。"一些"样本可能意味着从几百到几万张图像之间的任意数量。作为一个实际例子，我们将重点放在将图像分类为狗或猫的数据集中，其中包含 4000 张猫狗图片（2000 只猫，2000 只狗）。我们将使用 2000 张图片进行训练——1000 张用于验证，1000 张用于测试。

在本节中，我们将回顾一个解决此问题的基本策略：使用你拥有的少量数据从头开始训练新模型。你将首先在 2000 个训练样本上训练一个小的预测，没有任何正则化，从而为可以实现的目标设定基线。这将使你的分类准确率达到 71%。在这一点上，主要问题将是过拟合。然后我们将介绍**数据扩充**，这是一种减轻计算机视觉中过拟合的强大技术。通过使用数据扩充，你将改善网络，达到 82% 的准确率。

在下一节中，我们将回顾两种将深度学习应用于小型数据集的基本技术：使用预训练网络进行特征提取（可使你达到 90%~96% 的准确率）并对预训练网络进行微调（这将使你的最终准确率达到 97%）。总之，这三种策略——从头开始训练小型模型，使用预训练模型进行特征提取，以及微调预先训练的模型——将构成你未来的工具箱，用于解决使用小型数据集执行图像分类的问题。

5.2.1　深度学习与小数据问题的相关性

你有时会听到深度学习仅仅在有大量数据可用时才有效。这在一定程度上是正确的：深度学习的一个基本特征是它可以自己在训练数据中找到有趣的特征，而不需要手动搜寻特征，这只有在有大量训练样例可用时才能实现。对于输入样本维度非常高的问题（如图像），尤其如此。

　　但是，对于初学者来说，大量样本的含义是相对的——与你尝试训练的网络的大小和深度有关。只用几十个样本不可能训练出能解决复杂问题的卷积网络，但如果模型很小且经过良好的正则化并且任务很简单，那么几百个就足够了。由于卷积网络学习是局部的、平移不变的特征，因此它们在感知问题上的数据效率很高。尽管相对缺乏数据，但无需任何自定义特征工程，即使在非常小的图像数据集上从头开始训练，仍然会产生合理的结果。你将在本节中看到这一点。

　　更重要的是，深度学习模型本质上是高度可再利用的：例如，你可以采用在大规模数据上训练的图像分类或语音到文本模型，并将其重新用于一个不同的问题。具体而言，在计算机视觉的情况下，许多训练模型（通常在 ImageNet 数据集上训练）现在可以公开下载，并可用于从非常少的数据中启动强大的视觉模型。这就是你将在下一节中要做的。让我们从处理数据开始。

5.2.2　下载数据

　　你将使用的猫狗大战（Dogs vs. Cats）数据集没有和 Keras 打包在一起。Kaggle 于2013 年底将其作为计算机视觉竞赛的一部分，当时卷积网络还不是主流。你可以从 www.kaggle.com/c/dogs-vs-cats/data 下载原始数据集（如果你还没有，则需要创建一个 Kaggle 账户——不用担心，这个过程很简单）。

　　图片是中等分辨率的彩色 JPEG。图 5.8 显示了一些示例。不出所料，2013 年的狗对猫Kaggle 比赛是由使用过卷积网络的参赛者赢得的。最佳条目的准确率高达 95%。在这个例子中，即使使用只有不到 10% 的竞争对手可用的数据来训练模型，也可以非常接近这个准确率（在下一节中）。

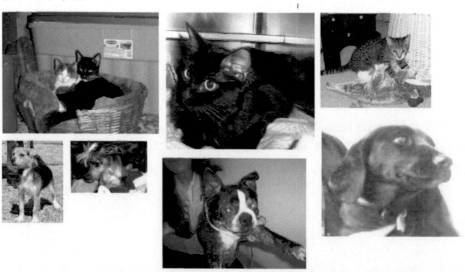

图 5.8　来自猫狗大战数据集的样本。尺寸未经修改：样本的尺寸、外观等均不均匀。

　　该数据集包含 25 000 张狗和猫的图像（每类 12 500 张），容量为 543MB（压缩）。下载并解压缩后，你将创建一个包含三个子集的新数据集：每个类别包含 1000 个样本的训练集，每个类别 500 个样本的验证集，以及每个类别 500 个样本的测试集。代码清单 5.4 为执行此操作的代码。

代码清单 5.4　将图像复制到训练、验证和测试目录

```
original_dataset_dir <- "~/Downloads/kaggle_original_data"

base_dir <- "~/Downloads/cats_and_dogs_small"
dir.create(base_dir)

train_dir <- file.path(base_dir, "train")
dir.create(train_dir)
validation_dir <- file.path(base_dir, "validation")
dir.create(validation_dir)
test_dir <- file.path(base_dir, "test")
dir.create(test_dir)

train_cats_dir <- file.path(train_dir, "cats")
dir.create(train_cats_dir)

train_dogs_dir <- file.path(train_dir, "dogs")
dir.create(train_dogs_dir)

validation_cats_dir <- file.path(validation_dir, "cats")
dir.create(validation_cats_dir)

validation_dogs_dir <- file.path(validation_dir, "dogs")
dir.create(validation_dogs_dir)

test_cats_dir <- file.path(test_dir, "cats")
dir.create(test_cats_dir)

test_dogs_dir <- file.path(test_dir, "dogs")
dir.create(test_dogs_dir)

fnames <- paste0("cat.", 1:1000, ".jpg")
file.copy(file.path(original_dataset_dir, fnames),
          file.path(train_cats_dir))

fnames <- paste0("cat.", 1001:1500, ".jpg")
file.copy(file.path(original_dataset_dir, fnames),
          file.path(validation_cats_dir))

fnames <- paste0("cat.", 1501:2000, ".jpg")
file.copy(file.path(original_dataset_dir, fnames),
          file.path(test_cats_dir))

fnames <- paste0("dog.", 1:1000, ".jpg")
file.copy(file.path(original_dataset_dir, fnames),
          file.path(train_dogs_dir))

fnames <- paste0("dog.", 1001:1500, ".jpg")
file.copy(file.path(original_dataset_dir, fnames),
          file.path(validation_dogs_dir))

fnames <- paste0("dog.", 1501:2000, ".jpg")
file.copy(file.path(original_dataset_dir, fnames),
          file.path(test_dogs_dir))
```

作为一个完整性检查，让我们计算每次训练分割中的图片数量（训练 / 验证 / 测试）：

```
> cat("total training cat images:", length(list.files(train_cats_dir)), "\n")
total training cat images: 1000
> cat("total training dog images:", length(list.files(train_dogs_dir)), "\n")
total training dog images: 1000
> cat("total validation cat images:",
  length(list.files(validation_cats_dir)), "\n")
total validation cat images: 500
> cat("total validation dog images:",
  length(list.files(validation_dogs_dir)), "\n")
total validation dog images: 500
> cat("total test cat images:", length(list.files(test_cats_dir)), "\n")
total test cat images: 500
> cat("total test dog images:", length(list.files(test_dogs_dir)), "\n")
total test dog images: 500
```

因此，你确实拥有 2000 张训练图像、1000 张验证图像和 1000 张测试图像。每个分组包含来自每个类的相同数量的样本：这是平衡二元分类问题，这意味着分类准确率将是成功与否的适当度量。

5.2.3 构建网络

在前面的示例中，你为 MNIST 构建了一个小型的卷积网络，因此你应该熟悉此类网络。你将重复使用相同的通用结构：卷积网络将是交替的 layer_conv_2d（具有 relu 激活）和 layer_max_pooling_2d 阶段的堆栈。

但是因为你正在处理更大的图像和更复杂的问题，所以你将使你的网络变得更大：它将再增加一个 layer_conv_2d + layer_max_pooling_2d 阶段。这既可以增加网络的工作量，又可以进一步减小特征图的大小，使其在达到 layer_flatten 时不会过大。在这里，因为你从大小为 150×150（有点任意选择）的输入开始，所以你最终会在 layer_flatten 之前得到尺寸为 7×7 的特征图。

注意：特征图的深度在网络中逐渐增加（从 32 到 128），而特征图的大小减小（从 148×148 到 7×7）。这是几乎所有卷积网络中都会看到的模式。

因为你正在处理二元分类问题，所以你将使用单个单元（大小为 1 的 layer_dense）和 sigmoid 激活来结束网络。该单元将编码网络正在查看一个类或另一个类的概率。

代码清单 5.5 为狗对猫分类实例化一个小的卷积网络

```
library(keras)

model <- keras_model_sequential() %>%
  layer_conv_2d(filters = 32, kernel_size = c(3, 3), activation = "relu",
                input_shape = c(150, 150, 3)) %>%
layer_max_pooling_2d(pool_size = c(2, 2)) %>%
layer_conv_2d(filters = 64, kernel_size = c(3, 3), activation = "relu") %>%
layer_max_pooling_2d(pool_size = c(2, 2)) %>%
layer_conv_2d(filters = 128, kernel_size = c(3, 3), activation = "relu") %>%
```

```
layer_max_pooling_2d(pool_size = c(2, 2)) %>%
layer_conv_2d(filters = 128, kernel_size = c(3, 3), activation = "relu") %>%
layer_max_pooling_2d(pool_size = c(2, 2)) %>%
layer_flatten() %>%
layer_dense(units = 512, activation = "relu") %>%
layer_dense(units = 1, activation = "sigmoid")
```

让我们看一下特征图的尺寸如何随每个连续层变化：

```
> summary(model)
```

Layer (type)	Output Shape	Param #
conv2d_1 (Conv2D)	(None, 148, 148, 32)	896
maxpooling2d_1 (MaxPooling2D)	(None, 74, 74, 32)	0
conv2d_2 (Conv2D)	(None, 72, 72, 64)	18496
maxpooling2d_2 (MaxPooling2D)	(None, 36, 36, 64)	0
conv2d_3 (Conv2D)	(None, 34, 34, 128)	73856
maxpooling2d_3 (MaxPooling2D)	(None, 17, 17, 128)	0
conv2d_4 (Conv2D)	(None, 15, 15, 128)	147584
maxpooling2d_4 (MaxPooling2D)	(None, 7, 7, 128)	0
flatten_1 (Flatten)	(None, 6272)	0
dense_1 (Dense)	(None, 512)	3211776
dense_2 (Dense)	(None, 1)	513

```
Total params: 3,453,121
Trainable params: 3,453,121
Non-trainable params: 0
```

对于编译步骤，你将像往常一样使用 RMSprop 优化器。因为你使用单个 sigmoid 单元结束了网络，所以你将使用二进制交叉熵作为损失（提醒一下，请查看表 4.1 以获取关于在各种情况下使用什么损失函数的备忘单）。

代码清单 5.6　配置训练模型

```
model %>% compile(
  loss = "binary_crossentropy",
  optimizer = optimizer_rmsprop(lr = 1e-4),
  metrics = c("acc")
)
```

5.2.4　数据预处理

如你所知，数据应在被送入网络之前格式化为适当的预处理浮点数张量。目前，数据作为 JPEG 文件位于驱动器上，因此将其放入网络的步骤大致如下：

1）读取图片文件。

2）将 JPEG 内容解码为 RGB 网格像素。

3）将这些像素转换为浮点张量。

4）将像素值（0~255 之间）重新缩放到 [0,1] 间隔（如你所知，神经网络更喜欢处理较小的输入值）。

这可能看起来有点令人生畏，但幸好 Keras 有实用工具自动处理这些步骤。Keras 包含许多图像处理辅助工具。特别是，它包括 image_data_generator() 函数，它可以自动将磁盘上的图像文件转换为批处理的预处理张量，就是你在这里要使用的。

代码清单 5.7　使用 image_data_generator 从目录中读取图像

```
train_datagen <- image_data_generator(rescale = 1/255)        将所有图像
validation_datagen <- image_data_generator(rescale = 1/255)    缩放为1/255

train_generator <- flow_images_from_directory(                 目标文件夹
  train_dir,
  train_datagen,                                               训练数据生成器
  target_size = c(150, 150),                                   将所有图像尺寸调整为150×150
  batch_size = 20,
  class_mode = "binary"
)                                                              由于使用了binary_crossentropy
                                                               损失，需要二值化标签
validation_generator <- flow_images_from_directory(
  validation_dir,
  validation_datagen,
  target_size = c(150, 150),
  batch_size = 20,
  class_mode = "binary"
)
```

让我们看看其中一个生成器的输出：它产生 150×150 个 RGB 图像 [格式（20,150,150,3）] 和二值化标签 [格式（20）] 的批次。每批中有 20 个样本（批次）。请注意，生成器会无限制地生成这些批次——它会无休止地循环到目标文件夹中的图像上：

```
> batch <- generator_next(train_generator)
> str(batch)
List of 2
 $ : num [1:20, 1:150, 1:150, 1:3] 37 48 153 53 114 194 158 141 255 167 ...
 $ : num [1:20(1d)] 1 1 1 1 0 1 1 0 1 1 ...
```

让我们使用生成器使模型适合数据。你可以使用 fit_generator 函数执行此操作，该函数适合像这样的数据生成器。它期望第一个参数是生成器，像这样，生成器将无限期地产生批次的输入和目标。因为数据是无休止地生成的，所以拟合过程需要在声明一轮结束之前知道已经从生成器中抽取了多少样本。这是 steps_per_epoch 参数的作用：从生成器中提取了 steps_per_epoch 批次之后（运行了 steps_per_epoch 梯度下降步骤之

后），拟合过程将进入下一轮。在这种情况下，批次是 20 个样本，因此在你看到 2000 个样本的目标之前需要 100 个批次。

使用 fit_generator 时，你可以传递 validation_data 参数，就像使用 fit 函数一样。重要的是要注意，该参数可以是数据生成器，但它也可以是数组列表。如果你将生成器作为 validation_ data 传递，那么此生成器应该无休止地生成批次的验证数据；因此，你还应该指定 validation_steps 参数，该参数告诉进程从验证生成器中抽取多少批次用于评估。

代码清单 5.8　使用批处理生成器拟合模型

```
history <- model %>% fit_generator(
  train_generator,
  steps_per_epoch = 100,
  epochs = 30,
  validation_data = validation_generator,
  validation_steps = 50
)
```

在训练后始终保存模型是一种很好的做法。

代码清单 5.9　保存模型

```
model %>% save_model_hdf5("cats_and_dogs_small_1.h5")
```

让我们在训练期间绘制模型的损失和准确率（见图 5.9）。这些图体现了过拟合的特征。训练准确率会随时间线性增加，直到达到接近 100%，而验证准确率停留在 71%~75%。验证损失在仅仅 5 轮之后达到最小值然后停止，而训练损失保持线性下降直到它接近 0。

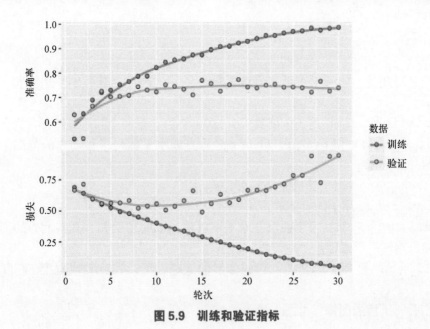

图 5.9　训练和验证指标

代码清单 5.10　显示训练期间的损失和准确率曲线

```
plot(history)
```

因为你的训练样本相对较少（2000），所以过拟合将成为你最担心的问题。你已经了解了许多有助于缓解过拟合的技术，例如丢失和权重衰减（L2 正则化）。现在我们将使用一种专门针对计算机视觉的新工具，该工具在使用深度学习模型处理图像时几乎被普遍使用：**数据扩充**。

5.2.5　使用数据扩充

过拟合是由于样本太少而无法学习，导致无法训练可以推广到新数据的模型。给定无限数据，你的模型将接触到手头数据分布的每个可能方面：你永远不会过拟合。数据扩充采用从现有训练样本生成更多训练数据的方法，通过大量随机变换来增加样本，从而产生可信的图像。目标是在训练时你的模型永远不会看到两次完全相同的图片。这有助于将模型暴露于数据的更多方面并更好地泛化。

在 Keras 中，这可以通过配置要对 image_data_generator 读取的图像执行的多个随机变换来完成。让我们从一个例子开始。

代码清单 5.11　通过 image_data_generator 设置数据扩充配置

```
datagen <- image_data_generator(
  rescale = 1/255,
  rotation_range = 40,
  width_shift_range = 0.2,
  height_shift_range = 0.2,
  shear_range = 0.2,
  zoom_range = 0.2,
  horizontal_flip = TRUE,
  fill_mode = "nearest"
)
```

这些只是可用的一些选项（更多信息请参阅 Keras 文档）。让我们快速浏览一下这段代码：

1）rotation_range 是一个度数（0~180）的值，是一个随机旋转图片的范围。

2）width_shift 和 height_shift 是垂直或水平随机平移图片的范围（作为总宽度或高度的一部分）。

3）shear_range 用于随机应用剪切变换。

4）zoom_range 用于随机缩放图片内部。

5）horizontal_flip 用于在没有水平不对称假设时（例如，真实世界的图片）在水平方向上随机翻转一半图像。

6）fill_mode 是用于填充新创建的像素的策略，可以在旋转或宽度 / 高度偏移后显示。

让我们看一下增强图像（见图 5.10）。

代码清单 5.12　显示一些随机扩充的训练图像

选择一张图像进行扩充

```
fnames <- list.files(train_cats_dir, full.names = TRUE)
img_path <- fnames[[3]]

img <- image_load(img_path, target_size = c(150, 150))
img_array <- image_to_array(img)
img_array <- array_reshape(img_array, c(1, 150, 150, 3))

augmentation_generator <- flow_images_from_data(
  img_array,
  generator = datagen,
  batch_size = 1
)

op <- par(mfrow = c(2, 2), pty = "s", mar = c(1, 0, 1, 0))
for (i in 1:4) {
  batch <- generator_next(augmentation_generator)
  plot(as.raster(batch[1,,,]))
}
par(op)
```

读取图像并调整尺寸

将其转换为格式为
(150，150，3)的数组

重新格式化为
(1, 150, 150, 3)

生成随机转换的图像批次。这
是一个无限循环，所以需要在
某个时刻退出

绘制图像

　　如果使用此数据扩充配置训练新网络，则该网络将永远不会看到两次相同的输入。但它看到的输入仍然是高度相互关联的，因为它们来自少量原始图像——你无法生成新信息，你只能重新混合现有信息。因此，这可能不足以完全摆脱过拟合。为了进一步对抗过拟合，你还可以在稠密连接分类器之前向模型添加一个 dropout 层。

图 5.10　通过随机数据扩充生成猫图片

代码清单 5.13　定义一个包含 dropout 的新卷积网络

```
model <- keras_model_sequential() %>%
  layer_conv_2d(filters = 32, kernel_size = c(3, 3), activation = "relu",
               input_shape = c(150, 150, 3)) %>%
  layer_max_pooling_2d(pool_size = c(2, 2)) %>%
  layer_conv_2d(filters = 64, kernel_size = c(3, 3), activation = "relu") %>%
  layer_max_pooling_2d(pool_size = c(2, 2)) %>%
  layer_conv_2d(filters = 128, kernel_size = c(3, 3), activation = "relu") %>%
  layer_max_pooling_2d(pool_size = c(2, 2)) %>%
  layer_conv_2d(filters = 128, kernel_size = c(3, 3), activation = "relu") %>%
  layer_max_pooling_2d(pool_size = c(2, 2)) %>%
  layer_flatten() %>%
  layer_dropout(rate = 0.5) %>%
  layer_dense(units = 512, activation = "relu") %>%
  layer_dense(units = 1, activation = "sigmoid")

model %>% compile(
  loss = "binary_crossentropy",
  optimizer = optimizer_rmsprop(lr = 1e-4),
  metrics = c("acc")
)
```

让我们使用数据扩充和数据丢弃来训练网络。

代码清单 5.14　使用数据扩充生成器训练卷积网络

```
        datagen <- image_data_generator(
          rescale = 1/255,
          rotation_range = 40,
          width_shift_range = 0.2,
          height_shift_range = 0.2,
          shear_range = 0.2,
          zoom_range = 0.2,
          horizontal_flip = TRUE
        )

        test_datagen <-
             image_data_generator(rescale = 1/255)      ← 注意，验证数据不
                                                            可以扩充
        train_generator <- flow_images_from_directory(  ←
目标文件夹  ⎡→ train_dir,
        ⎣   datagen,                                    ←── 数据生成器
            target_size = c(150, 150),                  ←── 把所有图像的尺寸调整为150×150
            batch_size = 32,
            class_mode = "binary"                       ←
        )
                                                            由于使用了
        validation_generator <- flow_images_from_directory(  binary_crossentropy
          validation_dir,                                    损失，需要二值化
          test_datagen,                                      标签
          target_size = c(150, 150),
          batch_size = 32,
          class_mode = "binary"
        )
```

```
history <- model %>% fit_generator(
  train_generator,
  steps_per_epoch = 100,
  epochs = 100,
  validation_data = validation_generator,
  validation_steps = 50
)
```

对模型进行保存——你将在 5.4 节中使用它。

代码清单 5.15　保存模型

```
model %>% save_model_hdf5("cats_and_dogs_small_2.h5")
```

由于数据扩充和丢弃，你不再需要过拟合：训练曲线密切跟踪验证曲线（见图 5.11）。现在，你可以达到 82% 的准确率，相对于非正则化模型的相对改进率为 15%。

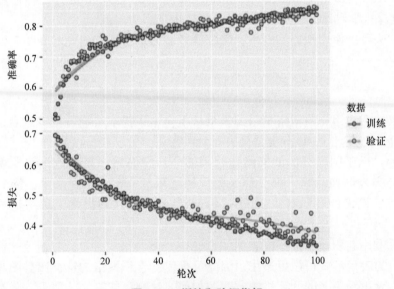

图 5.11　训练和验证指标

通过进一步使用正则化技术，并通过调整网络的参数（例如每个卷积层的过滤器数量，或网络中的层数），你可以获得更高的准确率，可能达到 86% 或 87%。但是事实证明，仅仅通过从头开始训练自己的卷积网络很难进一步提高水平，因为你的数据很少。作为提高此问题准确率的下一步，你必须使用预训练模型，这是接下来两个部分的重点。

5.3　使用预训练的卷积网络

在小图像数据集上进行深度学习的一种常见且高效的方法是使用预训练网络。**预训练网络**是先前在大型数据集上训练的已保存网络，通常是在大规模图像分类任务上。如果这个原始数据集足够大且足够通用，那么由预训练网络学习的特征的空间层次结构可以有效地充当视觉世界的通用模型，因此其特征可以证明对许多不同的计算机视觉问题有用，即使这些新问题可能涉及与原始任务完全不同的类。例如，你可以在 ImageNet 上训练一个网络（其中的类主要是动物和日常物品），然后重新创建这个训练有素的网络，用于识别图像中的家具项目。与许多较旧的浅层学习方法相比，学习特征在不同问题中的这种可移植性是深度学习的关键优势，并且它使深度学习对于小数据问题非常有效。

在这种情况下，让我们考虑一个在 ImageNet 数据集上训练的大型卷积网络（140 万个标记图像和 1000 个不同类）。ImageNet 包含许多动物类别，包括不同种类的猫和狗，因此你可以期望在狗与猫的分类问题上表现良好。

你将使用由 Karen Simonyan 和 Andrew Zisserman 于 2014 年开发的 VGG16 架构；它是 ImageNet 的一个简单且广泛使用的卷积网络架构[⊖]。虽然它是一个较旧的模型，远远没达到现有技术水平，并且比其他许多近期模型更深，但我们之所以选择它，是因为它的架构与你已经熟悉的相似，并且易于理解，无需引入任何新概念。这可能是你第一次遇到这些模型名称，如 VGG、ResNet、Inception、Inception-ResNet、Xception 等；你会习惯它们，因为如果你继续深入学习计算机视觉，它们会经常出现。

有两种方法可以使用预训练网络：**特征提取**和**微调**。我们将同时介绍它们。让我们从特征提取开始。

5.3.1 特征提取

特征提取包括使用先前网络学习的表示从新样本中提取有趣特征。然后，这些功能将通过一个新的分类器运行，该分类器从头开始训练。

如前所述，用于图像分类的网络包含两部分：它们以一系列池化和卷积层开始，并以稠密连接分类器结束。第一部分称为模型的**卷积基**。在卷积网络中，特征提取包括获取经过预训练的网络的卷积基，通过它运行新数据，并在输出之上训练新的分类器（见图 5.12）。

为什么只重用卷积基？你还能重用稠密连接分类器吗？通常，应避免这样做。原因是由卷积基学习的表示形式可能更通用，因此可重用：卷积网络的特征图是图片上的通用概念的存在图，无论手头上的计算机视觉问题如何，这都可能有用。但是，分类器学习到的表示将必然特定于模型在其上进行训练的一组类，它们将仅包含有关该类或整个类在整个图片中的存在概率的信息。另外，在稠密连接层中找到的表示形式不再包含有关对象在输入图像中的位置的任何信息：这些层摆脱了空间的概念，而对象的位置仍然由卷积特征图描述。对于对象位置很重要的问题，稠密集连接功能几乎没有用。

注意，由特定卷积层提取的表示的一般性（以及因此的可重用性）的级别取决于模型中的层的深度。模型中较早出现的层会提取局部的、高度通用的特征贴图（例如可视边缘、颜色和纹理），而较高层的层会提取更抽象的概念（例如"猫耳朵"或"狗眼"）。因此，如果你的新数据集与训练原始模型的数据集有很大不同，那么你可以仅选择使用模型的前几

⊖ Karen Simonyan and Andrew Zisserman, "very Deep Convolutional Networks for Large-Scale Image Recognition," arXiv(2014), https://arxiv.org/abs/1409.1556.

层进行特征提取，而不是使用整个卷积基。

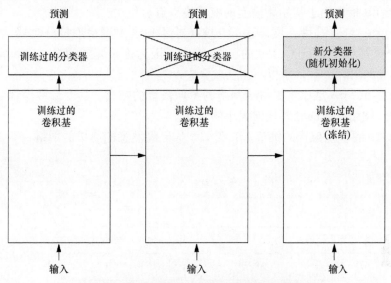

图 5.12　交换分类器，同时保持相同的卷积基

在这种情况下，因为 ImageNet 类集包含多个狗和猫类，所以重用原始模型的稠密连接层中包含的信息可能是有益的。但是我们会选择不这样做，以便覆盖更常见的情况，即新问题的类集不会与原始模型的类集重叠。让我们通过使用在 ImageNet 上训练的 VGG16 网络的卷积基来实现这一点，从猫和狗图像中提取有趣的特征，然后在这些特征之上训练狗与猫的分类器。

除其他外，VGG16 模型还预装了 Keras。以下是作为 Keras 一部分提供的图像分类模型列表（均已在 ImageNet 数据集上进行了预训练）：

- Xception
- Inception V3
- ResNet50
- VGG16
- VGG19
- MobileNet

让我们实例化 VGG16 模型。

代码清单 5.16　实例化 VGG16 卷积基

```r
library(keras)

conv_base <- application_vgg16(
  weights = "imagenet",
  include_top = FALSE,
  input_shape = c(150, 150, 3)
)
```

你将三个参数传递给函数：

1）weights 指定用于初始化模型的权重检查点。

2）include_top 是指在网络顶部包含（或不包含）稠密连接分类器。默认情况下，此稠密连接分类器对应于 ImageNet 的 1000 个类。因为你打算使用自己的稠密连接分类器（只有两个类：cat 和 dog），所以不需要包含它。

3）input_shape 是你将提供给网络的图像张量的格式。这个参数纯粹是可选的：如果你不传递它，网络将能够处理任何大小的输入。

这是 VGG16 卷积基架构的细节。它类似于你已经熟悉的简单的网络：

```
> conv_base

Layer (type)                      Output Shape               Param #
================================================================
input_1 (InputLayer)              (None, 150, 150, 3)        0
_____
block1_conv1 (Convolution2D)      (None, 150, 150, 64)       1792
_____
block1_conv2 (Convolution2D)      (None, 150, 150, 64)       36928
_____
block1_pool (MaxPooling2D)        (None, 75, 75, 64)         0
_____
block2_conv1 (Convolution2D)      (None, 75, 75, 128)        73856
_____
block2_conv2 (Convolution2D)      (None, 75, 75, 128)        147584
_____
block2_pool (MaxPooling2D)        (None, 37, 37, 128)        0
_____
block3_conv1 (Convolution2D)      (None, 37, 37, 256)        295168
_____
block3_conv2 (Convolution2D)      (None, 37, 37, 256)        590080
_____
block3_conv3 (Convolution2D)      (None, 37, 37, 256)        590080
_____
block3_pool (MaxPooling2D)        (None, 18, 18, 256)        0
_____
block4_conv1 (Convolution2D)      (None, 18, 18, 512)        1180160
_____
block4_conv2 (Convolution2D)      (None, 18, 18, 512)        2359808
_____
block4_conv3 (Convolution2D)      (None, 18, 18, 512)        2359808
_____
block4_pool (MaxPooling2D)        (None, 9, 9, 512)          0
_____
block5_conv1 (Convolution2D)      (None, 9, 9, 512)          2359808
_____
block5_conv2 (Convolution2D)      (None, 9, 9, 512)          2359808
_____
block5_conv3 (Convolution2D)      (None, 9, 9, 512)          2359808
_____
block5_pool (MaxPooling2D)        (None, 4, 4, 512)          0
================================================================
Total params: 14,714,688
Trainable params: 14,714,688
Non-trainable params: 0
```

最终的特征图具有格式（4,4,512）。这是最重要的特征，我们将在这个特征上添加一个稠密连接分类器。

此时，你可以通过两种方法进行操作：

1）在数据集上运行卷积基，将其输出记录到磁盘上的数组中，然后将此数据用作独立的、稠密连接分类器的输入，类似于本书第一部分中的分类器。这种解决方案运行快速且便宜，因为它只需要为每个输入图像运行一次卷积基，并且到目前为止，卷积基是通道中最昂贵的部分。但出于同样的原因，这种技术不允许你使用数据扩充。

2）通过在顶部添加全连接层来扩展你拥有的模型（conv_base），并在输入数据上端到端地运行整个对象。这将允许你使用数据扩充，因为每次输入图像都会在模型看到时通过卷积基。但出于同样的原因，这种技术比第一种技术昂贵得多。

我们将介绍这两种技术。让我们来看看设置第一个所需的代码：在数据上记录 conv_base 的输出，并使用这些输出作为新模型的输入。

1. 没有数据扩充的快速特征提取

你将首先运行先前引入的 image_data_generator 的实例，以将图像提取为数组及其标签。你将通过调用模型上的预测方法从这些图像中提取特征。

代码清单 5.17　使用预训练的卷积基提取特征

```
base_dir <- "~/Downloads/cats_and_dogs_small"
train_dir <- file.path(base_dir, "train")
validation_dir <- file.path(base_dir, "validation")
test_dir <- file.path(base_dir, "test")

datagen <- image_data_generator(rescale = 1/255)
batch_size <- 20

extract_features <- function(directory, sample_count) {

  features <- array(0, dim = c(sample_count, 4, 4, 512))
  labels <- array(0, dim = c(sample_count))

  generator <- flow_images_from_directory(
    directory = directory,
    generator = datagen,
    target_size = c(150, 150),
    batch_size = batch_size,
    class_mode = "binary"
  )

  i <- 0
  while(TRUE) {
    batch <- generator_next(generator)
    inputs_batch <- batch[[1]]
    labels_batch <- batch[[2]]
    features_batch <- conv_base %>% predict(inputs_batch)

    index_range <- ((i * batch_size)+1):((i + 1) * batch_size)
    features[index_range,,,] <- features_batch
    labels[index_range] <- labels_batch

    i <- i + 1
    if (i * batch_size >= sample_count)
```

```
      break
  }                                    ◄─────
  list(
    features = features,
    labels = labels
  )
}
```

注意，由于生成器在循环中无限产生数据，需要在每次图像都看到一次后跳出

```
train <- extract_features(train_dir, 2000)
validation <- extract_features(validation_dir, 1000)
test <- extract_features(test_dir, 1000)
```

提取的特征目前具有格式（samples,4,4,512）。你将它们送到稠密连接分类器，所以首先你必须将它们展平为（samples,8192）：

```
reshape_features <- function(features) {
  array_reshape(features, dim = c(nrow(features), 4 * 4 * 512))
}
train$features <- reshape_features(train$features)
validation$features <- reshape_features(validation$features)
test$features <- reshape_features(test$features)
```

此时，你可以定义稠密连接分类器（请注意使用 dropout 进行正则化）并在刚刚记录的数据和标签上进行训练。

代码清单 5.18　定义和训练稠密连接分类器

```
model <- keras_model_sequential() %>%
  layer_dense(units = 256, activation = "relu",
              input_shape = 4 * 4 * 512) %>%
  layer_dropout(rate = 0.5) %>%
  layer_dense(units = 1, activation = "sigmoid")

model %>% compile(
  optimizer = optimizer_rmsprop(lr = 2e-5),
  loss = "binary_crossentropy",
  metrics = c("accuracy")
)

history <- model %>% fit(
  train$features, train$labels,
  epochs = 30,
  batch_size = 20,
  validation_data = list(validation$features, validation$labels)
)
```

训练非常快，因为你只需要处理两个全连接层，即使在 CPU 上，一轮也用不了一秒钟。让我们看一下训练过程中的损失和准确率曲线（见图 5.13）。

代码清单 5.19　绘制结果

```
plot(history)
```

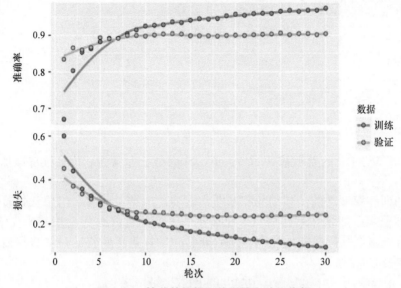

图 5.13　简单特征提取的训练和验证指标

你可以达到约 90% 的验证准确率——比上一节中实现得更好，小型模型从头开始训练。但这些情节也表明你几乎从一开始就过拟合。这是因为这种技术不使用数据扩充，这对于在小图像数据集上防止过拟合至关重要。

2. 有数据扩充的特征提取

现在，让我们回顾一下我们提到的用于进行特征提取的第二种技术，它更慢、更昂贵，但允许你在训练期间使用数据扩充：扩展 conv_base 模型并在输入上端到端地运行。

注意：这种技术非常昂贵，如果你有权访问 GPU，你应该只尝试使用它——它在 CPU 上绝对难以处理。如果你无法在 GPU 上运行代码，那么之前的技术就是你的选择。

由于模型的行为与层类似，因此你可以像添加层一样将模型（如 conv_base）添加到顺序模型中。

代码清单 5.20　在卷积基之上添加一个稠密连接分类器

```
model <- keras_model_sequential() %>%
  conv_base %>%
  layer_flatten() %>%
  layer_dense(units = 256, activation = "relu") %>%
  layer_dense(units = 1, activation = "sigmoid")
```

这就是模型现在的样子：

```
> model

Layer (type)                    Output Shape            Param #
================================================================
```

```
vgg16 (Model)                  (None, 4, 4, 512)      14714688
────────────────────────────────────────────────────────────────
flatten_1 (Flatten)            (None, 8192)           0
────────────────────────────────────────────────────────────────
dense_1 (Dense)                (None, 256)            2097408
────────────────────────────────────────────────────────────────
dense_2 (Dense)                (None, 1)              257
================================================================
Total params: 16,812,353
Trainable params: 16,812,353
Non-trainable params: 0
```

如你所见，VGG16 的卷积基有 14 714 688 个参数，非常大。你在顶部添加的分类器有 200 万个参数。

在编译和训练模型之前，冻结卷积基非常重要。冻结一层或一组层意味着在训练期间防止其权重被更新。如果你不这样做，那么在训练期间将修改由卷积基预先学习的表示。因为顶部的全连接层是随机初始化的，所以非常大的权重更新将通过网络传播，从而有效地破坏先前学习的表示。

在 Keras 中，使用 `freeze_weights()` 函数冻结网络：

```
> cat("This is the number of trainable weights before freezing",
      "the conv base:", length(model$trainable_weights), "\n")
This is the number of trainable weights before freezing the conv base: 30
> freeze_weights(conv_base)
> cat("This is the number of trainable weights after freezing",
      "the conv base:", length(model$trainable_weights), "\n")
This is the number of trainable weights before freezing the conv base: 4
```

使用此设置，只会训练你添加的两个全连接层的权重。总共有四个权重张量：每层两个（主要权重矩阵和偏置向量）。请注意，为了使这些更改生效，你必须首先编译模型。如果你在编译后修改了权重训练，则应重新编译模型，否则这些更改将被忽略。

现在，你可以使用与上一个示例相同的数据扩充配置来训练模型。

代码清单 5.21   用冻结的卷积基对模型进行端到端的训练

```
train_datagen = image_data_generator(
    rescale = 1/255,
    rotation_range = 40,
    width_shift_range = 0.2,
    height_shift_range = 0.2,
    shear_range = 0.2,
    zoom_range = 0.2,
    horizontal_flip = TRUE,
    fill_mode = "nearest"
)

test_datagen <-
        image_data_generator(rescale = 1/255)             注意验证数据
                                                          不可以扩充
train_generator <- flow_images_from_directory(
    train_dir,
目标文件夹    train_datagen,                    数据生成器
    target_size = c(150, 150),
    batch_size = 20,                          把所有图像尺寸调整为150×150
    class_mode = "binary"
)
                                    由于使用了binary_crossentropy
                                    损失，需要二值化标签
```

```
validation_generator <- flow_images_from_directory(
  validation_dir,
  test_datagen,
  target_size = c(150, 150),
  batch_size = 20,
  class_mode = "binary"
)

model %>% compile(
  loss = "binary_crossentropy",
  optimizer = optimizer_rmsprop(lr = 2e-5),
  metrics = c("accuracy")
)

history <- model %>% fit_generator(
  train_generator,
  steps_per_epoch = 100,
  epochs = 30,
  validation_data = validation_generator,
  validation_steps = 50
)
```

　　让我们再次绘制结果（见图 5.14）。如你所见，你的验证准确率达到约 90%。这比使用从头开始训练的小型卷积网络要好得多。

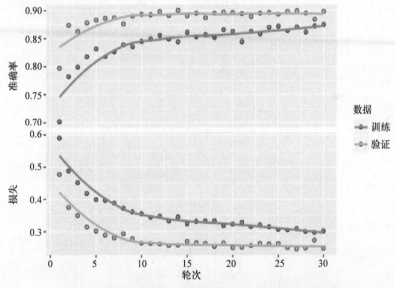

图 5.14　使用数据扩充进行特征提取的训练和验证指标

5.3.2　微调

　　另一种广泛使用的模型重用技术，是对特征提取的补充，是**微调**（见图 5.15）。微调包括解冻用于特征提取的冻结模型基础的一些顶层，并联合训练模型的新添加部分（在这种情况下，为全连接分类器）和这些顶层。之所以称其为"微调"，是因为它稍微调整了重复使用的模型的抽象表示，以使它们与手头的问题更相关。

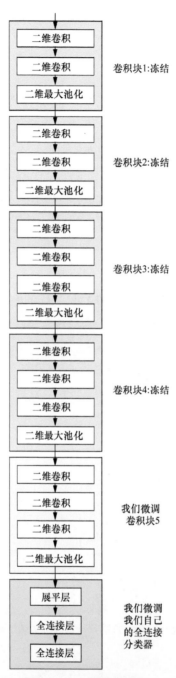

图 5.15　微调 VGG16 网络的最后一个卷积块

　　我们之前说过，有必要冻结 VGG16 的卷积基，以便能够在顶部训练随机初始化的分类器。出于同样的原因，只有在顶部的分类器已经训练之后，才有可能微调卷积基的顶层。如果分类器尚未经过训练，那么在训练期间通过网络传播的误差信号将太大，并且先前由被微调的层学习的表示将被破坏。因此，微调网络的步骤如下：

1）在已经训练过的基础网络上添加自定义网络。

2）冻结基础网络。

3）训练你添加的部分。

4）解冻基础网络中的某些层。

5）共同训练这些层和你添加的部分。

在进行特征提取时，你已经完成了前三个步骤。让我们继续第 4 步：你将解冻你的 conv_base，然后冻结里面的各个层。

提醒一下，这就是你的卷积基：

```
> conv_base

Layer (type)                     Output Shape              Param #
=================================================================
input_1 (InputLayer)             (None, 150, 150, 3)       0

block1_conv1 (Convolution2D)     (None, 150, 150, 64)      1792

block1_conv2 (Convolution2D)     (None, 150, 150, 64)      36928

block1_pool (MaxPooling2D)       (None, 75, 75, 64)        0

block2_conv1 (Convolution2D)     (None, 75, 75, 120)       73856

block2_conv2 (Convolution2D)     (None, 75, 75, 128)       147584

block2_pool (MaxPooling2D)       (None, 37, 37, 128)       0

block3_conv1 (Convolution2D)     (None, 37, 37, 256)       295168

block3_conv2 (Convolution2D)     (None, 37, 37, 256)       590080

block3_conv3 (Convolution2D)     (None, 37, 37, 256)       590080

block3_pool (MaxPooling2D)       (None, 18, 18, 256)       0

block4_conv1 (Convolution2D)     (None, 18, 18, 512)       1180160

block4_conv2 (Convolution2D)     (None, 18, 18, 512)       2359808

block4_conv3 (Convolution2D)     (None, 18, 18, 512)       2359808

block4_pool (MaxPooling2D)       (None, 9, 9, 512)         0

block5_conv1 (Convolution2D)     (None, 9, 9, 512)         2359808

block5_conv2 (Convolution2D)     (None, 9, 9, 512)         2359808

block5_conv3 (Convolution2D)     (None, 9, 9, 512)         2359808

block5_pool (MaxPooling2D)       (None, 4, 4, 512)         0
=================================================================
Total params: 14714688
```

你将微调 block3_conv1 上的所有层。为什么不微调更多的层？为什么不微调整个卷积基？你可以这样做。但是你需要考虑以下问题：

1）卷积基中的早期层编码更通用、可重复使用的特征，而更高层的层编码更专业的特征。微调更专业的特征更有用，因为这些特征需要重新用于新问题。微调下层会有快速下降的回报。

2）你训练的参数越多，你就越有可能过拟合。卷积基有 1500 万个参数，因此尝试在小数据集上训练它会有风险。

因此，在这种情况下，仅对卷积基中的某些层进行微调是一种很好的策略。让我们设置一下，从上一个示例中的中断位置开始。

代码清单 5.22　解冻以前冻结的层

```
unfreeze_weights(conv_base, from = "block3_conv1")
```

现在你可以开始微调网络了。你将使用 RMSProp 优化器以非常低的学习率执行此操作。使用低学习率的原因是你希望限制对你正在微调的三个层的表示所做的修改的幅度。太大的更新可能会损害这些表示。

代码清单 5.23　微调模型

```
model %>% compile(
  loss = "binary_crossentropy",
  optimizer = optimizer_rmsprop(lr = 1e-5),
  metrics = c("accuracy")
)

history <- model %>% fit_generator(
  train_generator,
  steps_per_epoch = 100,
  epochs = 100,
  validation_data = validation_generator,
  validation_steps = 50
)
```

绘制结果，如图 5.16 所示。你可以看到准确率提高了 6%，从大约 90% 到大于 96%。

请注意，损失曲线没有显示任何真正的改善（事实上，它正在恶化）。你可能想知道，如果损失没有减少，准确率如何保持稳定或改善？答案很简单：你展示的是指数损失值的平均值；但是对于准确率而言重要的是损失值的分布，而不是它们的平均值，因为准确率是由模型预先确定的类概率的二进制阈值的结果。即使没有反映在平均损失中，该模型仍可能会有所改善。

你现在可以最终在测试数据上评估此模型：

```
test_generator <- flow_images_from_directory(
  test_dir,
  test_datagen,
  target_size = c(150, 150),
  batch_size = 20,
```

```
    class_mode = "binary"
)
> model %>% evaluate_generator(test_generator, steps = 50)
$loss
[1] 0.2158171

$acc
[1] 0.965
```

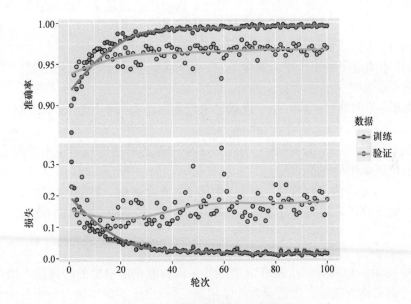

图 5.16 微调的训练和验证指标

在这里，你可以获得 96.5% 的测试准确率。在围绕此数据集的原始 Kaggle 比赛中，这将是最佳结果之一。但是，使用现代深度学习技术，你只使用了一小部分可用的训练数据（大约 10%）就能获得这个结果。能够训练 20 000 个样本与 2 000 个样本之间存在巨大差异！

5.3.3 小结

以下是你应该从过去两个部分的练习中学到的内容：

1）卷积网络是计算机视觉任务的最佳机器学习模型。即使在非常小的数据集上也可以从头开始训练，并获得不错的结果。

2）在小型数据集上，过拟合将是主要问题。在处理图像数据时，数据扩充是对抗过拟合的有效方法。

3）通过特征提取很容易在新数据集上重用现有的卷积网络。这是处理小图像数据集的有用技术。

4）作为特征提取的补充，你可以使用微调，它可以适应新问题，这是现有模型先前学习的一些表示。这进一步提升了性能。

现在，你有一套可靠的工具来处理图像分类问题，特别是小数据集。

5.4　可视化卷积网络学习过程

人们常说，深度学习模型是"黑匣子"：学习表示难以提取并以人类可读的形式呈现。虽然对于某些类型的深度学习模型来说这是部分正确的，但对于卷积网络来说绝对不是这样。由卷积网络学习的表示非常适合于可视化，这在很大程度上是因为它们是视觉概念的表示。自 2013 年以来，已经开发了一系列技术用于可视化和解释这些表示。我们不会对所有这些进行调查，但我们将介绍三个最易获取和最有用的内容：

1）**可视化中间信号输出（中间激活）**：有助于理解连续的卷积网络层如何转换其输入，并对网络的过滤器的含义有一个初步了解。

2）**可视化卷积网络过滤器**：用于准确理解卷积网络中每个过滤器可接受的视觉模式或概念。

3）**可视化图像中类激活的热图**：有助于了解图像的哪些部分被识别为属于给定的类，从而允许你定位图像中的对象。

对于第一个方法（激活可视化），可以使用 5.2 节针对狗、猫分类问题而从头训练出来的小型网络。对于接下来的两种方法，你将使用 5.3 节中介绍的 VGG16 模型。

5.4.1　可视化中间激活

可视化中间激活包括显示由网络中的各种卷积和池化层输出的特征图，给定一定的输入（层的输出通常称为**激活**，激活函数的输出）。这给出了如何将输入分解为网络学习的不同过滤器的视图。你希望可视化具有三维宽度、高度和深度（通道）的特征图。每个通道编码相对独立的特征，因此可视化这些特征图的正确方法是通过独立地将每个通道的内容绘制为 2D 图像。让我们首先加载你在 5.2 节中保存的模型：

```
> library(keras)
> model <- load_model_hdf5("cats_and_dogs_small_2.h5")
> model
```

Layer (type)	Output Shape	Param #
conv2d_5 (Conv2D)	(None, 148, 148, 32)	896
maxpooling2d_5 (MaxPooling2D)	(None, 74, 74, 32)	0
conv2d_6 (Conv2D)	(None, 72, 72, 64)	18496
maxpooling2d_6 (MaxPooling2D)	(None, 36, 36, 64)	0
conv2d_7 (Conv2D)	(None, 34, 34, 128)	73856
maxpooling2d_7 (MaxPooling2D)	(None, 17, 17, 128)	0
conv2d_8 (Conv2D)	(None, 15, 15, 128)	147584
maxpooling2d_8 (MaxPooling2D)	(None, 7, 7, 128)	0

flatten_2 (Flatten)	(None, 6272)	0
dropout_1 (Dropout)	(None, 6272)	0
dense_3 (Dense)	(None, 512)	3211776
dense_4 (Dense)	(None, 1)	513

```
=============================================================
Total params: 3,453,121
Trainable params: 3,453,121
Non-trainable params: 0
```

接下来，你将获得一个输入图像———一张猫的图片，而不是网络训练过的图像的一部分。

代码清单 5.24　预处理单个图像

```
img_path <- "~/Downloads/cats_and_dogs_small/test/cats/cat.1700.jpg"

img <- image_load(img_path, target_size = c(150, 150))      ◁── 把图像预处理
img_tensor <- image_to_array(img)                               为四维张量
img_tensor <- array_reshape(img_tensor, c(1, 150, 150, 3))
img_tensor <- img_tensor / 255      ◁──

dim(img_tensor)      ◁──      记住模型是在这样预处理后
                             的输入数据上训练得到的
```

格式为(1, 150, 150, 3)

让我们显示图片（见图 5.17）。

代码清单 5.25　显示测试图片

```
plot(as.raster(img_tensor[1,,,]))
```

图 5.17　测试猫图

为了提取你想要查看的特征图，你将创建一个 Keras 模型，该模型将批次图像作为输入，并输出所有卷积和池化层的激活。为此，你将使用 keras_model 函数，该函数需要两个参数：输入张量（或输入张量列表）和输出张量（或输出张量列表）。生成的类是 Keras 模型，就像你熟悉的 keras_sequential_model() 函数创建的类一样，将指定的

输入映射到指定的输出。这种类型的模型与众不同的是，它允许具有多个输出的模型（与 keras_sequential_model 不同）。有关使用 keras_model 函数创建模型的更多信息，请参阅 7.1 节。

代码清单 5.26　从输入张量和输出张量列表中实例化一个模型

```
layer_outputs <- lapply(model$layers[1:8], function(layer) layer$output)
activation_model <- keras_model(inputs = model$input, outputs = layer_outputs)
```

提取最上面8层的输出

给定模型的输入，创建一个返回这些输出的模型

输入图像输入时，此模型返回原始模型中层激活的值。这是你第一次在本书中遇到多输出模型：到目前为止，你看到的模型只有一个输入和一个输出。在一般情况下，模型可以具有任意数量的输入和输出。这一个有一个输入和八个输出：每层激活一个输出。

代码清单 5.27　在预测模式下运行模型

```
activations <- activation_model %>% predict(img_tensor)
```

返回5个数组的列表: 每层激活一个数组

例如，这是针对猫图像输入第一卷积层的激活：

```
> first_layer_activation <- activations[[1]]
> dim(first_layer_activation)
[1]    1 148 148   32
```

它是一个 148×148 的特征图，有 32 个通道。让我们想象一下它们中的一些。首先，定义一个用于绘制通道的 R 函数。

代码清单 5.28　绘制通道的函数

```
plot_channel <- function(channel) {
  rotate <- function(x) t(apply(x, 2, rev))
  image(rotate(channel), axes = FALSE, asp = 1,
        col = terrain.colors(12))
}
```

让我们尝试可视化原始模型第一层激活的第二个通道（见图 5.18）。该通道似乎编码边缘检测器。

代码清单 5.29　绘制第二个通道

```
plot_channel(first_layer_activation[1,,,2])
```

让我们尝试第七个通道（见图 5.19），但请注意，你自己的通道可能会有所不同，因为卷积层学习的特定过滤器不是确定性的。这个通道略有不同，与第二个通道不同，它似乎

正在拾起猫眼的虹膜。

代码清单 5.30　可视化第七个通道

```
plot_channel(first_layer_activation[1,,,7])
```

在代码清单 5.31 中，你将绘制网络中所有激活的完整可视化。你将在八个激活图中的每一个中提取并绘制每个通道，并将结果放在一个大的图像张量中，并排放置通道（见图 5.20 ~ 图 5.23）。

图 5.18　测试猫图上第一层激活的第二个通道　　图 5.19　测试猫图上第一层激活的第七个通道

代码清单 5.31　在每个中间激活中可视化每个通道

```
image_size <- 58
images_per_row <- 16

for (i in 1:8) {

  layer_activation <- activations[[i]]
  layer_name <- model$layers[[i]]$name

  n_features <- dim(layer_activation)[[4]]
  n_cols <- n_features %/% images_per_row

  png(paste0("cat_activations_", i, "_", layer_name, ".png"),
      width = image_size * images_per_row,
      height = image_size * n_cols)
  op <- par(mfrow = c(n_cols, images_per_row), mai = rep_len(0.02, 4))

  for (col in 0:(n_cols-1)) {
    for (row in 0:(images_per_row-1)) {
      channel_image <- layer_activation[1,,,(col*images_per_row) + row + 1]
      plot_channel(channel_image)
    }
  }

  par(op)
  dev.off()
}
```

图 5.20　conv2d_5

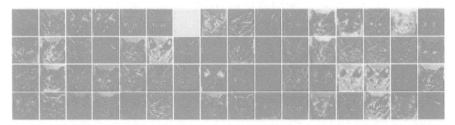

图 5.21　conv2d_6

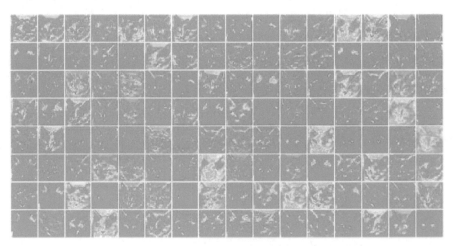

图 5.22　conv2d_7

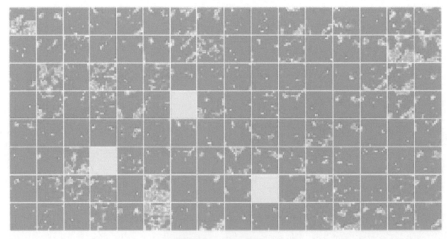

图 5.23　conv2d_8

这里有几点需要注意：

1）第一层充当各种边缘探测器的集合。在这一阶段，激活几乎保留了初始图像中的所有信息。

2）随着层数的加深，激活变得越来越抽象，并且越来越难以理解。它们开始表示更高层次的概念，例如"猫耳朵"和"猫眼睛"。层数越深，其表示中关于图像视觉内容的信息就越少，而图像类别的信息就越多。

3）激活的稀疏性随着层的深度而增大：在第一层中，所有过滤器都由输入图像激活，但在后面的层里，某些过滤器是空白的。这意味着在输入图像中找不到这些过滤器编码的模式。

我们刚刚证明了深度神经网络所学习的表征的一个重要的普遍特征：由层提取的特征随着层的深度而变得越来越抽象。更高层的激活越来越少地显示有关特定输入的信息，以及关于目标的越来越多的信息（在这种情况下，图像的类别：猫或狗）。深度神经网络有效地充当**信息蒸馏管道**，原始数据进入（在这种情况下，RGB 图片）并被重复转换，从而过滤掉不相关的信息（例如，特定的视觉外观图像），有用的信息被放大和细化（例如，图像的类）。

这类似于人类和动物对世界的感知方式：观察场景几秒钟后，人类可以记住其中存在哪些抽象物体（自行车、树），但不记得这些物体的具体外观。事实上，即使你的一生中看过数千辆自行车，但如果你试图凭记忆画出一辆普通自行车，也很可能完全画不出真实的样子（例如，见图 5.24）。立即尝试：这个说法绝对真实。你的大脑已经学会了完全抽象它的视觉输入，即将它转换成高级视觉概念，同时过滤掉不相关的视觉细节，这使得大脑很难记住周围事物的外观。

图5.24 左图：试图凭记忆抽取出一辆自行车。右图：示意性自行车的外观

5.4.2 可视化卷积网络过滤器

另一种检查由卷积网络学习的过滤器的简单方法是显示每个过滤器要响应的视觉模式。这可以通过**输入空间中的梯度上升**来完成：将**梯度下降**应用于卷积网络的输入图像的值，以便

从空白输入图像开始**最大化**特定过滤器的响应。得到的输入图像将是所选过滤器最大响应的图像。

　　过程很简单：你将构建一个损失函数，使给定卷积层中给定过滤器的值最大化，然后你将使用随机梯度下降来调整输入图像的值，以便最大化此激活值。例如，这是在 VGG16 网络的 `block3_conv1` 层中激活过滤器 1 的损失，在 ImageNet 上预先训练。

代码清单 5.32　定义过滤器可视化的损失张量

```
library(keras)

model <- application_vgg16(
  weights = "imagenet",
  include_top = FALSE
)

layer_name <- "block3_conv1"
filter_index <- 1

layer_output <- get_layer(model, layer_name)$output
loss <- k_mean(layer_output[,,,filter_index])
```

使用 Keras 后端

　　在代码清单 5.32 中，你调用 Keras 后端函数 k_mean() 来对构成模型的某些张量执行计算。Keras 是一个模型级库，为开发深度学习模型提供高级构建块。它不处理张量积、卷积等低级操作。相反，它依赖于专门的、经过良好优化的张量运算库来实现，它可以作为 Keras 的后端引擎。

　　Keras 中的一些张量运算需要直接与后端引擎中的函数接口。即将到来的示例使用其他后端函数，包括 k_gradients()、k_sqrt()、k_concatentate()、k_batch_flatten() 等。你可以在 https://keras.rstudio.com/articles/backend.html 上找到有关后端功能的其他文档。

　　要实现梯度下降，你需要相对于模型输入的这种损失的梯度。为此，你将使用 `k_gradients` 函数。

代码清单 5.33　获取与输入有关的损失梯度

```
grads <- k_gradients(loss, model$input)[[1]]    ◁——————
```
　　　　　这个 k_gradients 调用返回一个 R 的张量列表（这里尺寸为1）。
　　　　　因此，你只保存第一个元素，它是一个张量

　　用于帮助梯度下降过程顺利进行的一个非显而易见的技巧是将梯度张量除以它的 L2 范数（张量值的二次方平均值的二次方根）。这确保了对输入图像所做的更新的幅度始终在相同的范围内。

代码清单 5.34　梯度标准化技巧

```
grads <- grads / (k_sqrt(k_mean(k_square(grads))) + 1e-5)  ◁
```
为了避免除零错误，在执行除法之前加上1e-5

现在，你需要一种方法来计算输入图像时损失张量和梯度张量的值。你可以定义 Keras 后端函数来执行此操作：iterate 是一个函数，它采用张量（作为大小为 1 的张量列表）并返回两个张量的列表：损失值和梯度值。

代码清单 5.35　给定输入值获取输出值

```
iterate <- k_function(list(model1$input), list(loss, grads))

c(loss_value, grads_value) %<-%
    iterate(list(array(0, dim = c(1, 150, 150, 3))))
```

此时，你可以定义一个 R 循环来进行随机梯度上升。

代码清单 5.36　通过随机梯度下降的损失最大化

从带有一些噪声的灰度图像开始

```
        input_img_data <-
            array(runif(150 * 150 * 3), dim = c(1, 150, 150, 3)) * 20 + 128
执行40步
梯度上升   step <- 1
        for (i in 1:40) {
          c(loss_value, grads_value) %<-% iterate(list(input_img_data))
          input_img_data <- input_img_data + (grads_value * step)  ◁
        }
```

计算损失值和梯度值　　　　　　　　　　　沿着最大化损失的方向调整输入图像

得到的图像张量是格式（1,150,150,3）的浮点张量，其值可能不是 [0,255] 内的整数。因此，你需要对此张量进行后处理以将其转换为可显示的图像。你可以使用以下简单的实用程序功能执行此操作。

代码清单 5.37　将张量转换为有效图像的效用函数

```
deprocess_image <- function(x) {
  dms <- dim(x)

  x <- x - mean(x)
  x <- x / (sd(x) + 1e-5)        标准化张量: 以0为中心,
  x <- x * 0.1                   确保标准差为0.1

  x <- x + 0.5
  x <- pmax(0, pmin(x, 1))       裁剪到[0, 1]

  array(x, dim = dms)  ◁────── 按原始图像的维度返回
}
```

现在你有了所有的东西。让我们将它们放在一个 R 函数中，该函数将层名称和过滤器索引作为输入，并返回一个有效的图像张量，表示最大化指定过滤器激活的模式。

代码清单 5.38　生成过滤器可视化的函数

构建损失函数，使得当前层
第n个滤波器的激活最大化

基于该损失，计算
输入图像的梯度

```
generate_pattern <- function(layer_name, filter_index, size = 150) {

  layer_output <- model$get_layer(layer_name)$output
  loss <- k_mean(layer_output[,,,filter_index])

  grads <- k_gradients(loss, model$input)[[1]]

  grads <- grads / (k_sqrt(k_mean(k_square(grads))) + 1e-5)

  iterate <- k_function(list(model$input), list(loss, grads))

  input_img_data <-
    array(runif(size * size * 3), dim = c(1, size, size, 3)) * 20 + 128

  step <- 1
  for (i in 1:40) {
    c(loss_value, grads_value) %<-% iterate(list(input_img_data))
    input_img_data <- input_img_data + (grads_value * step)
  }

  img <- input_img_data[1,,,]
  deprocess_image(img)
}
```

标准化技巧: 对
梯度进行标准化

给定输入图片，
返回损失和梯度

执行40步梯度上升

从带有一些噪声
的灰度图像开始

我们试一试（见图 5.25）：

```
> library(grid)
> grid.raster(generate_pattern("block3_conv1", 1))
```

图 5.25　block3_conv1 层中第一个通道最大响应的模式

似乎 `block3_conv1` 层中的过滤器 1 响应波尔卡圆点模式。

现在有趣的部分：你可以开始可视化每个层中的每个过滤器。为简单起见，你只需查看每个层中的前 64 个过滤器，并且只查看每个卷积块的第一层 (`block1_conv1`, `block2_conv1`, `block3_conv1`, `block4_conv1`, `block5_conv1`)。你将在 8 × 8 网格的过滤器模式上排列输出（见图 5.26 ～ 图 5.29）。

代码清单 5.39　生成层中所有过滤器响应模式的网格

```r
library(grid)
library(gridExtra)
dir.create("vgg_filters")
for (layer_name in c("block1_conv1", "block2_conv1",
                     "block3_conv1", "block4_conv1")) {
  size <- 140

  png(paste0("vgg_filters/", layer_name, ".png"),
      width = 8 * size, height = 8 * size)

  grobs <- list()
  for (i in 0:7) {
    for (j in 0:7) {
      pattern <- generate_pattern(layer_name, i + (j*8) + 1, size = size)
      grob <- rasterGrob(pattern,
                         width = unit(0.9, "npc"),
                         height = unit(0.9, "npc"))
      grobs[[length(grobs)+1]] <- grob
    }
  }

  grid.arrange(grobs = grobs, ncol = 8)
  dev.off()
}
```

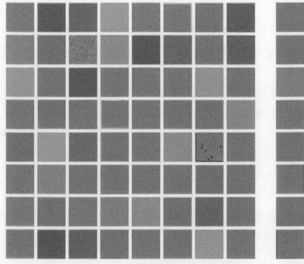

图 5.26　block1_conv1 层的过滤器模式

图 5.27　block2_conv1 层的过滤器模式

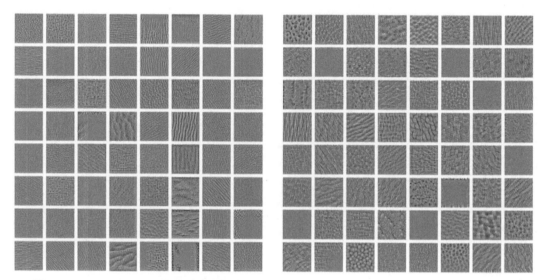

图 5.28　block3_conv1 层的过滤器模式　　　　图 5.29　block4_conv1 层的过滤器模式

　　这些过滤器可视化内容向你介绍了很多关于如何使用卷积网络层来查看世界的信息：卷积网络中的每个层都学习了一组过滤器，以便它们的输入可以表示为过滤器的组合。这类似于傅里叶变换如何将信号提供到一组余弦函数上。随着模型性能的提升，这些卷积网络过滤器组中的过滤器变得越来越复杂和精细：

　　1）模型中第一层的过滤器（block1_conv1）编码简单的方向边和颜色（或某些情况下为彩色边）。

　　2）block2_conv1 中的过滤器编码由边缘和颜色组合而成的简单纹理。

　　3）较高层中的过滤器开始类似于自然图像中的纹理，如羽毛、眼睛、树叶等。

5.4.3　可视化类激活的热图

　　我们将介绍另一种可视化技术：一种有助于理解给定图像的哪些部分导致卷积网络做出最终分类决策的有用技术。这有助于调试卷积网络的决策过程，特别是在分类错误的情况下。它还允许你在图像中定位特定对象。

　　这类通用技术称为**类激活图**（CAM）可视化，它包括在输入图像上生成类激活的热图。热图是与特定输出类相关联的分数的 2D 网格，针对任何输入图像中的每个位置计算，指示每个位置相对于所考虑的类的重要程度。例如，在将图像输入到"狗对猫"卷积网络中后，CAM 可视化允许你为"猫"类生成一个热图，以表示图像的类似猫的部分，以及为"狗"类生成一个热图，以表示图像的类似狗的部分。

　　你将使用的具体实现是"Grad-CAM：深度网络通过基于梯度的本地化的可视化解释"中描述的实现⊖。它非常简单：它包括在给定输入图像的情况下获取卷积层的输出特征图，并通过类相对于通道的梯度对该特征图中的每个通道进行加权。直观地说，理解这个技巧

⊖　Ramprasaath R. Selvaraju et al.,arXiv(2017),https://arxiv.org/abs/1610.02391.

的一种方法是，你通过"每个通道对于类的重要程度"来加权"输入图像激活不同通道的强度"的空间图，从而得到"输入图像激活了类的强度"的空间图。

我们将再次使用预训练的 VGG16 网络演示此技术。

代码清单 5.40　使用预训练权重加载 VGG16 网络

```
model <- application_vgg16(weights = "imagenet")
```
注意你把全连接层分类器放在最上面，
在前面的所有情形下都将其丢弃了

考虑图 5.30（根据知识共享许可证）中的两只非洲大象的形象，可能是象妈妈和象宝宝在热带大草原上前行。

图 5.30　非洲大象的测试图

在代码清单 5.41 中，我们将此图像转换为 VGG16 模型可以读取的内容：模型在大小为 224×244 的图像上进行训练，根据实用函数 imagenet_preprocess_input() 中打包的一些规则进行预处理。因此，你需要加载图像，将其大小调整为 224×224，将其转换为数组，并应用这些预处理规则。

代码清单 5.41　为 VGG16 预处理输入图像

目标图像的本地路径　　　　　　　　　　　　　　　　　　　　尺寸为224×224的图像

```
img_path <- "~/Downloads/creative_commons_elephant.jpg"
img <- image_load(img_path, target_size = c(224, 224)) %>%
  image_to_array() %>%
  array_reshape(dim = c(1, 224, 224, 3)) %>%
  imagenet_preprocess_input()
```

格式为(224, 224, 3)的阵列

增加一个维度，将数组转换为
尺寸为(1, 224, 224, 3)的批次

预处理该批次(执行逐
通道的色彩标准化)

你现在可以在图像上运行预训练网络，并将其预测图像解码为可读格式：

```
> imagenet_decode_predictions(preds, top = 3)[[1]]
  class_name class_description     score
1  n02504458  African_elephant 0.909420729
2  n01871265            tusker 0.086183183
3  n02504013    Indian_elephant 0.004354581
```

预测此图像的前三个类如下：

1）非洲象（概率为 90.9%）；

2）长牙象（概率为 8.6%）；

3）印度象（概率为 0.4%）。

该网络已将该图像识别为包含未确定数量的非洲象。最大激活的预测向量中的条目是对应于"非洲象"类的条目，在索引 387 处：

```
> which.max(preds[1,])
[1] 387
```

为了可视化图像的哪个部分是最像非洲象的，让我们设置 Grad-CAM 过程。

代码清单 5.42　设置 Grad-CAM 算法

层的输出特征图，最后一个卷积层是VGG16

"非洲象"类的梯度，考虑了block5_conv3层的输出特征图

预测向量中的"非洲象"条目

```
african_elephant_output <- model$output[, 387]

last_conv_layer <- model %>% get_layer("block5_conv3")

grads <- k_gradients(african_elephant_output, last_conv_layer$output)[[1]]

pooled_grads <- k_mean(grads, axis = c(1, 2, 3))

iterate <- k_function(list(model$input),
                      list(pooled_grads, last_conv_layer$output[1,,,]))

c(pooled_grads_value, conv_layer_output_value) %<-% iterate(list(img))

for (i in 1:512) {
  conv_layer_output_value[,,i] <-
    conv_layer_output_value[,,i] * pooled_grads_value[[i]]
}

heatmap <- apply(conv_layer_output_value, c(1,2), mean)
```

产生的特征图的逐通道均值是类激活热图

给定样本图像，允许你访问刚刚定义的 pooled_grads 及 block5_conv3 的输出特征图

将特征图数组中的每个通道乘以相对"大象"类的"通道的重要性"

格式(512)的向量，每个条目是梯度在具体特征图通道的平均强度

给定两头大象样本图像的情况下，这两个量的值

出于可视化目的，你还可以将热图标准化到 0 ~ 1 之间。结果如图 5.31 所示。

代码清单 5.43　热图后处理

```
heatmap <- pmax(heatmap, 0)
heatmap <- heatmap / max(heatmap)          标准化到0~1之间
                                                              将热图输出为
write_heatmap <- function(heatmap, filename, width = 224, height = 224,   PNG文件的函数
                          bg = "white", col = terrain.colors(12)) {
  png(filename, width = width, height = height, bg = bg)
  op = par(mar = c(0,0,0,0))
  on.exit({par(op); dev.off()}, add = TRUE)
  rotate <- function(x) t(apply(x, 2, rev))
  image(rotate(heatmap), axes = FALSE, asp = 1, col = col)
}

write_heatmap(heatmap, "elephant_heatmap.png")          输出热图
```

最后，你将使用 magick 包生成一个图像，该图像将原始图像与刚刚获得的热图叠加在一起（见图 5.32）。

图 5.31　测试图片上的非洲象类激活热图

图 5.32　在原始图片上叠加类激活热图

代码清单 5.44　在原始图片上叠加热图

```
library(magick)
library(viridis)
                                                    读取原始大象图
image <- image_read(img_path)                        像及其几何性质
info <- image_info(image)
geometry <- sprintf("%dx%d!", info$width, info$height)
                                                       创建热图图像的
pal <- col2rgb(viridis(20), alpha = TRUE)              混合/透明版本
alpha <- floor(seq(0, 255, length = ncol(pal)))
pal_col <- rgb(t(pal), alpha = alpha, maxColorValue = 255)
write_heatmap(heatmap, "elephant_overlay.png",
              width = 14, height = 14, bg = NA, col = pal_col)
image_read("elephant_overlay.png") %>%          覆盖热图
  image_resize(geometry, filter = "quadratic") %>%
  image_composite(image, operator = "blend", compose_args = "20") %>%
  plot()
```

此可视化技术回答了两个重要问题：

1）为什么网络认为这个图像包含非洲象？

2）非洲象位于图片中的哪个位置？

特别值得注意的是，象宝宝的耳朵区域被强烈激活：这可能是网络如何分辨非洲象和印度象之间的区别的方式。

5.5　本章小结

1）卷积网络是处理视觉分类问题的最佳工具。

2）通过学习模块化模式和概念的层次结构来表达视觉世界。

3）它们学习的表示很容易检查——卷积网络与黑匣子相反。

4）你现在能够从头开始训练自己的网络，以解决图像分类问题。

5）你了解如何使用视觉数据扩充来对抗过拟合。

6）你知道如何使用预训练的卷积网络进行特征提取和微调。

7）你可以生成由卷积网络学习的过滤器的可视化，以及类活动的热图。

第**6**章
用于文本和序列数据的深度学习

本章内容包括：
- 将文本数据预处理为有用的表示形式；
- 使用循环神经网络；
- 使用一维卷积网络进行序列处理。

本章探讨了可以处理文本的深度学习模型（理解为单词序列或字符序列）、时序和序列数据。序列处理的两个基本的深度学习算法是**循环神经网络**和**一维卷积网络**，一维版本的二维卷积网络如我们前几章所述。本章将讨论前面这两种方法。

这些算法的应用包括以下几个方面：
- 文件分类和时序分类，如识别文章的主题或图书的作者；
- 时序比较，如估计两个文档或两个股票代码的关系如何；
- 序列到序列学习，如将英语句子解码成法语句子；
- 情绪分析，如将 Tweet 或电影评论的情绪归类为正或负；
- 时序预测，如根据某一地点最近的天气数据，预测其未来天气。

本章的例子集中在两个小任务上：在 IMDB 数据集上的情绪分析，这是我们在本书中较早接触到的任务，以及在该数据集上的温度预测。但是，这两项任务所展示的技术与刚刚列出的所有应用程序以及很多没有列出的应用程序相关。

6.1 使用文本数据

文本是最普遍的序列数据形式之一。它可以被理解为一个字符序列或一个单词序列，但是在工作上，单词的层面是最常见的。下面几节中介绍的深度学习序列处理模型可以使用文本生成自然语言理解的基本形式，充分适用于文档分类、情绪分析、作者识别等，甚至在受约束的上下文中回答问题（QA）。请记住，在这一章中，这些深度学习模型都不能真正理解人类意义上的文本；相反，这些模型可以映射书面语言的统计结构，这足以解决许多简单的文本任务。对自然语言处理的深度学习是将模式识别应用于单词、句子和段落，就像计算机视觉是模式识别应用于像素一样。

与所有其他神经网络一样，深度学习模型不作为输入原始文本：它们只处理数值张量。**向量化**文本是将文本转换为数值张量的过程（见图 6.1）。这可以通过多种方式进行：

- 将文本分割成单词，并将每个单词转换为向量。
- 将文本分割成字符，并将每个字符转换为向量。
- 提取 N 元的单词或字符，并将每一个 N 元转换为一个向量。

N 元是多个连续单词或字符的组合，相互可以交叠。

图 6.1　从文本到标记到向量

总的来说，把文本分解成的不同单元（单词、字符或 N 元）称为**标记**，将文本拆分为这样的标记的过程称为**标记化**。所有文本向量化过程包括应用一些标记方案，然后将数值向量与生成的标记关联起来。这些向量被封装成序列张量，送入深度神经网络。有多种方法可以将向量与标记关联。在本节中，我们将介绍两个主要部分：标记的**独热编码**和标记**嵌入**（通常专用于文字的，称为**字嵌入**）。本节的其余部分将解释这些技术，并演示如何使用它们将原始文本转换为可发送到 Keras 网络的张量。

理解 N 元和词袋

单词 N 元是可以从句子中提取的 N 个（或更少）连续单词的组。同样的概念也可以应用于字符而不是文字。

这里有一个简单的例子。考虑一下 "The cat sat on the mat." 这句话。它可以分解成以下的二元集合：

```
{"The", "The cat", "cat", "cat sat", "sat",
 "sat on", "on", "on the", "the", "the mat", "mat"}
```

它也可以分解成以下的三元集合：

```
{"The", "The cat", "cat", "cat sat", "The cat sat",
 "sat", "sat on", "on", "cat sat on", "on the", "the",
 "sat on the", "the mat", "mat", "on the mat"}
```

这样的集合分别称为**二元词袋**或**三元词袋**。这里的术语**袋**表明你处理的是**一组**标记而不是列表或序列（标记没有特定的顺序）。这类标记的方法叫作**词袋**。

因为词袋不是一种保留顺序的标记方法（生成的标记被理解为集合，而不是序列，并且句子的一般结构丢失），所以它倾向于在浅层语言处理模型中使用，而不是在深度学习模型中。提取 N 元是特征工程的一种形式，而深度学习则采用刚性的、脆性的层次特征学习方法代替它。本章后面介绍的一维卷积网络和循环神经网络，能够通过观察连续单词或字符序列来学习单词和字符组的表示，而不是明确地告知这些组的存在。因此，我们不会在这本书中再讨论 N 元了。但是请记住，当使用轻量级、浅层、文本处理模型（如逻辑回归和随机森林）时，它们是一个强大的、不可避免的特征工程工具。

6.1.1　词和字符的独热编码

独热编码是将标记变为向量的最常见、最基本的方法。你在第 3 章中的最初的 IMDB 和路透社的例子中看到了它（用独热编码处理单词）。它包括将唯一的整数索引与每个单词关联起来，然后将这个整数索引 i 变成大小为 N 的二进制向量（词汇表的大小）；第 i 个词条向量为 1，其余全是零。

当然，独热编码也可以在字符级别进行。为了明确弄清什么是独热编码以及如何实现它，代码清单 6.1 和 6.2 展示了两个玩具示例：一个用于单词，另一个用于字符。

代码清单 6.1　字符级别的独热编码（小示例）

生成数据中所有标记
的索引

初始数据: 每个示例中的一个条目(在此示例中，示例是
　个句子了，但它可能是整个文档)

通过 strsplit 函数对样本进行标签化。在现实生活中，你还需要从样本中去除标点符号和特殊字符

```
samples <- c("The cat sat on the mat.", "The dog ate my homework.")
token_index <- list()
for (sample in samples)
  for (word in strsplit(sample, " ")[[1]])
    if (!word %in% names(token_index))
      token_index[[word]] <- length(token_index) + 2
max_length <- 10
results <- array(0, dim = c(length(samples),
                           max_length,
                           max(as.integer(token_index))))

for (i in 1:length(samples)) {
  sample <- samples[[i]]
  words <- head(strsplit(sample, " ")[[1]], n = max_length)
  for (j in 1:length(words)) {
    index <- token_index[[words[[j]]]]
    results[[i, j, index]] <- 1
  }
}
```

为每个单词分配唯一的索引。注意不要把索引 1 分配出去

这里存储结果

向量化样本。你只需考虑每个样本
中的第一个 max_length 单词

代码清单 6.2　字符级独热编码（小示例）

```
samples <- c("The cat sat on the mat.", "The dog ate my homework.")
```

```
ascii_tokens <- c("", sapply(as.raw(c(32:126)), rawToChar))
token_index <- c(1:(length(ascii_tokens)))
names(token_index) <- ascii_tokens

max_length <- 50

results <- array(0, dim = c(length(samples), max_length, length(token_index)))

for (i in 1:length(samples)) {
  sample <- samples[[i]]
  characters <- strsplit(sample, "")[[1]]
  for (j in 1:length(characters)) {
    character <- characters[[j]]
    results[i, j, token_index[[character]]] <- 1
  }
}
```

请注意，Keras 有内置的实用程序，用于在单词级别或字符级别从原始文本数据开始对文本进行独热编码。你应该使用这些实用程序，因为它们处理许多重要特征，例如从字符串中剥离出特殊字符，并且只考虑数据集中的 N 个最常见的单词（这是一个常见的限制，以避免处理非常大的输入向量空间）。

代码清单 6.3　使用 Keras 进行单词级的独热编码

创建一个标签，配置为只考虑1000个最常见的单词

```
library(keras)

samples <- c("The cat sat on the mat.", "The dog ate my homework.")

tokenizer <- text_tokenizer(num_words = 1000) %>%
  fit_text_tokenizer(samples)                      ← 生成单词索引

sequences <- texts_to_sequences(tokenizer, samples)

one_hot_results <- texts_to_matrix(tokenizer, samples, mode = "binary")

word_index <- tokenizer$word_index

cat("Found", length(word_index), "unique tokens.\n")
```

如何恢复已计算的单词索引

将字符串变为整数索引列表

可以直接获取独热二进制表示形式。此标签支持向量化模式，而不是非独热编码

独热编码的变体是所谓的**"独热哈希"**技巧，当词汇表中的唯一标记数太大而无法显式处理时，可以使用这种方式。你可以将单词散列到固定大小的向量中，而不是显式地为每个单词指定索引，并在字典中保持对这些索引的引用。这通常是用非常轻量级的哈希函数完成的。此方法的主要优点是它不保存一个显式的单词索引，可以节省内存并允许数据的在线编码（在你看到所有可用数据之前，你可立刻生成标记向量）。这种方法的一个缺点是它容易受到**哈希冲突**的影响：两个不同的词可能以相同的哈希值表示，随后任何机器学习模型看这些哈希值无法区分这些单词之间的差异。当哈希空间的维数比哈希的唯一标记的总数大得多时，哈希冲突的可能性就会减小。

代码清单 6.4　使用哈希技巧的单词级别的独热编码（小示例）

```
library(hashFunction)

samples <- c("The cat sat on the mat.", "The dog ate my homework.")

dimensionality <- 1000      将单词存储为大小为1000的向量。如果你有近1000
                            个单词(或更多)，你将看到许多哈希冲突，这将降
                            低此编码方法的准确性

max_length <- 10

results <- array(0, dim = c(length(samples), max_length, dimensionality))

for (i in 1:length(samples)) {
  sample <- samples[[i]]
  words <- head(strsplit(sample, " ")[[1]], n = max_length)
  for (j in 1:length(words)) {
    index <- abs(spooky.32(words[[j]])) %% dimensionality
    results[[i, j, index]] <- 1
  }
}
                            使用hashFunction::spooky.32()来将单
                            词哈希成0~1000之间的随机整数索引
```

6.1.2　使用单词嵌入

关联向量与单词的另一种流行的有效方法是使用稠密的**词向量**，也称为**单词嵌入**。虽然通过独热编码获得的向量是二进制的、稀疏的（大部分是零），并且非常高维（与词汇表相同的维数），但单词嵌入是低维的浮点向量（即稠密向量，而不是稀疏向量），如图 6.2 所示 。与通过独热编码获得的词向量不同，单词嵌入是从数据中学习的。在处理非常大的词汇表时，常见的是 256 维、512 维或 1024 维的单词嵌入。另一方面，独热编码词通常会导致 2 万维或更大的向量（在本例中捕获 2 万个标记的词汇）。因此，单词嵌入将更多信息打包到更少的维度中。

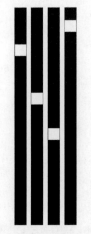
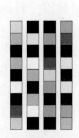

独热单词向量：　　　　　单词嵌入：
稀疏、高维和硬编码的　　稠密、低维和从数据中学习

图 6.2　从独热编码或哈希散列获得的单词表示是稀疏、高维和硬编码的，
而单词嵌入的表示则是稠密、相对低维的，并且是从数据中学习的

获取单词嵌入有两种方法：

● 与你关心的主要任务（如文档分类或情绪预测）一起学习单词嵌入。在这个设置中，你随机从任一单词向量开始，然后学习单词向量，就像你学习神经网络的权重一样。

● 基于非待解决的机器学习任务预先计算单词嵌入模型，加载该模型获取单词嵌入。预先计算的这些单词嵌入称为**预训练的单词嵌入**。

让我们看看两者。

1. 学习带有嵌入层的单词嵌入

将稠密向量与单词关联的最简单方法是随机选择向量。这种方法的问题在于，生成的嵌入空间没有结构：例如，*accurate* 和 *exact* 两个单词最终可能是完全不同的嵌入，尽管它们在大多数句子中是可互换的。深度神经网络很难理解这样一个嘈杂的、非结构化的嵌入空间。

为了进一步抽象，词向量之间的几何关系应该反映这些词之间的语义关系。单词嵌入的意思是将人类语言映射到一个几何空间。例如，在一个合理的嵌入空间中，你会期望将同义词嵌入到类似的词向量中；一般情况下，你会期望任何两个词向量之间的几何距离（如 L2 距离）与关联词之间的语义距离有关（含义不同的单词嵌入在彼此远离的点上，相关的单词则较接近）。除了距离之外，你可能希望嵌入空间中的特定**方向**是有意义的。为了更清楚地说明这一点，让我们来看一个具体的例子。

在图 6.3 中，有四个单词嵌入在二维平面上：**猫、狗、狼**和**老虎**。根据我们选择的向量表示，这些单词之间的一些语义关系可以编码为几何变换。例如，同一向量允许我们从**猫到老虎**，从**狗**到**狼**：这个向量可以被解释为"从宠物到野生动物"的载体。同样，另一个向量让我们从**狗**到**猫**，从**狼**到**老虎**，这可以被解释为"从犬到猫"的载体。

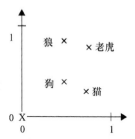

图 6.3　单词嵌入空间的一个小示例

在实际的单词嵌入空间中，有意义几何变换的常见例子是"性别"向量和"复数"向量。例如，通过将"雌性"向量添加到向量"国王"中，我们得到了向量"皇后"。通过添加一个"复数"向量，我们得到"国王们"。单词嵌入空间通常具有数以千计的这样的解释和潜在的有用的向量。

是否有一些理想的单词嵌入空间能够完美地映射人类语言，并可用于任何自然语言处理任务？可能有，但我们还没有计算出任何这样的东西。此外，其他东西没有像**人类语言**这样——有许多不同的语言，它们不是同构的，因为语言是特定文化和特定语境的反映。而实际上，一个好的单词嵌入空间在很大程度上取决于你的任务：英语电影评论情感分析模型的完美单词嵌入空间可能与英语法律文件分类模型的完美单词嵌入空间不同，因为某些语义关系的重要性因任务而异。

因此，在每个新任务中**学习**一个新的嵌入空间是合理的。幸运的是，后向传播使**学习**简单，Keras 使它更容易。它是关于使用 `layer_embedding` 来学习一个层的权重。

```
embedding_layer <- layer_embedding(input_dim = 1000, output_dim = 64)
```

嵌入层至少需要两个参数：可能的标记的数量（这里是 1000）和嵌入的维度（这里是 64）。

`layer_embedding` 最好理解为一个字典，它将整数索引（代表特定单词）映射到稠密向量。它以整数作为输入，在内部字典中查找这些整数，并返回关联的向量。它实际上是一个字典查找（见图 6.4）。

单词索引 ⟶ 嵌入层 ⟶ 对应的单词向量

图 6.4　嵌入层

嵌入层接受一个二维状态的整数张量作为输入——(samples,sequence-length)，其中每个条目都是一个整数序列。它可以嵌入可变长度的序列：例如，你可以向代码清单 6.5 中的嵌入层提供批序列 (32,10)（长度为 10 的 32 个序列）或 (64,15)（长度为 15 的 64 个序列）。批处理中的所有序列必须具有相同的长度，但（因为你需要将它们打包成一个张量），所以比其他短的序列应该用零填充，并且更长的序列应该被截断。

此层返回一个三维格式的浮点张量 (samples,sequence-length,embedding-dimensionality)。这样的三维张量可以由一个 RNN 层或一维卷积层处理（这两个将在下一节介绍）。

实例化嵌入层时，其权重（标记向量的内部字典）最初是随机的，就像其他任何层一样。在训练过程中，这些词向量通过后向传播逐渐调整，将空间构造成下游模型可以利用的东西。一旦经过充分训练，嵌入空间将显示大量的结构——一种专门针对你训练模型的特定问题的结构。

让我们把这个想法应用到 IMDB 你已经熟悉的电影评论情绪预测任务中。首先，你将快速准备数据。你将限制电影评论到前 1 万个最常见的单词（正如你第一次使用此数据集时所做的那样），并在仅 20 个单词之后中断审阅。该网络将为每 1 万字学习 8 维嵌入，把输入的整数序列（二维整数张量）转换成嵌入序列（三维浮点张量），再将张量降为二维，并在顶部训练一个单一的全连接层进行分类。

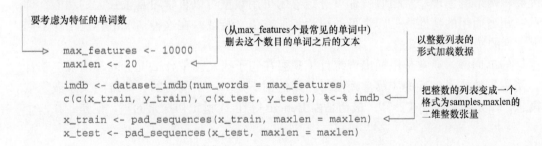

代码清单 6.7　在 IMDB 数据上使用嵌入层和分类器

指定嵌入层的最大输入长度，以便之后可以
展平嵌入的输入。嵌入层之后，激活的格式
为(samples,maxlen,8)

```
model1 <- keras_model_sequential() %>%
  layer_embedding(input_dim = 10000, output_dim = 8,
                  input_length = maxlen) %>%
  layer_flatten() %>%
  layer_dense(units = 1, activation = "sigmoid")

model %>% compile(
  optimizer = "rmsprop",
  loss = "binary_crossentropy",
  metrics = c("acc")
)

summary(model)

history <- model %>% fit(
  x_train, y_train,
  epochs = 10,
  batch_size = 32,
  validation_split = 0.2
)
```

将嵌入的三维张
量展平成格式为
(samples,maxlen*8)
的二维张量

在顶部添加分类器

验证准确率达到约 76%，考虑到每次审查只看 20 个单词，所以这是相当不错的。但请
注意，仅仅将嵌入序列降维并在上面训练一个单一的稠密层，将导致产生的模型只是单独
处理输入序列中的每个单词，而不考虑单词间的关系和句子结构 [例如，这个模型可能会把
"this movie is a bomb" 和 "this movie is the bomb" 作为负面评论]。最好是在嵌入序列的顶
部添加循环层或一维卷积层，以了解考虑到每个序列的整体特性。在接下来的几节中我们
将重点讨论这一点。

2. 使用预训练的单词嵌入

有时候，你几乎没有可用的训练数据，因此你无法单独使用数据来学习适当的特定于
任务的词汇表嵌入。那你该怎么办？

你可以从一个预先计算的嵌入空间加载嵌入的向量，而不是与想要解决的问题一起学
习单词嵌入，你知道它嵌入的向量是高度结构化的，并且展示了有用的属性——捕获语言
结构的一般方面。在自然语言处理中使用预训练单词嵌入的基本原理与在图像分类中使用
预训练卷积网络的原理非常相似：你没有足够的可用数据可以自学习真正强大的功能，你
希望具有相当通用的特性——即常见的视觉特征或语义特征。在这种情况下，重用在不同
问题上学到的特性是有意义的。

这样的单词嵌入通常是用词出现统计（观察在句子或文件中什么词会同时出现）来计
算的，使用各种技术，有些涉及神经网络，其他则不是。一个稠密的、低维的文字嵌入空
间的概念，以无监督的方式计算，最初是由 Bengio 等在 21 世纪初探索的⊖，但是，在一个

⊖　Yoshua Bengio et al., *Neural Probabilistic Language Models* (Springer,2003).

最著名、最成功的单词嵌入方案发布之后，它才开始在研究和行业应用中起步：word2vec 算法（https://code.google com/archive/p/word2vec），由 Tomas Mikolov 于 2013 年在谷歌开发。word2vec 算法的维度捕获特定的语义属性，如性别。

在 Keras 嵌入层中，你可以下载并使用各种预计算的词嵌入数据库。word2vec 是其中之一。另一个受欢迎的单词嵌入方案被称为单词表示的全局向量（GloVe，https://nlp.stanford .edu/projects/glove），这是由斯坦福研究人员在 2014 年开发的。这种嵌入技术是基于分解单词共现统计矩阵。它的开发者已经为数以百万的英文标记提供了预计算的嵌入，这些标记从维基百科数据和常见抓虫数据中获得。

让我们看看如何在 Keras 模型中开始使用 GloVe 嵌入。同样的方法对于 word2vec 嵌入或任何其他文字嵌入的数据库都是有效的。你还将使用本示例更新前面介绍的文本标记技术：你将从原始文本开始，然后逐步进行操作。

6.1.3　将其全部放在一起：从原始文本到单词嵌入

你会使用一个类似于我们刚刚讲过的模型：将句子嵌入到向量序列中，将它们降维，并在上面训练一个稠密层。但你会使用预先训练好的单词嵌入，而不是使用在 Keras 中打包的预先标记好的 IMDB 数据，从头开始下载原始文本数据。

1. 下载 IMDB 数据作为原始文本

首先，从 http://mng.bz/0tlo 下载原始 IMDB 数据集，解压它。

现在，让我们将各个训练评语收集到一个字符串列表中，每个评论是一个字符串。你还可以将评论标签（积极 / 消极）收集到标签列表中。

代码清单 6.8　处理原始 IMDB 数据的标签

```
imdb_dir <- "~/Downloads/aclImdb"
train_dir <- file.path(imdb_dir, "train")

labels <- c()
texts <- c()

for (label_type in c("neg", "pos")) {
  label <- switch(label_type, neg = 0, pos = 1)
  dir_name <- file.path(train_dir, label_type)
  for (fname in list.files(dir_name, pattern = glob2rx("*.txt"),
                           full.names = TRUE)) {
    texts <- c(texts, readChar(fname, file.info(fname)$size))
    labels <- c(labels, label)
  }
}
```

2. 标签化数据

让我们用本节前面介绍的概念向量化文本并准备一个分离好训练集和验证集的数据集。因为预训练的单词嵌入对于缺少训练数据的问题特别有效（否则，特定于任务的嵌入可能比它们更胜一筹），所以我们将添加以下内容：将训练数据限制到前 200 个样本。因此，在看了 200 个示例之后，你将学会对电影评论进行分类。

代码清单 6.9　对原始 IMDB 数据的文本进行标记

```
library(keras)

maxlen <- 100                            ← 100个词之后就不考虑了
training_samples <- 200                  ← 在200个样本上训练
validation_samples <- 10000              ← 在10000个样本上验证
max_words <- 10000                       ←

tokenizer <- text_tokenizer(num_words = max_words) %>%    只考虑数据集中的
  fit_text_tokenizer(texts)                               前10000个单词

sequences <- texts_to_sequences(tokenizer, texts)

word_index = tokenizer$word_index
cat("Found", length(word_index), "unique tokens.\n")

data <- pad_sequences(sequences, maxlen = maxlen)      数据拆分为训练集和验证
                                                       集，但首先要重新置乱数
labels <- as.array(labels)                             据，因为你要从有序的样
cat("Shape of data tensor:", dim(data), "\n")          本数据开始(所有负数在
cat('Shape of label tensor:', dim(labels), "\n")       前，正数在后)

indices <- sample(1:nrow(data))                ←
training_indices <- indices[1:training_samples]
validation_indices <- indices[(training_samples + 1):
                             (training_samples + validation_samples)]

x_train <- data[training_indices,]
y_train <- labels[training_indices]

x_val <- data[validation_indices,]
y_val <- labels[validation_indices]
```

3. 下载 GloVe 单词嵌入词

前往 https://nlp.stanford.edu/projects/glove 下载来自 2014 年英文维基百科的预计算嵌入。这是一个 822MB 的 zip 文件，名为 glove. 6B.zip，其中包含 40 万个单词（或非单词标记）的 100 维嵌入向量。解压它。

4. 预处理嵌入

让我们分析解压文件（.txt 文件）以生成一个索引，将单词（字符串）映射到其向量表示形式（数字向量）。

代码清单 6.10　分析 GloVe 单词嵌入文件

```
glove_dir = "~/Downloads/glove.6B"
lines <- readLines(file.path(glove_dir, "glove.6B.100d.txt"))

embeddings_index <- new.env(hash = TRUE, parent = emptyenv())
for (i in 1:length(lines)) {
  line <- lines[[i]]
  values <- strsplit(line, " ")[[1]]
  word <- values[[1]]
  embeddings_index[[word]] <- as.double(values[-1])
}

cat("Found", length(embeddings_index), "word vectors.\n")
```

接下来，你将构建一个可以加载到嵌入层中的嵌入矩阵。它必须是形状为 (max_words, embedding_dim) 的矩阵，其中每个条目 i 包含，引用词索引（在标记的时候构建）中索引 i 的词的 embedding_dim 维度向量。请注意，索引 1 不应该代表任何单词或标记——它是一个占位符。

代码清单 6.11　准备 GloVe 单词嵌入矩阵

```
embedding_dim <- 100

embedding_matrix <- array(0, c(max_words, embedding_dim))

for (word in names(word_index)) {
  index <- word_index[[word]]
  if (index < max_words) {
    embedding_vector <- embeddings_index[[word]]
    if (!is.null(embedding_vector))
      embedding_matrix[index+1,] <- embedding_vector    ◁── 没有在嵌入索引中
  }                                                          找到的单词都是0
}
```

5. 定义一个模型

你将使用与以前相同的模型体系结构。

代码清单 6.12　模型定义

```
model <- keras_model_sequential() %>%
  layer_embedding(input_dim = max_words, output_dim = embedding_dim,
                  input_length = maxlen) %>%
  layer_flatten() %>%
  layer_dense(units = 32, activation = "relu") %>%
  layer_dense(units = 1, activation = "sigmoid")

summary(model)
```

6. 在模型中加载 GloVe 嵌入

嵌入层有一个权重矩阵：一个二维的浮点矩阵，其中每个条目 i 是单词向量，它与索引 i 相关联。足够简单了，将你准备好的 GloVe 矩阵加载到嵌入层中，即模型中的第一层。

代码清单 6.13　将预训练的单词嵌入加载到嵌入层中

```
get_layer(model, index = 1) %>%
  set_weights(list(embedding_matrix)) %>%
  freeze_weights()
```

此外，你还将冻结嵌入层的权重，遵循你在预先训练过的卷积神经网络特征中已经熟悉的基本原理：当模型的一部分预先训练了（像嵌入层）并且部分被随机初始化（像你的分类器）时，预训练的部分不应该在训练期间更新，以避免忘记它们已经学习到的。由随机初始化的层触发的大梯度更新将会破坏已经学习的特征。

7. 训练并评估模型

编写和训练模型。

代码清单 6.14 训练和评估

```
model %>% compile(
  optimizer = "rmsprop",
  loss = "binary_crossentropy",
  metrics = c("acc")
)

history <- model %>% fit(
  x_train, y_train,
  epochs = 20,
  batch_size = 32,
  validation_data = list(x_val, y_val)
)

save_model_weights_hdf5(model, "pre_trained_glove_model.h5")
```

现在，绘制随着时间的推移模型的性能变化（见图 6.5）。

代码清单 6.15 绘制结果

```
plot(history)
```

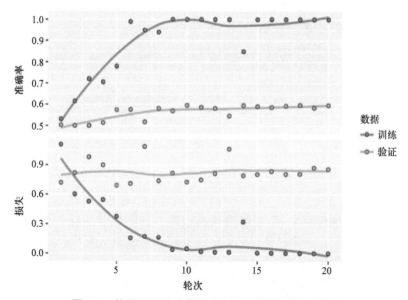

图 6.5 使用预训练的单词嵌入时的训练和验证指标

该模型很快开始过拟合，这是不足为奇的，因为只有少量的训练样本。由于相同的原因，验证准确率有很大的差异，但它似乎达到了 50。

请注意，你得到的结果可能会有所不同：因为你的训练样本很少，所以性能很大程度上取决于你选择的是哪 200 个样本，而你的选择是随机的。如果这对你来说效果不好，为了练习，试着选择另外的 200 个样本的随机集合（在现实生活中，你不可以选择你的训练数据）。

你也可以在不加载预训练的单词嵌入和不冻结嵌入层的情况下训练同一模型。在这种情况下，你将学习输入标记的特定于任务的嵌入，当大量数据可用时，这通常比预训练的单词嵌入更强大。但现在这种情况下，你只有 200 个训练样本。让我们在代码清单 6.16 中尝试训练（见图 6.6）。

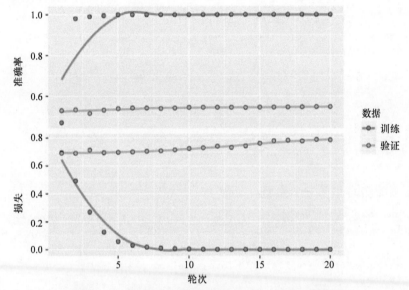

图 6.6　不使用预训练的单词嵌入时的训练和验证指标

代码清单 6.16　不使用预训练的单词嵌入训练同一模型

```
model <- keras_model_sequential() %>%
  layer_embedding(input_dim = max_words, output_dim = embedding_dim,
                  input_length = maxlen) %>%
  layer_flatten() %>%
  layer_dense(units = 32, activation = "relu") %>%
  layer_dense(units = 1, activation = "sigmoid")
model %>% compile(
  optimizer = "rmsprop",
  loss = "binary_crossentropy",
  metrics = c("acc")
)

history <- model %>% fit(
  x_train, y_train,
  epochs = 20,
  batch_size = 32,
  validation_data = list(x_val, y_val)
)
```

验证准确率停留在 55 左右。因此，在这种情况下，预训练的单词嵌入胜过共同学习嵌入。如果你增加训练样本的数量，情况将很快发生变化——把它当作练习。

最后，让我们用测试数据对模型进行评估。首先，你需要标记测试数据。

代码清单 6.17　标记测试集的数据

```
test_dir <- file.path(imdb_dir, "test")

labels <- c()
texts <- c()

for (label_type in c("neg", "pos")) {
  label <- switch(label_type, neg = 0, pos = 1)
  dir_name <- file.path(test_dir, label_type)
  for (fname in list.files(dir_name, pattern = glob2rx("*.txt"),
                           full.names = TRUE)) {
    texts <- c(texts, readChar(fname, file.info(fname)$size))
    labels <- c(labels, label)
  }
}

sequences <- texts_to_sequences(tokenizer, texts)
x_test <- pad_sequences(sequences, maxlen = maxlen)
y_test <- as.array(labels)
```

接下来，加载并评估第一个模型。

代码清单 6.18　评估测试集上的模型

```
model %>%
  load_model_weights_hdf5("pre_trained_glove_model.h5") %>%
  evaluate(x_test, y_test)
```

你得到惊人的 58% 的测试准确率。仅仅使用少量的训练样本是很困难的！

6.1.4　小结

现在你可以做到以下几点：
- 将原始文本变成一个神经网络可以处理的东西。
- 在 Keras 模型中使用嵌入层来学习特定于任务的标记嵌入。
- 使用预训练的单词嵌入在自然语言处理的小问题上获得额外的提升。

6.2　了解循环神经网络

目前为止，你所看到的所有神经网络（比如稠密网络和卷积网络）都有一个主要特征——没有存储器。向这些网络的每个输入都是独立处理的，在输入之间不保留任何状态。对于这样的网络，为了处理序列或时间序列的数据点，必须立即向网络显示整个序列：将它转化成单个数据点。例如，这就是你在 IMDB 示例中所做的事情：整个电影评论被转换成一个大的向量，并且一次处理。这种网络称为**前馈网络**。

与此相反，当你读到现在的句子时，你正在逐字逐句地处理它——或者更确切地说，眼睛扫视——同时保留之前发生的记忆；这使你对这个句子传达的意思有一个流畅的表达。生物智能处理信息增量，同时维护它正在处理的内部模型，这建立在过去的信息和不断输入更新的新信息。

循环神经网络（RNN）遵循相同的原理，尽管是极其简化的版本：它通过迭代序列元素来处理序列，并维护一个包含它目前所看到的信息的**状态**。实际上，RNN 是一种具有内循环的神经网络类型（见图 6.7）。 RNN 的状态在处理两个不同的独立序列（如两个不同的 IMDB 评论）之间重置，因此你仍然认为一个序列是单个数据点——网络的单个输入。不同的是，这个数据点不再在一个步骤中处理；相反，网络内部循环序列元素。

为了使**循环**和**状态**这些概念清晰，让我们用 R 实现 RNN 前馈传播的一个示例。这个 RNN 取一个向量序列作为输入，你将其编码为一个二维张量 (timesteps, input_features)。它按时间步循环，并在每个时间步考虑其在 t 处的当前状态和输入 (input_features)，并将它们结合起来，以获得 t 时刻的输出。然后，你将设置下一步骤的状态——使用前面的输出。对于第一个时间步，前面的输出没有定义，故不存在当前状态。因此，你将把状态初始化为一个称为网络**初始状态**的全零向量。

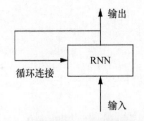

图 6.7 循环网络：具有回路的网络

RNN 的伪代码如下：

代码清单 6.19 RNN 的伪代码

```
state_t = 0              ⟵——— t时刻的状态
for (input_t in input_sequence) {    ⟵——— 对序列元素进行迭代
  output_t <- f(input_t, state_t)
  state_t <- output_t    ⟵——— 前一个输出作为下一次迭代的状态
}
```

你甚至可以具体化函数 f：将输入和状态转换为输出，由两个矩阵 W 和 U 以及偏置向量进行参数化。它类似于前馈网络中稠密连接层操作的转换。

代码清单 6.20 RNN 的更详细的伪代码

```
state_t <- 0
for (input_t in input_sequence) {
  output_t <- activation(dot(W, input_t) + dot(U, state_t) + b)
  state_t <- output_t
}
```

为了使这些概念绝对明确，让我们用 R 实现一个前向传播的简单的 RNN。

代码清单 6.21 R 实现的一个简单的 RNN

```
输入序列中的时间步数量          输入特征空间的维度
⌐—⟶ timesteps <- 100
    input_features <- 32      ⟵——— 输出特征空间的维度
    output_features <- 64
```

```
random_array <- function(dim) {
  array(runif(prod(dim)), dim = dim)
}                                                    输入数据: 本例中是随机噪声

inputs <- random_array(dim = c(timesteps, input_features))   初始状态: 一
state_t <- rep_len(0, length = c(output_features))            个全零向量

W <- random_array(dim = c(output_features, input_features))
U <- random_array(dim = c(output_features, output_features))   创建随机权重矩阵
b <- random_array(dim = c(output_features, 1))

output_sequence <- array(0, dim = c(timesteps, output_features))
for (i in 1:nrow(inputs)) {
  input_t <- inputs[i,]        input_t是格式为(input_features)的向量

  output_t <- tanh(as.numeric((W %*% input_t) + (U %*% state_t) + b))
  output_sequence[i,] <- as.numeric(output_t)     更新结果矩阵
  state_t <- output_t                 更新下一个时间
}                                     步的网络状态

将输入与当前状态(前一个输出)结合
起来以获得当前输出
```

    简单：总而言之，一个 RNN 是一个 `for` 循环，它重用在循环的上一个迭代期间计算的数量，仅此而已。当然，有许多不同的 RNN 符合你可以构建的定义，这个例子是最简单的 RNN 定义公式之一。RNN 的特征是它们的阶跃函数，比如下面这个函数（见图 6.8）：

```
output_t <- tanh(as.numeric((W %*% input_t) + (U %*% state_t) + b))
```

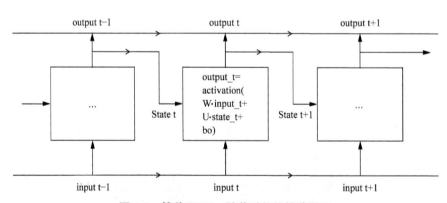

图 6.8   简单 RNN，随着时间的推移展开

    注意：在本例中，最终输出为形状 (`timesteps, output_features`) 二维张量，其中每个时间步是循环在 t 时刻的输出。输出张量中的每个时间步 t 都包含关于输入序列中 1 到 t 的信息——关于整个过去。因此，在许多情况下，你不需要完整的输出序列，只需要最后一个输出（在循环末尾的 `output_t`），因为它已经包含了有关整个序列的信息。

6.2.1　Keras 中的循环层

你刚才用 R 简单地实现的过程对应于一个实际的 Keras 层，即 `layer_simple_rnn`：

```
layer_simple_rnn(units = 32)
```

有一个小的区别：`layer_simple_rnn` 处理一批序列，如所有其他 Keras 层一样，而不是在 R 示例中的单个序列。这意味着它获取形如 (batch_size,timesteps,input_features) 的输入，而不是 (timesteps,input_features)。

像 Keras 中的所有循环层一样，`layer_simple_rnn` 可以在两种不同的模式下运行：它可以返回每个时间步连续输出的完整序列 [形如 (batch_size, timesteps,output_features) 的三维张量]，或者只是每个输入序列的最后一个输出 [形如 (batch_size, output_features) 的二维张量]。这两种模式由 return_sequences 构造函数参数控制。让我们看一个使用 `layer_simple_rnn` 并只返回最后一个时间步的输出的示例：

```
library(keras)
model <- keras_model_sequential() %>%
  layer_embedding(input_dim = 10000, output_dim = 32) %>%
  layer_simple_rnn(units = 32)

> summary(model)
```

```
Layer (type)                  Output Shape              Param #
================================================================
embedding_22 (Embedding)      (None, None, 32)          320000
_____
simplernn_10 (SimpleRNN)      (None, 32)                2080
================================================================
Total params: 322,080
Trainable params: 322,080
Non-trainable params: 0
```

下面的示例返回完整的状态序列：

```
model <- keras_model_sequential() %>%
  layer_embedding(input_dim = 10000, output_dim = 32) %>%
  layer_simple_rnn(units = 32, return_sequences = TRUE)

> summary(model)
```

```
Layer (type)                  Output Shape              Param #
================================================================
embedding_23 (Embedding)      (None, None, 32)          320000
_____
simplernn_11 (SimpleRNN)      (None, None, 32)          2080
================================================================
Total params: 322,080
Trainable params: 322,080
Non-trainable params: 0
```

为了提高网络的表达力，有时将几个循环层堆叠在一起是有用的。在这样的设置中，你必须获得所有中间层才能返回完整序列：

```
model <- keras_model_sequential() %>%
  layer_embedding(input_dim = 10000, output_dim = 32) %>%
  layer_simple_rnn(units = 32, return_sequences = TRUE) %>%
  layer_simple_rnn(units = 32, return_sequences = TRUE) %>%
  layer_simple_rnn(units = 32, return_sequences = TRUE) %>%
  layer_simple_rnn(units = 32)
```
                                    ← 最后一层只返回
                                          最后一个输出

```
> summary(model)
```

Layer (type)	Output Shape	Param #
embedding_24 (Embedding)	(None, None, 32)	320000
simplernn_12 (SimpleRNN)	(None, None, 32)	2080
simplernn_13 (SimpleRNN)	(None, None, 32)	2080
simplernn_14 (SimpleRNN)	(None, None, 32)	2080
simplernn_15 (SimpleRNN)	(None, 32)	2080

```
Total params: 328,320
Trainable params: 328,320
Non-trainable params: 0
```

现在，让我们在 IMDB 电影审查分类问题中使用这样的模型。首先，对数据进行预处理。

代码清单：6.22   准备 IMDB 数据

```
library(keras)

max_features <- 10000            考虑作为特征的单词数
maxlen <- 500
batch_size <- 32                 （从max_features个最常见的单词中）
                                 删去这个数目的单词之后的文本
cat("Loading data...\n")
imdb <- dataset_imdb(num_words = max_features)
c(c(input_train, y_train), c(input_test, y_test)) %<-% imdb
cat(length(input_train), "train sequences\n")
cat(length(input_test), "test sequences")

cat("Pad sequences (samples x time)\n")
input_train <- pad_sequences(input_train, maxlen = maxlen)
input_test <- pad_sequences(input_test, maxlen = maxlen)
cat("input_train shape:", dim(input_train), "\n")
cat("input_test shape:", dim(input_test), "\n")
```

让我们用 `layer_embedding` 和 `layer_simple_rnn` 来训练一个简单的循环网络。

代码清单 6.23   用嵌入和简单的 RNN 层训练模型

```
model <- keras_model_sequential() %>%
  layer_embedding(input_dim = max_features, output_dim = 32) %>%
```

```
layer_simple_rnn(units = 32) %>%
layer_dense(units = 1, activation = "sigmoid")
model %>% compile(
  optimizer = "rmsprop",
  loss = "binary_crossentropy",
  metrics = c("acc")
)

history <- model %>% fit(
  input_train, y_train,
  epochs = 10,
  batch_size = 128,
  validation_split = 0.2
)
```

现在，让我们显示训练和验证的损失和准确率（见图 6.9）。

代码清单 6.24　绘制结果

```
plot(history)
```

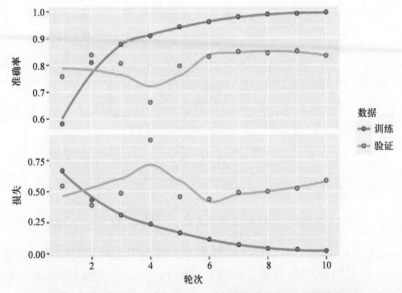

图 6.9　使用 layer_simple_rnn 的 IMDB 的训练和验证指标

作为提醒，在第 3 章中，对此数据集采用第一个朴素方法使你获得了 88% 的测试准确率。不幸的是，这个小的循环网络与上述基准相比表现不好。出现该问题的部分原因是，你的输入只考虑前 500 个单词，而不是完整序列，因此，RNN 可以访问比早期基准模型更少的信息。问题的另一个原因是 layer_simple_rnn 不擅长处理长序列，如文本。其他类型的反馈层性能更好。让我们看一些更先进的层。

6.2.2　理解 LSTM 和 GRU 层

简单 RNN 不是 Keras 中唯一可用的层。还有另外两个可用的层：layer_lstm 和 layer_gru。在实践中，你总会用到其中一个，因为 layer_simple_rnn 通常过于简单化，无法真正使用。layer_simple_rnn 的一个主要问题是，虽然理论上可以在 t 时刻保留之前有关输入的信息，但在实际中，这种长期依赖是无法学习的。这是由于**梯度消失问题**，这种效果类似于许多层深的非循环网络（前馈网络）所观察到的结果：当你不断向网络中添加层时，网络最终会变成不可训练的。20 世纪 90 年代初，Hochreiter、Schmidhuber 和 Bengio 研究了这一效应的理论原因[一]。LSTM 和 GRU 层就是被设计用于解决这个问题。

让我们考虑一下 LSTM 层。Hochreiter 和 Schmidhuber 在 1997 年开发了基础的长短期记忆（LSTM）算法[二]；它是他们研究梯度消失问题的成果。

你已经知道这一层是 layer_simple_rnn 的一个变体；它增加了一个方式来携带信息横跨许多时间步。想象一下传送带与你正在处理的序列平行运行。序列中的信息可以在任何时候跳转到传送带上，被运送到下一个时间步，并在需要时完整跳下来。这基本上就是 LSTM 所做的事情：它可以保存信息，从而防止旧的信号在处理过程中逐渐消失。

为了详细了解这一点，让我们从简单的 RNN 单元（见图 6.10）开始。因为你将有大量的权重矩阵，所以用字母 o（Wo 和 Uo）索引单元中的 W 和 U 矩阵以供**输出**。

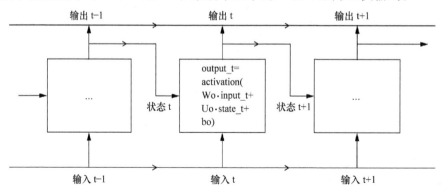

图 6.10　LSTM 层的起始点：一个简单的 RNN

让我们在这张图片中添加一个额外的数据流，该数据流跨时间步传送信息。将在不同时间的值称为 Ct，其中 C 代表**传递**。此信息将对执行单元产生以下影响：它将与输入连接和循环连接相结合（通过一个稠密的转换：先是与权重矩阵进行点积运算，然后是带偏差的加法和激活函数的应用），它将影响发送到下一个时间步的状态（通过激活函数和乘法运算）。从概念上讲，传递数据流是一种调节下一个输出和下一个状态的方法（见图 6.11）。到目前为止一切都很简单。

［一］　参见，例如，Yoshua Bengio, Patrice Simard, and Paolo Frasconi, "Learning Long-Tenm Dependencies with Gradient Descent Is Difficult," *IEEE Transactions on Neural Networks* 5, no.2(1994).

［二］　Sepp Hochreiter and Jürgen Schmidhuber, "Long Short-Term Memory," *Neural Computation* 9, no.8(1997).

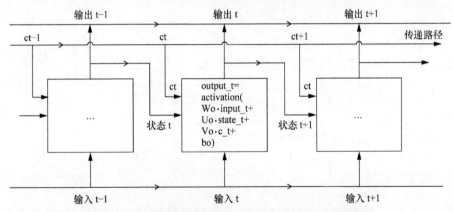

图 6.11 从简单的 RNN 到 LSTM：添加一条传递路径

现在的微妙之处是：计算传递数据流的下一个值的方式。它涉及三种截然不同的转换。这三种都有简单的 RNN 单元的形式：

```
y = activation(dot(state_t, U) + dot(input_t, W) + b)
```

但所有这三种转换都有自己的权重矩阵，你将通过字母 i，f 和 k 来索引。这是你目前所拥有的（它似乎有点随意，但请忍耐）。

代码清单 6.25 LSTM 体系结构的伪代码细节 (1/2)

```
output_t = activation(dot(state_t, Uo) + dot(input_t, Wo) + dot(C_t, Vo) + bo)

i_t = activation(dot(state_t, Ui) + dot(input_t, Wi) + bi)
f_t = activation(dot(state_t, Uf) + dot(input_t, Wf) + bf)
k_t = activation(dot(state_t, Uk) + dot(input_t, Wk) + bk)
```

通过组合 i_t、f_t 和 k_t 获得新的传递状态（下一个 c_t）。

代码清单 6.26 LSTM 体系结构的伪代码细节 (2/2)

```
c_t+1 = i_t * k_t + c_t * f_t
```

添加此项，如图 6.12 所示。就是这样。不是很复杂，只是有点复杂。

如果你想获得更深刻的理解，你可以解释这些操作的意义。例如，你可以说，c_t 和 f_t 相乘是一种在传递数据流中故意忽略无关信息的方法。同时，i_t 和 k_t 提供了关于目前的信息，更新了新的信息的传递路径。但是，在一天结束的时候，这些解释并不意味着什么，因为这些操作**实际上**是由参数化的权重内容决定的；权重是以端到端的方式学习的，每次训练重新开始，因此无法评价有着具体目的的某个操作。RNN 单元的规范（正如刚才所描述的）决定了你的假设空间（在训练过程中你搜索良好模型配置的空间），但不能决定单元的功能，那是由单元权重决定的。同样的单元拥有不同权重就可以做不同的事情。因此，组成 RNN 单元的操作组合解释为搜索的一组**约束**更好，而不是工程意义上的**设计**。

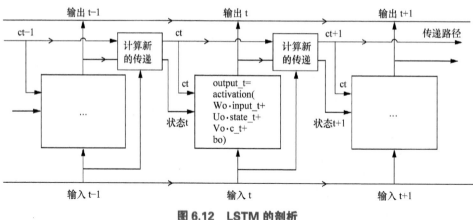

图 6.12   LSTM 的剖析

对研究人员来说，这种限制的选择似乎是如何实施的问题。相对于人类工程师，RNN 单元更适合于优化算法（如遗传算法或强化学习过程）。在未来，这将是我们建立网络的方式。总之，你不需要了解有关 LSTM 单元的特定体系结构的任何知识；作为人类，理解它不应该是你的工作。只需记住 LSTM 单元的作用：允许以后再输入过去的信息，从而解决梯度消失问题。

6.2.3   Keras 中的一个具体的 LSTM 例子

现在，让我们转向更实际的问题：你将使用 layer_lstm 设置一个模型，并在 IMDB 数据上训练它（见图 6.13）。这里的网络类似于刚刚前面呈现的 layer_simple_rnn。你只指定 layer_lstm 的输出维度；在 Keras 默认值中保留所有其他参数（有许多）。Keras 具有很好的默认值，几乎不必花时间手动调整参数就能使一切"正常工作"。

代码清单 6.27   在 Keras 中使用 LSTM 层

```
model <- keras_model_sequential() %>%
  layer_embedding(input_dim = max_features, output_dim = 32) %>%
  layer_lstm(units = 32) %>%
  layer_dense(units = 1, activation = "sigmoid")

model %>% compile(
  optimizer = "rmsprop",
  loss = "binary_crossentropy",
  metrics = c("acc")
)

history <- model %>% fit(
  input_train, y_train,
  epochs = 10,
  batch_size = 128,
  validation_split = 0.2
)
```

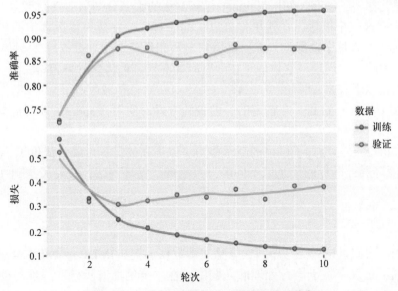

图 6.13　用 LSTM 的 IMDB 训练和验证指标

这一次，你达到 88% 的验证准确率。不错：当然比简单的 RNN 要好得多——这主要是因为 LSTM 不受梯度消失问题的影响，而且比第 3 章中完全连接的方法略好一些，虽然你看到的数据比你在第 3 章中的少。你正在截断 500 时间步后的序列，而在第 3 章中，你考虑完整序列。

但这种计算密集型方法的结果并不是开创性的。为什么 LSTM 没有表现得更好？一个原因是，你没有努力调整超参数，如嵌入维度或 LSTM 输出维度。另一个可能是缺乏正则化。但老实说，主要原因是分析评论的全局的、长期的结构（LSTM 擅长的方面）并不能解决情绪分析问题。通过观察每次评论中出现的单词以及出现的频率，可以很好地解决这个基本问题。这就是第一种完全连接的方法。但是，还有更多困难的自然语言处理问题，LSTM 的优势变得显而易见：特别是问答和机器翻译。

6.2.4　小结

现在你了解以下内容：
- 什么是 RNN 和它是如何工作的；
- 什么是 LSTM，为什么它处理长序列时比一个初级的 RNN 更好；
- 如何使用 Keras RNN 层来处理序列数据。

接下来，我们将回顾 RNN 的一些更高级的功能，这可以帮助你最大限度地利用深度学习序列模型。

6.3　循环神经网络的高级用途

在本节中，我们将回顾三项提高循环神经网络（RNN）性能和泛化能力的先进技术。

在本节的末尾，你将了解有关使用 Keras 的循环网络的大部分知识。我们将在一个温度预测问题上演示所有这三个概念，在这里你可以访问来自安装在建筑物屋顶上的传感器（如温度、气压和湿度）的时序数据点，你可以用它来预测最后一个数据点后 24 小时的温度。这是一个相当有挑战性的问题，它体现了在处理时序时遇到的许多常见困难。

我们将讨论以下技术：

- **循环 dropout**：这是一个特定的、内置的方式，使用 dropout，以对抗在循环层的过拟合。
- **堆叠循环层**：这增加了网络的表示能力（以更高的计算负载为代价）。
- **双向循环层**：同样的信息以不同的方式呈现给循环网络，提高了准确性，减轻了遗忘问题。

6.3.1 温度预测问题

直到现在，我们讨论的唯一序列数据是文本数据，例如 IMDB 数据集和 Reuters 数据集。但是序列数据不仅仅存在于语言处理的问题中。在本节的所有示例中，你将使用在德国耶拿市马克斯·普朗克生物地球化学研究所的气象站记录的天气时间序列数据[注] 。

在这个数据集中，在数年的时间里，这 14 种不同的量（如气温、大气压、湿度、风向等）每 10 分钟记录一次。原始数据得追溯到 2003 年，但此示例仅限于来自 2009~2016 年的数据。此数据集对于学习使用数字时序非常适合。你将使用它来构建一个模型，该模型接受最近的一些数据（几天的数据点值）作为输入，并预测未来 24 小时的气温。

下载并解压数据，如下所示：

```
dir.create("~/Downloads/jena_climate", recursive = TRUE)
download.file(
  "https://s3.amazonaws.com/keras-datasets/jena_climate_2009_2016.csv.zip",
  "~/Downloads/jena_climate/jena_climate_2009_2016.csv.zip"
)
unzip(
  "~/Downloads/jena_climate/jena_climate_2009_2016.csv.zip",
  exdir = "~/Downloads/jena_climate"
)
```

让我们看一下数据。

代码清单 6.28 对耶拿天气数据集的检验

```
library(tibble)
library(readr)

data_dir <- "~/Downloads/jena_climate"
fname <- file.path(data_dir, "jena_climate_2009_2016.csv")
data <- read_csv(fname)

> glimpse(data)
```

[注] Olaf Kolle, www.bgc-jena.mpg.de/wetter.

```
Observations: 420,551
Variables: 15
$ `Date Time`        <chr> "01.01.2009 00:10:00", "01.01.2009 00:20:00", "...
$ `p (mbar)`         <dbl> 996.52, 996.57, 996.53, 996.51, 996.51, 996.50,...
$ `T (degC)`         <dbl> -8.02, -8.41, -8.51, -8.31, -8.27, -8.05, -7.62...
$ `Tpot (K)`         <dbl> 265.40, 265.01, 264.91, 265.12, 265.15, 265.38,...
$ `Tdew (degC)`      <dbl> -8.90, -9.28, -9.31, -9.07, -9.04, -8.78, -8.30...
$ `rh (%)`           <dbl> 93.3, 93.4, 93.9, 94.2, 94.1, 94.4, 94.8, 94.4,...
$ `VPmax (mbar)`     <dbl> 3.33, 3.23, 3.21, 3.26, 3.27, 3.33, 3.44, 3.44,...
$ `VPact (mbar)`     <dbl> 3.11, 3.02, 3.01, 3.07, 3.08, 3.14, 3.26, 3.25,...
$ `VPdef (mbar)`     <dbl> 0.22, 0.21, 0.20, 0.19, 0.19, 0.19, 0.18, 0.19,...
$ `sh (g/kg)`        <dbl> 1.94, 1.89, 1.88, 1.92, 1.92, 1.96, 2.04, 2.03,...
$ `H2OC (mmol/mol)`  <dbl> 3.12, 3.03, 3.02, 3.08, 3.09, 3.15, 3.27, 3.26,...
$ `rho (g/m**3)`     <dbl> 1307.75, 1309.80, 1310.24, 1309.19, 1309.00, 13...
$ `wv (m/s)`         <dbl> 1.03, 0.72, 0.19, 0.34, 0.32, 0.21, 0.18, 0.19,...
$ `max. wv (m/s)`    <dbl> 1.75, 1.50, 0.63, 0.50, 0.63, 0.63, 0.63, 0.50,...
$ `wd (deg)`         <dbl> 152.3, 136.1, 171.6, 198.0, 214.3, 192.7, 166.5...
```

让我们来绘制温度（以℃为单位）随时间的变化曲线（见图 6.14）。在图 6.14 中，你可以清楚地看到温度的年周期性。

代码清单 6.29　绘制温度时序

```
library(ggplot2)
ggplot(data, aes(x = 1:nrow(data), y = `T (degC)`)) + geom_line()
```

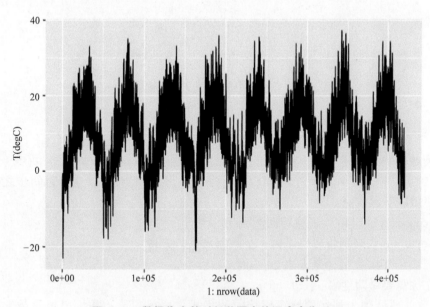

图 6.14　数据集完整时间范围内的温度变化 (℃)

让我们看一下前 10 天温度数据的更详细的曲线图（见图 6.15）。因为数据每 10 分钟记录一次，所以每天有 144 个数据点。

代码清单 6.30 绘制前 10 天的温度时序

```
ggplot(data[1:1440,], aes(x = 1:1440, y = `T (degC)`)) + geom_line()
```

在图 6.15 中，你可以看到每天的周期性，特别是过去 4 天。还要注意，这 10 天肯定是来自一个相当寒冷的冬季月份。

根据过去几个月的数据，如果你试图预测下个月的平均气温，问题就会很简单，因为有可靠的年规模周期性的数据。但是从几天的数据来看，温度看起来更加混乱。这个时序是可预测的吗？让我们来看看。

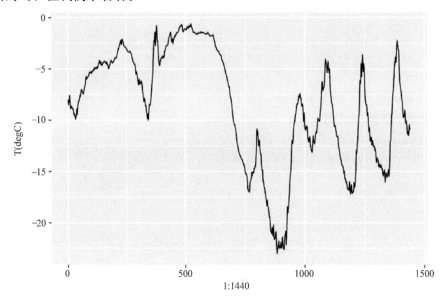

图 6.15 数据集中前 10 天的温度变化 (℃)

6.3.2 准备数据

这个问题的确切表述如下：给定的数据尽可能地追溯 `lookback` 个时间步（一个时间步是 10 分钟），并每隔 `steps` 个时间步进行采样，你能预测 `delay` 个时间步之后的温度吗？你将使用以下参数值：

- `lookback = 1440`：观察将回溯到 10 天前。
- `steps = 6`：观测将以每小时一个数据点进行采样。
- `delay = 144`：目标是未来 24 小时。

首先，你需要做两件事：

- 将数据预处理为神经网络可以接收的格式。这很容易：数据已经是数字，所以你不需要做任何向量化。但是，数据中的每个时序在不同的尺度上（例如，温度通常介于 -20~30 之间，但是大气压强，用 mbar [⊖] 来衡量，大约是 1000）。你将分别地对每个时序进

⊖ 1mbar=100Pa.

行标准化，以便它们都取类似规模的小值。

● 编写一个生成器函数，该函数获取当前的浮点数据数组，并生成最近的批次数据，以及未来的目标温度。因为数据集中的样本是高度冗余的（样本 N 和样本 $N + 1$ 将有大部分的时间步是相同的），所以明确分配每个样本将是浪费的。相反，你将使用原始数据即时生成示例。

理解生成器函数

生成器函数是一种特殊类型的函数，你可以反复调用以获取一系列值。通常，生成器需要维护内部状态，因此它们通常是通过调用另一个返回生成函数的函数来构造的（然后用返回生成器的函数的环境来跟踪状态）。

例如，以下 sequence_generator () 函数返回一个生成器函数，该函数产生无限个数字序列：

```
sequence_generator <- function(start) {
  value <- start - 1
  function() {
    value <<- value + 1
    value
  }
}
```

```
> gen <- sequence_generator(10)
> gen()
[1] 10
> gen()
[1] 11
```

生成器的当前状态是在函数外部定义的 value 变量。请注意，超赋值（<<-）用于从函数内部更新此状态。

生成器函数可以通过返回 NULL 值来表示完成。但传递给 Keras 训练方法 [如 fit_generator()] 的生成器函数应始终无限地返回值（对生成器函数的调用次数由 epochs 和 steps_per_epoch 参数控制）。

首先，将前面读取的 R 数据帧转换为浮点值矩阵（丢弃包含文本时间戳的第一列）。

代码清单 6.31　将数据转换为浮点矩阵

```
data <- data.matrix(data[,-1])
```

然后，通过减去每个时序的平均值并除以标准差来对数据进行预处理。你将使用前 20 万时间步长作为训练数据，因此仅在数据的这一小部分上计算标准化的平均值和标准差。

代码清单 6.32　标准化数据

```
train_data <- data[1:200000,]
```

```
mean <- apply(train_data, 2, mean)
std <- apply(train_data, 2, sd)
data <- scale(data, center = mean, scale = std)
```

代码清单 6.33 给出了要使用的数据生成器。它生成一个列表 (samples, targets)，其中 samples 是一组输入数据，targets 是对应的目标温度阵列。它采用以下参数：

- data：原始的浮点数据数组，在代码清单 6.32 中进行了标准化。
- lookback：输入数据应回溯多少时间步。
- delay：离目标还有多少时间步。
- min_index 和 max_index：data 数组中的索引，用于划分从哪个时间步提取数据。这对于保留数据段以进行验证和测试是非常有用的。
- shuffle：是否置乱样本或按时间顺序绘制。
- batch_size：每批样本的数量。
- step：采样数据的周期，以时间步为单位。将其设置为 6，以便每小时绘制一个数据点。

代码清单 6.33　生成器产生时序样本及其目标

```
generator <- function(data, lookback, delay, min_index, max_index,
                      shuffle = FALSE, batch_size = 128, step = 6) {
  if (is.null(max_index))
    max_index <- nrow(data) - delay - 1
  i <- min_index + lookback
  function() {
    if (shuffle) {
      rows <- sample(c((min_index+lookback):max_index), size =
batch_size)
    } else {
      if (i + batch_size >= max_index)
        i <<- min_index + lookback
      rows <- c(i:min(i+batch_size-1, max_index))
      i <<- i + length(rows)
    }

    samples <- array(0, dim = c(length(rows),
                                lookback / step,
                                dim(data)[[-1]]))
    targets <- array(0, dim = c(length(rows)))

    for (j in 1:length(rows)) {
      indices <- seq(rows[[j]] - lookback, rows[[j]]-1,
                     length.out = dim(samples)[[2]])
      samples[j,,] <- data[indices,]
      targets[[j]] <- data[rows[[j]] + delay,2]
    }
    list(samples, targets)
  }
}
```

i 变量包含跟踪要返回的下一个数据窗口的状态，因此它使用超赋值 [i<<-i+length(rows)] 更新。

现在，让我们使用抽象的 `generator` 函数实例化三个生成器：一个用于训练，一个用于验证，一个用于测试。每个都将查看原始数据的不同时间片段：训练生成器查看前 20 万的时间步长，验证生成器查看接下来的 10 万，测试生成器将查看其余部分。

代码清单 6.34　准备训练、验证和测试生成器

```r
library(keras)

lookback <- 1440
step <- 6
delay <- 144
batch_size <- 128

train_gen <- generator(
  data,
  lookback = lookback,
  delay = delay,
  min_index = 1,
  max_index = 200000,
  shuffle = TRUE,
  step = step,
  batch_size = batch_size
)

val_gen = generator(
  data,
  lookback = lookback,
  delay = delay,
  min_index = 200001,
  max_index = 300000,
  step = step,
  batch_size = batch_size
)

test_gen <- generator(
  data,
  lookback = lookback,
  delay = delay,
  min_index = 300001,
  max_index = NULL,
  step = step,
  batch_size = batch_size
)

val_steps <- (300000 - 200001 - lookback) / batch_size  ◁── 从val_gen中提取多少步才能查看整个验证集

test_steps <- (nrow(data) - 300001 - lookback) / batch_size  ◁── 从test_gen中提取多少步才能查看整个测试集
```

6.3.3　一个常识性的非机器学习基线

在你开始使用黑盒深度学习模型来解决温度预测问题之前，让我们尝试一个简单的、常识性的方法。它将用作完整性检查，并将建立一个你必须突破的基线，以证明更先进的机器学习模型的有用性。当你正在接近一个没有已知解决方案的新问题时，这种常识基线很有用。一个典型的例子是不平衡的分类任务——有些类比其他的类更常见。如果你的数据集包含 90% 的 A 类和 10% 的 B 类实例，那么对分类任务的常识性方法是，在呈现新示例时始终预测 "A"。这样的分类器总体上是 90% 准确的，因此任何基于学习的方法都应该击败这 90% 的分数，以证明有用性。有时候，这些基本的基线是难以逾越的。

在这种情况下，温度时序可以安全地假设为连续的（明天的温度可能接近今天的温度），并且是每天定时的。因此，常识性的方法是始终预测 24 小时以后的温度将等于现在的温度。让我们用平均绝对误差（MAE）指标来评估这个方法：

```
mean(abs(preds - targets))
```

这是评估循环。

代码清单 6.35　计算常识性基线 MAE

```
evaluate_naive_method <- function() {
  batch_maes <- c()
  for (step in 1:val_steps) {
    c(samples, targets) %<-% val_gen()
    preds <- samples[,dim(samples)[[2]],2]
    mae <- mean(abs(preds - targets))
    batch_maes <- c(batch_maes, mae)
  }
  print(mean(batch_maes))
}
evaluate_naive_method()
```

这产生一个 0.29 的 MAE。因为温度数据被标准化以 0 为中心，并且标准差为 1，所以无法立即解释这个数字。它意味着 MAE 为 0.29 × `temperature_std` 摄氏度：2.57℃。

代码清单 6.36　将 MAE 转换回摄氏误差

```
celsius_mae <- 0.29 * std[[2]]
```

这是一个相当大的 MAE。现在用你的深度学习知识做得更好。

6.3.4　一种基本的机器学习方法

与尝试机器学习方法之前建立一个常识性基线很有用相同，尝试简单的、廉价的机器学习模型（如小型的、稠密连接的网络）再研究复杂的和计算开销大的模型，（如 RNN）也是有用的。这确保了你在问题上进一步增加复杂性是合理的，并能够带来真正的好处。

下面的代码清单显示了一个完全连接的模型，它从压平数据开始，然后通过两个稠密层运行它。注意在最后一个稠密层上缺少激活函数，这是典型的回归问题。你用 MAE 作为损失。由于你对完全相同的数据进行评估，并且使用与常识方法完全相同的度量值，因此结果可以直接比较。

代码清单 6.37　对稠密连接模型的训练和评估

```
library(keras)

model <- keras_model_sequential() %>%
  layer_flatten(input_shape = c(lookback / step, dim(data)[-1])) %>%
  layer_dense(units = 32, activation = "relu") %>%
```

```
  layer_dense(units = 1)
model %>% compile(
  optimizer = optimizer_rmsprop(),
  loss = "mae"
)

history <- model %>% fit_generator(
  train_gen,
  steps_per_epoch = 500,
  epochs = 20,
  validation_data = val_gen,
  validation_steps = val_steps
)
```

让我们显示验证和训练的损失曲线（见图 6.16）。

代码清单 6.38　绘制结果

```
plot (history)
```

一些验证损失接近无学习基线，但不可靠。这表明了一开始拥有这一基线的好处：要想做得比常识性方法好是不容易的。你的常识包含机器学习模型无法获取的许多有价值的信息。

你可能会想，如果存在一个简单的、性能良好的模型，可以将数据转化为目标（常识性基线），那么你所训练的模型为什么不找到它并对其进行改进呢？因为这个简单的解决方案不是你的训练计划所需要的。你正在搜索解决方案的模型空间（即假设空间）是所有可能的两层网络与你定义的配置的空间。这些网络已经相当复杂了。当你在寻找一个复杂模型空间的解决方案时，简单、性能良好的基线可能是不可学习的，即使它在技术上是假设空间的一部分。这一般是机器学习一个相当重要的限制：除非学习算法是硬编码寻找特定类型的简单模型，参数学习有时可能无法找到简单问题的简单解决方案。

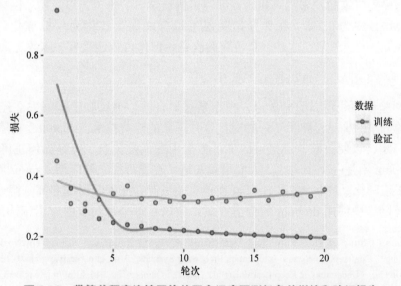

图 6.16　带简单稠密连接网络的耶拿温度预测任务的训练和验证损失

6.3.5 第一个循环基线

第一个完全连接的方法做得不好，但这并不意味着机器学习不适用于这个问题。以前的方法首先是降维时序，它从输入数据中移除时间概念。取而代之的是把数据看成是什么：一个序列，其中因果关系和顺序很重要。你将尝试一个循环序列处理模型——它应该是非常适用于这种序列数据，因为它利用了数据点的时间排序，与第一种方法不同。

代替上一节中介绍的 LSTM 层，你将使用 GRU 层（由 Chung 等人在 2014 年开发[⊖]）。门控循环装置（GRU）层工作使用与 LSTM 相同的原则，但它们在一定程度上是流线型的，因此运行成本更低 (尽管它们可能没有 LSTM 那么有代表性)。在机器学习中到处可见计算开销和表示能力之间的权衡。

代码清单 6.39   训练和评估使用 layer_gru 的模型

```
model <- keras_model_sequential() %>%
  layer_gru(units = 32, input_shape = list(NULL, dim(data)[[-1]])) %>%
  layer_dense(units = 1)

model %>% compile(
  optimizer = optimizer_rmsprop(),
  loss = "mae"
)

history <- model %>% fit_generator(
  train_gen,
  steps_per_epoch = 500,
  epochs = 20,
  validation_data = val_gen,
  validation_steps = val_steps
)
```

图 6.17 显示了结果。比之前的结果好多了！这种类型的任务中，你可以显著地超过常识性基线，与序列降维的稠密网络相比，证明了机器学习的价值，以及循环网络的优越性。

新验证 MAE 约为 0.265（在你开始明显过拟合之前）转化为反标准化后的 MAE 为 2.35℃。初始误差为 2.57℃，这是一个可观的收益，但你可能还是有一点改进的余地。

6.3.6 使用循环 dropout 来对抗过拟合

从训练和验证曲线可以明显看出，模型是过拟合的：训练和验证损失在经过几轮之后开始有很大的分歧。你已经熟悉了一种对抗这种现象的经典技术：dropout，它随机地将一层的输入单元归零，以便打破该层接触的训练数据中的偶发关联。但是如何正确地在循环网络中应用 dropout 不是一个小问题。人们早就知道，在循环层之前应用 dropout 阻碍了学习，而不是有助于正则化。2015 年，Yarin Gal 在他有关贝叶斯深度学习的那部分博士论文[⊖] 中，确定了在循环网络中使用 dropout 的合适方式：应该在每个时间步中应用相同的 dropout 掩

⊖   Junyoung Chung et al., "Empirical Evaluation of Gated Recurrent Neural Networkson Sequence Modeling," Conference on Neural Information Processing Systems(2014), http://arxiv.org/abs/1412.3555.

⊖   见 Yarin Gal, "Uncertainty in Reep Learning (PhD Thesis)," October 13, 2016, http://mlg.eng.cam.ac.uk/yarin/blog-2248.html.

码（被丢弃单元的模式相同），而不能让 dropout 掩码在各时间步之间随机变化。还有，为了使 layer_gru 和 layer_lstm 等层的循环门形成的表示正则化，在层的内部周期性激活时应使用暂时恒定的 dropout 掩码（一个**重复**的 dropout 掩码）。在每个时间步使用相同的 dropout 掩码，可以使网络在时间中正确传播其学习错误；一个暂时的随机 dropout 掩码会扰乱这个错误信号，对学习过程有害。

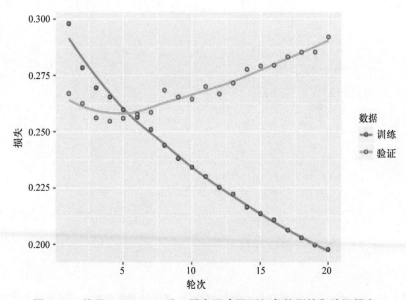

图 6.17　使用 layer_gru 后，耶拿温度预测任务的训练和验证损失

　　Yarin Gal 的研究使用了 Keras，并帮助将这种个机制直接构建到 Keras 的循环层。Keras 中的每一个循环层都有两个与 dropout 有关的参数：dropout，是一个浮点数，指定层的输入单元的丢弃率；recurrent_dropout，指定循环单元的丢弃率。让我们增加丢弃和循环丢弃到 layer_gru，看看如何影响过拟合。因为网络被 dropout 正则化，总是需要更长的时间才能完全收敛，所以你训练网络需要之前两倍的轮数。

代码清单 6.40　基于 GRU 的 dropout 正则化模型的训练与评价

```
model <- keras_model_sequential() %>%
  layer_gru(units = 32, dropout = 0.2, recurrent_dropout = 0.2,
            input_shape = list(NULL, dim(data)[[-1]])) %>%
  layer_dense(units = 1)

model %>% compile(
  optimizer = optimizer_rmsprop(),
  loss = "mae"
)

history <- model %>% fit_generator(
  train_gen,
```

```
steps_per_epoch = 500,
epochs = 40,
validation_data = val_gen,
validation_steps = val_steps
)
```

　　图 6.18 显示了结果。是成功的！在前 20 轮里，你不再过拟合。但是，虽然你有更稳定的评价分数，你的最佳成绩并不比以前低多少。

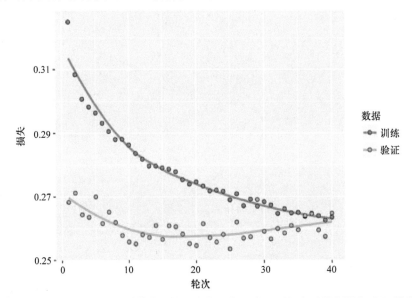

图 6.18　用 dropout 正则化的 GRU 处理耶拿温度预测任务时的训练和验证损失

6.3.7　堆叠循环层

　　网络不再过拟合，但似乎遇到了性能瓶颈，因此应考虑提高网络容量。回想一下通用机器学习工作流的描述：在过拟合成为主要障碍之前，增加网络容量通常是个好主意（假设你已经采取了减轻过拟合的基本步骤，例如使用 dropout）。只要过拟合不太严重，网络容量应该还可以增加。

　　增加网络容量通常是通过增加层中的单元数量或添加更多层来完成的。循环层堆叠是建立更强大的循环网络的经典方法：例如，目前支持谷歌翻译算法的是一个由 7 个大型 LSTM 层组成的堆栈，这是非常大的。

　　要在 Keras 中将循环层堆叠在一起，所有中间层都应返回其完整的输出序列（三维张量），而不是最后一个时间步的输出。这是通过指定 return_sequences=TRUE 来完成的。

　　图 6.19 显示了结果。你可以看到，添加的层确实改善了一些结果，虽然不是很明显。你可以得出两个结论：

　　● 因为你仍然没有过拟合太严重，所以你可以安全地增加你的层数，以寻求验证损失改进。不过，这是一个不可忽略的计算成本。

● 添加一个层并没有获得显著成效，因此你可能会发现随着网络容量的增加，收益在
递减。

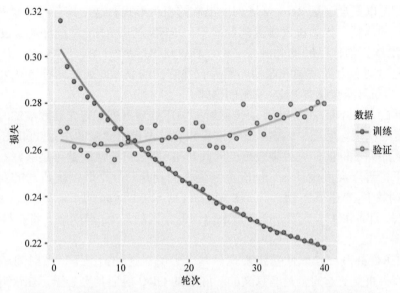

图 6.19 带堆叠的 GRU 网络的耶拿温度预测任务的训练和验证损失

代码清单 6.41 训练和评估 dropout 正则化的堆叠 GRU 模型

```
model <- keras_model_sequential() %>%
  layer_gru(units = 32,
            dropout = 0.1,
            recurrent_dropout = 0.5,
            return_sequences = TRUE,
            input_shape = list(NULL, dim(data)[[-1]])) %>%
  layer_gru(units = 64, activation = "relu",
            dropout = 0.1,
            recurrent_dropout = 0.5) %>%
  layer_dense(units = 1)

model %>% compile(
  optimizer = optimizer_rmsprop(),
  loss = "mae"
)

history <- model %>% fit_generator(
  train_gen,
  steps_per_epoch = 500,
  epochs = 40,
  validation_data = val_gen,
  validation_steps = val_steps
)
```

6.3.8 使用双向循环神经网络

本节介绍的最后一项技术称为**双向 RNN**。双向 RNN 是一种常见的 RNN 变体，它可以
比常规 RNN 在某些任务上提供更好的性能。它经常用于自然语言处理——你可以把它称为

"瑞士军刀"，用于自然语言处理的深度学习。

RNN 明显依赖于顺序或时间：它们按顺序处理它们的输入序列的时间步，对时间步进行置乱或反转可以完全改变 RNN 从序列中提取的表示形式。这正是它们在顺序有意义的问题上表现良好的原因，比如温度预测问题。双向 RNN 利用 RNN 的顺序灵敏度：它包括使用两个常规 RNN，如你已经熟悉的 layer_gru 和 layer_lstm，每一个 RNN 在一个方向（时间和反时间）上处理输入序列，然后合并它们的表示。通过两种方式处理序列，双向 RNN 可以捕获可能被单向 RNN 忽略的模式。

值得注意的是，本节中的 RNN 层按照时间顺序处理序列（首先是较早的时间步骤）可能是一个随意的决定。但至少，这是我们迄今没有试图提出质疑的决定。如果 RNN 按照逆时序处理输入序列（例如，先处理较新的时间步），那么它的性能是否足够好？让我们在实践中尝试一下，看看会发生什么。所有你需要做的就是写一个数据生成器的变体，其中输入序列是沿时间维度还原 [用 list(samples[,ncol(samples):1,],targets) 替换最后一行]。训练你在本节第一个实验中使用的相同的 GRU 层网络，将获得图 6.20 所示的结果。

逆序的 GRU 甚至比常识性基线表现更差，表明在这种情况下，按时间顺序处理对你的方法的成功很重要。这完全是有意义的：底层的 GRU 层通常更善于记住最近的过去而不是遥远的过去，自然地，对于这个问题，最近的天气数据点比以前的数据点更具有预测性（这就是为什么常识性基线相当强大的原因）。因此，该层的按顺序的版本势必优于逆序版本。重要的是，这并不适用于其他许多问题，包括自然语言：直观地说，一个单词在理解一个句子中的重要性通常不取决于它在句子中的位置。让我们在 6.2 节的 LSTM IMDB 示例中使用相同的技巧。

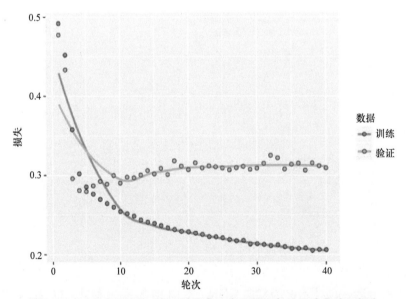

图 6.20 以逆序训练的 GRU 对耶拿温度预测任务的训练和验证损失

代码清单 6.42　用逆序训练和评估 LSTM

```
library(keras)

max_features <- 10000
maxlen <- 500

imdb <- dataset_imdb(num_words = max_features)
c(c(x_train, y_train), c(x_test, y_test)) %<-% imdb

x_train <- lapply(x_train, rev)
x_test <- lapply(x_test, rev)

x_train <- pad_sequences(x_train, maxlen = maxlen)
x_test <- pad_sequences(x_test, maxlen = maxlen)
model <- keras_model_sequential() %>%
  layer_embedding(input_dim = max_features, output_dim = 128) %>%
  layer_lstm(units = 32) %>%
  layer_dense(units = 1, activation = "sigmoid")

model %>% compile(
  optimizer = "rmsprop",
  loss = "binary_crossentropy",
  metrics = c("acc")
)

history <- model %>% fit(
  x_train, y_train,
  epochs = 10,
  batch_size = 128,
  validation_split = 0.2
)
```

考虑作为特征的单词数

(从max_features最常见单词中)删去这个数目的单词之后的文本

← 反转序列

← 填充序列

　　你得到的性能几乎与按时间顺序排列的 LSTM 相同。值得注意的是，在这样的文本数据集上，逆序处理工作和顺序处理一样有效，证实了这样一个假设：虽然词序对理解语言很重要，但是使用哪种顺序并不重要。重要的是，在逆序上训练的 RNN 将会学习到不同于在原始序列上训练的 RNN，就像在现实世界中时间倒流时你会有不同的思维模式一样，如果时间倒流出现在现实世界——你过着这样的生活，第一天死去，最后一天出生。在机器学习中，**不同但有用**的表示法总是值得开发的，它们的差异越大，就越好：它们提供了新的角度来查看数据，捕获了被其他方法遗漏的数据方面，因此它们可以帮助提高任务的性能。这是**集成**背后的直觉，我们将在第 7 章探讨这个概念。

　　双向 RNN 利用这一思想提高时间顺序 RNN 的性能。它以两种方式查看它的输入序列（见图 6.21），获得潜在的更丰富的表示并捕获仅按时间顺序的版本可能遗漏的模式。

　　为了在 Keras 中实例化双向 RNN，你可以使用 bidirectional() 函数，它将循环层实例作为参数。bidirectional() 函数创建此循环层的第二个独立实例，并使用一个实例按时间顺序处理输入序列，另一个实例按逆序处理输入序列。让我们在 IMDB 情感分析任务中尝试一下。

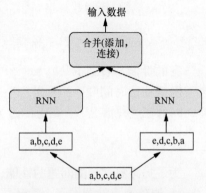

图 6.21　双向 RNN 层是如何工作的

代码清单 6.43　双向 LSTM 的训练与评价

```
model <- keras_model_sequential() %>%
  layer_embedding(input_dim = max_features, output_dim = 32) %>%
  bidirectional(
    layer_lstm(units = 32)
  ) %>%
  layer_dense(units = 1, activation = "sigmoid")

model %>% compile(
  optimizer = "rmsprop",
  loss = "binary_crossentropy",
  metrics = c("acc")
)

history <- model %>% fit(
  x_train, y_train,
  epochs = 10,
  batch_size = 128,
  validation_split = 0.2
)
```

它的性能略优于你在上一节中尝试过的常规 LSTM，达到了 89% 以上的验证准确率。它似乎也更快过拟合，这是不足为奇的，让我们在 IMDB 情感分析任务中尝试一下。通过一些正则化，双向方法可能会在这项任务中发挥强大的作用。

现在，让我们在温度预测任务上尝试同样的方法。

代码清单 6.44　训练双向 GRU

```
model <- keras_model_sequential() %>%
  bidirectional(
    layer_gru(units = 32), input_shape = list(NULL, dim(data)[[-1]])
  ) %>%
  layer_dense(units = 1)

model %>% compile(
  optimizer = optimizer_rmsprop(),
  loss = "mae"
)

history <- model %>% fit_generator(
  train_gen,
  steps_per_epoch = 500,
  epochs = 40,
  validation_data = val_gen,
  validation_steps = val_steps
)
```

它的性能与普通的 layer_gru 差不多。原因很容易理解：所有的预测能力都必须来自于网络的按时间顺序排列的那一半，因为逆时序的那一半在这项任务中性能非常差（同样，因为在这种情况下，最近的过去比遥远的过去重要得多）。

6.3.9　更进一步

为了提高温度预测问题的性能，你还可以尝试许多其他方法：

● 调整堆叠设置中每个循环层中的单元数。目前的选择基本上是任意的，因而可能是次优的。

- 调整 RMSprop 优化器使用的学习率。
- 尝试使用 layer_gru 代替 layer_lstm。
- 尝试在回归层顶部使用一个更大的稠密连接，也就是说，一个更大的稠密层，甚至是一堆稠密层。
- 不要忘记最终在测试集中运行性能最好的模型（就验证 MAE 而言）！否则，你将开发与验证集过度匹配的体系结构。

像以前说的那样，深度学习更多的是一门艺术而不是科学。我们可以提供指导方针，建议在一个给定的问题上什么可能起作用，什么可能不起作用，但是，最终，每个问题都是独一无二的；你必须根据经验来评估不同的策略。目前还没有一种理论可以预先告诉你应该怎样做才能最佳地解决问题，必须尝试。

6.3.10　小结

以下是你应该从本节中获得的内容：

- 正如你在第 4 章中所学到的，在处理一个新问题时，最好先为你的选择建立一个常识性基线。如果你没有基线，你就无法判断自己是否取得了真正的进步。
- 在昂贵的模型之前先尝试简单的模型，以证明额外的花费是合理的。有时候一个简单的模型会是你最好的选择。
- 当你有时间排序很重要的数据时，循环网络是非常适合的，并且很容易胜过那些首先使时间数据降维的模型。
- 要将 dropout 与循环网络一起使用，使用时间常数 dropout 掩码和循环 dropout 掩码。这些都被内置到 Keras 的循环层中，所以你所要做的就是使用循环层的 dropout 和 recurrent_dropout 参数。
- 堆叠 RNN 比单一的 RNN 提供更多的表征能力。它们也昂贵得多，因此并不总是值得的。尽管它们在复杂问题（如机器翻译）上提供了明显的收益，但它们可能并不总是与更小、更简单的问题相关。
- 双向 RNN 以两种方式观察序列，在自然语言处理问题上非常有用。但它们在序列数据上表现不佳，因为在序列数据中，最近的过去比序列的开始提供的信息多得多。

注意：这里有两个重要的概念，我们不会在这里详细介绍：循环注意力和序列掩膜。这两种方法都与自然语言处理特别相关，但并不特别适用于温度预测问题。我们将把它们留在本书之外，以供将来研究。

市场与机器学习

一些读者肯定希望使用我们在这里介绍的技术，并在股票市场（或货币汇率等）上预测证券的未来价格的问题上尝试这些技术。与天气模式等自然现象相比，市场具有非常不同的统计特征。当你只能访问公开数据时，试图用机器学习来击败市场是一项困难的工作，你很可能浪费时间和资源，却没有收获任何效果。

　　永远记住，当谈到市场时，过去的实绩并不能很好地预测未来的回报——从"后视镜"里看过去是不好的驾驶方式。另一方面，机器学习适用于过去可以很好预测未来的数据集。

6.4　使用卷积神经网络进行序列处理

　　在第 5 章中，你了解了卷积神经网络以及它们如何在计算机视觉问题上表现得特别好，因为它们能够进行**卷积**操作、从本地输入块中提取特征，并支持表示模块性和数据效率。和卷积神经网络的**性质**是一样的擅长计算机视觉也使它们与序列处理高度相关。时间可以看作是一个空间维度，比如二维图像的高度或宽度。

　　这种一维卷积神经网络在某些序列处理问题上可以与 RNN 媲美，其计算成本通常要低得多。最近，一维卷积神经网络在音频生成和机器翻译方面取得了巨大的成功。除了这些具体的成功之外，人们早就知道小型一维卷积网络可以为简单任务（如文本分类和时间序列预测）提供 RNN 的快速替代方案。

6.4.1　了解序列数据的一维卷积

　　前面介绍的卷积层是二维卷积，从图像张量中提取二维块，并对每个块进行相同的变换。同样，你可以使用一维卷积，从序列中提取本地一维矩阵（子序列）（见图 6.22）。

　　这样一维卷积层可以识别序列中的局部模式。因为在每个块上都执行相同的输入转换，所以在句子中某一位置学习到的模式之后可以在不同的位置识别，使得一维卷积变换平移不变（用于实时翻译）。例如，使用大小为 5 的卷积窗口的一维卷积字符序列应该能够学习长度为 5 或 5 以下的单词或片段，并且能够在输入序列的任何上下文中识别这些单词。因此，一个字符级的一维卷积能够学习词法。

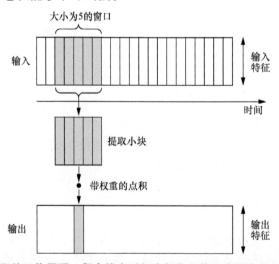

图 6.22　一维卷积的工作原理：每个输出时间步都是从输入序列中的一个时域块获得的

6.4.2　序列数据的一维池化

你已经熟悉二维池化操作，如二维平均池化和最大池化，在卷积网络中用于空间下采样图像张量。二维池化操作具有一维池化的等效性：从输入中提取一维矩阵（子序列）并输出最大值（最大池化）或平均值（平均池化）。就像二维卷积网络，这是用来减少一维输入（下采样）的长度。

6.4.3　实现一维卷积网络

在 Keras 中，通过 layer_conv_1d 函数使用一维卷积网络，该函数具有类似于 layer_conv_2d 的接口。它以三维张量 (samples,time,features) 作为输入，并返回相似的三维张量。卷积窗口是时间轴上的一维窗口：输入张量中的第二轴。

让我们构建一个简单的两层一维卷积网络，并将其应用于你熟悉的 IMDB 感知分类任务中。提醒一下，这是获取和预处理数据的代码。

代码清单 6.45　准备 IMDB 数据

```
library(keras)

max_features <- 10000
max_len <- 500

cat("Loading data...\n")
imdb <- dataset_imdb(num_words = max_features)
c(c(x_train, y_train), c(x_test, y_test)) %<-% imdb
cat(length(x_train), "train sequences\n")
cat(length(x_test), "test sequences")
cat("Pad sequences (samples x time)\n")
x_train <- pad_sequences(x_train, maxlen = max_len)
x_test <- pad_sequences(x_test, maxlen = max_len)
cat("x_train shape:", dim(x_train), "\n")
cat("x_test shape:", dim(x_test), "\n")
```

一维卷积网络的结构与二维对应，你在第 5 章中使用过：它们包括一堆 layer_conv_1d 和 layer_max_pooling_1d，在全局池层或 layer_flatten 中结束，使三维输出到二维输出，允许你向模型中添加一个或多个稠密层以进行分类或回归。

不过，一个不同之处在于，使用一维卷积网络时，可以使用更大的卷积窗口。使用二维卷积层，一个 3×3 卷积窗口包含 3×3 = 9 个特征向量；但是对于一维卷积层，大小为 3 的卷积窗口只包含 3 个特征向量。因此，你可以轻松地使用大小为 7 或 9 的一维卷积窗口。

这是 IMDB 数据集的一维卷积网络的示例。

代码清单 6.46　在 IMDB 数据上训练和评估一个简单的一维卷积网络

```
model <- keras_model_sequential() %>%
  layer_embedding(input_dim = max_features, output_dim = 128,
                  input_length = max_len) %>%
  layer_conv_1d(filters = 32, kernel_size = 7, activation = "relu") %>%
  layer_max_pooling_1d(pool_size = 5) %>%
  layer_conv_1d(filters = 32, kernel_size = 7, activation = "relu") %>%
```

```
    layer_global_max_pooling_1d() %>%
    layer_dense(units = 1)

summary(model)

model %>% compile(
    optimizer = optimizer_rmsprop(lr = 1e-4),
    loss = "binary_crossentropy",
    metrics = c("acc")
)

history <- model %>% fit(
    x_train, y_train,
    epochs = 10,
    batch_size = 128,
    validation_split = 0.2
)
```

图 6.23 显示了训练和验证结果。验证准确率略小于 LSTM，但是 CPU 和 GPU 上的运行速度都更快（速度的提高幅度会根据你的实际配置而有很大差异）。此时，你可以对此模型进行重新训练，以确定正确的轮数（8），并在测试集上运行它。这是一个令人信服的证明，一维卷积网络可以提供一个快速、廉价的替代循环网络，用于单词级上的情感分类任务。

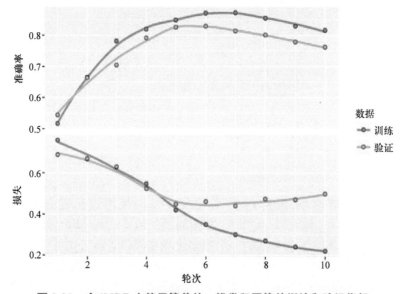

图 6.23　在 IMDB 上使用简单的一维卷积网络的训练和验证指标

6.4.4　结合卷积神经网络和循环神经网络处理长序列

因为一维卷积网络独立处理输入矩阵，所以它们对时间步（超出局部尺度，即卷积窗口的大小）的顺序不敏感，这与 RNN 不同。当然，要识别较长期的模式，你可以将许多卷积层和池化层堆叠起来，从而在上层看到原始输入的长块——但这仍然是诱导顺序敏感性的一种相当弱的方法。证明这种弱点的一种方法是在温度预测问题上尝试一维卷积网络，在这个问题上，顺序敏感性是产生良好预测的关键。下面的示例重用这些先前定义的变量：float_data、train_gen、val_gen 和 val_steps。

代码清单 6.47　对耶拿数据进行简单的一维卷积网络的训练和评估

```
model <- keras_model_sequential() %>%
  layer_conv_1d(filters = 32, kernel_size = 5, activation = "relu",
               input_shape = list(NULL, dim(data)[[-1]])) %>%
  layer_max_pooling_1d(pool_size = 3) %>%
  layer_conv_1d(filters = 32, kernel_size = 5, activation = "relu") %>%
  layer_max_pooling_1d(pool_size = 3) %>%
  layer_conv_1d(filters = 32, kernel_size = 5, activation = "relu") %>%
  layer_global_max_pooling_1d() %>%
  layer_dense(units = 1)

model %>% compile(
  optimizer = optimizer_rmsprop(),
  loss = "mae"
)

history <- model %>% fit_generator(
  train_gen,
  steps_per_epoch = 500,
  epochs = 20,
  validation_data = val_gen,
  validation_steps = val_steps
)
```

图 6.24 显示了训练和验证的 MAE。

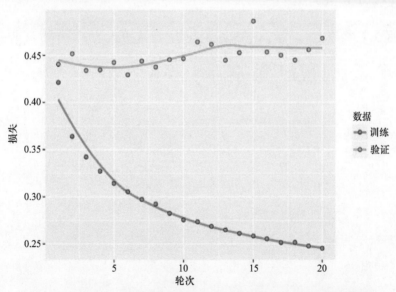

图 6.24　带简单一维卷积网络的耶拿温度预测任务的训练和验证损失

验证 MAE 停留在 0.40：使用小型卷积网络甚至不能超越常识性基线。同样，这是因为卷积网络在输入时序中查找任何位置的模式，并且不了解它所看到的模式的时间定位（朝向开头、朝向结尾等）。由于最近的数据点应该与更早的数据点的解释不同，因此在这个特定的预测问题上，卷积网络无法产生有意义的结果。卷积网络的这种局限性不是 IMDB

数据的问题，因为与积极或消极情绪相关的关键字的模式可以提供有用的信息，而与它们在输入语句中的位置无关。

　　将卷积网络的速度和亮度与 RNN 的顺序灵敏度结合起来的一种策略是，在 RNN 之前使用一个一维卷积网络作为预处理步骤（见图 6.25）。当你处理的序列太长，实际上不能用 RNN 处理，例如具有数千步的序列时，这一策略特别有用。卷积网络将长输入序列转换为更高级特性的更短的（下采样）序列。这个提取的特征序列随后成为网络 RNN 部分的输入。

　　这项技术在学术论文和实际应用中往往并不常见，可能是因为它不为人所知。它是有效的，应该更常见。让我们在温度预测数据集上进行尝试。由于此策略允许你操作更长的序列，你可以从较长的时间内查看数据（通过增加数据生成器的 `lookback` 参数）或查看高分辨率的时序（通过减小生成器的 `step` 参数）。在这里，你可以任意选择使用一半的步长，从而导致时序的长度是原来的两倍，而温度数据的采样率是每 30 分钟 1 点。该示例重用前面定义的 `generator` 函数。

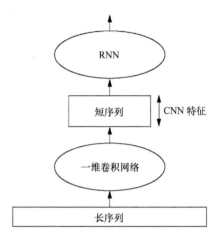

图 6.25　结合一维卷积网络和 RNN 处理长序列

代码清单 6.48　为耶拿数据集准备更高分辨率的数据生成器

```
step <- 3            ◁──────┐   先前设置为6(每小时1个点)；
lookback <- 720             │   现在是3(每30分钟1个点)
delay <- 144

train_gen <- generator(
  data,
  lookback = lookback,
  delay = delay,
  min_index = 1,
  max_index = 200000,
  shuffle = TRUE,
  step = step
)

val_gen <- generator(
  data,
  lookback = lookback,
  delay = delay,
  min_index = 200001,
  max_index = 300000,
  step = step
)

test_gen <- generator(
  data,
  lookback = lookback,
  delay = delay,
```

```
  min_index = 300001,
  max_index = NULL,
  step = step
)

val_steps <- (300000 - 200001 - lookback) / 128
test_steps <- (nrow(data) - 300001 - lookback) / 128
```

　　这就是我们的模型，首先是两个 `layer_conv_1d`，然后是一个 `layer_ru`。图 6.26
显示了结果。

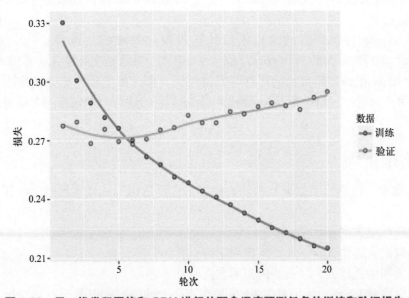

图 6.26　用一维卷积网络和 GRU 进行的耶拿温度预测任务的训练和验证损失

代码清单 6.49　结合一维卷积基和 GRU 层的模

```
model <- keras_model_sequential() %>%
  layer_conv_1d(filters = 32, kernel_size = 5, activation = "relu",
                input_shape = list(NULL, dim(data)[[-1]])) %>%
  layer_max_pooling_1d(pool_size = 3) %>%
  layer_conv_1d(filters = 32, kernel_size = 5, activation = "relu") %>%
  layer_gru(units = 32, dropout = 0.1, recurrent_dropout = 0.5) %>%
  layer_dense(units = 1)

summary(model)

model %>% compile(
  optimizer = optimizer_rmsprop(),
  loss = "mae"
)

history <- model %>% fit_generator(
  train_gen,
  steps_per_epoch = 500,
  epochs = 20,
  validation_data = val_gen,
  validation_steps = val_steps
)
```

从验证损失来看，这个设置并不像正则化 GRU 那样好，但它的速度要快很多。它所查看的数据变成了两倍，在这种情况下，这似乎不是很有帮助，但可能对其他数据集很重要。

6.4.5 小结

以下是你应该从本节中学到的内容：

● 就像二维卷积网络在二维空间中处理视觉模式时表现出色一样，一维卷积网络在处理时间模式方面表现良好。在某些问题上，它们提供了比 RNN 更高效的替代方案，特别是自然语言处理任务。

● 通常，一维卷积网络的结构很像计算机视觉领域的二维等价物：它们由一堆 `layer_conv_1d` 和 `layer_max_pooling_1d` 组成，最后是全局池化操作或者降维操作。

● 因为 RNN 在处理非常长的序列时开销巨大，而一维卷积网络开销很小，所以将一维卷积网络用作 RNN 之前的预处理步骤是一个好主意，这可以缩短序列并提取有用的表示供 RNN 处理。

6.5 本章小结

● 在本章中，你学习了以下技术，这些技术广泛适用于从文本到时序的任何序列数据集：

- 如何标记文本；
- 单词嵌入是什么，以及如何使用它们；
- 循环网络是什么，以及如何使用它们；
- 如何堆叠 RNN 和使用双向 RNN 构建更强大的序列处理模型；
- 如何使用一维卷积网络处理序列；
- 如何组合一维卷积网络和 RNN 处理长序列。

● 你可以将 RNN 用于时序回归（"预测未来"）、时序分类、时序中的异常检测和序列标记（如识别句子中的名称或日期）。

● 同样，你也可以将一维卷积网络应用到机器翻译（序列 - 序列卷积模型，如 SliceNet）[①]、文档分类和拼写更正。

● 如果**全局顺序**在序列数据中很重要，那么最好使用循环网络处理它。这是时序的典型情况，在这里，最近的过去可能比遥远的过去提供的信息更多。

● 如果**全局顺序没有根本意义**，那么一维卷积网络也能正常工作，而且开销更小。文本数据通常是这样的，在句子的开头找到的关键字与末尾找到的关键字一样有意义。

---

① https://arxiv.org/abs/1706.03059.

第 *7* 章
高级深度学习的最佳实践

本章探讨了一些强大的工具，将使你更接近开发针对难题的最先进的模型。使用 Keras 函数 API，你可以构建图形化的模型，在不同的输入之间共享一个层，并像使用 R 函数一样使用 Keras 模型。Keras 回调和基于 TensorBoard 浏览器的可视化工具可以让你在训练过程中监控模型。我们还将讨论其他几种最佳实践，包括批次标准化、残差连接、超参数优化和模型集成。

7.1 超越顺序模型：Keras 函数 API

到目前为止，本书中引入的所有神经网络都是使用顺序模型 (`keras_model_sequential`) 实现的。顺序模型假定网络恰好有一个输入和一个输出，并且它由一组线性层组成（见图 7.1）。

这是一个普遍的经过验证的假设；这种配置非常常见，以至于到目前为止，我们只使用 `keras_model_sequential` 就能涵盖这些页面中的许多主题和实际应用程序。但这套假设在许多情况下过于僵化。有些网络需要几个独立的输入，另一些则需要多个输出，有些网络在层之间有内部分支，使它们看起来像层的**图**，而不是一组线性层。

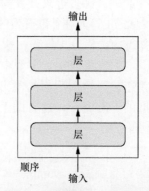

图 7.1 顺序模型：一组线性层

　　例如，某些任务需要**多模态**输入：它们合并来自不同输入源的数据，使用不同类型的神经层分别处理每种数据。想象一下，一个深度学习模型试图预测二手服装的最可能的市场价格，使用以下输入：用户提供的元数据（如商品的品牌、年龄等），用户提供的文本说明和商品的图片。如果只有可用的元数据，则可以对其进行独热编码，并使用稠密连接的网络来预测价格；如果只有文本说明可用，则可以使用 RNN 或一维卷积网络；如果只有图片，则可以使用二维卷积网络。但是，如何同时使用这三种方法呢？一个初级的方法是训练三个独立的模型，然后对它们的预测进行加权平均。但这可能不是最优的，因为模型提取的信息可能是冗余的。更好的方法是通过使用一个可以同时查看所有可用输入模式的模型来共同学习一个更精确的数据模型：一个具有三个输入分支的模型（见图 7.2）。

　　类似地，有些任务需要预测输入数据的多个目标属性。给定一篇小说或短故事的文本，你可能想要自动按照类型（比如爱情片或惊悚片）来分类，但也可以预测它的创作日期。当然，你可以训练两种不同的模型：一种是针对特定类型，另一种是针对特定日期。但由于这些属性在统计上不是独立的，你可以通过学习同时预测类型和日期来建立一个更好的模型。这样的联合模型将有两个输出，即头（见图 7.3）。由于类型和日期之间的关系，知道小说的日期将有助于模型学习小说类型空间的丰富、准确的表示，反之亦然。

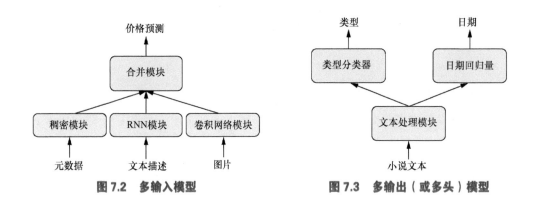

图 7.2　多输入模型　　　　　　　　　　图 7.3　多输出（或多头）模型

　　此外，许多近来开发的神经结构需要非线性网络拓扑：结构网络为有向无环图。例如，由 Szegedy 等人在谷歌开发的最初网络系列[⊖]，依赖于**最初的模块**，在这个模块中，输入由几个并行的卷积分支处理，这些分支的输出随后被合并为单个张量（见图 7.4）。还有最近的趋势，增加**残差连接**到模型中，这一趋势始于 ResNet 网络系列（由 He 等人在微软开发）[⊖]。残差连接通过向后面的输出张量添加过去的输出张量（见图 7.5），将以前的表示重新注入数据的下游流中，这有助于防止数据处理流中的信息丢失。还有许多其他类似图形的网络的例子。

　　⊖　Christian Szegedy et al., "Going Deeper with Convolutions," Conference on Computer Vision and Pattern Recognition (2014), https://arxiv.org/abs/1409.4842.）

　　⊖　Kaiming He et al., "Deep Residual Learning for Image Recognition," Conference on Computer Vision and Pattern Recognition (2015), https://arxiv.org/abs/1512.03385.

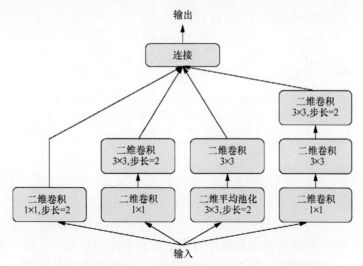

图 7.4 初始化模块：具有多个平行卷积分支的层的子图

在用 `keras_model_sequential` 定义模型时，这三个重要用例（多输入模型、多输出模型和类图模型）是不可能的。但还有另一种更为通用和灵活的使用 Keras 的方法：函数 API。本节详细说明了它是什么，它可以做什么，以及如何使用它。

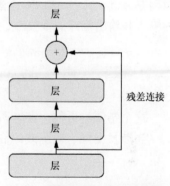

图 7.5 残差连接：通过添加特征图向下游重新注入先验信息

7.1.1 函数 API 简介

在函数 API 中，可以生成输入和输出层，然后将它们传递到 `keras_model` 函数。这个模型可以训练像 Keras 的顺序模型。

让我们从一个最小的例子开始，同时展示一个简单的顺序模型及其在函数 API 中的等价模型：

```
library(keras)

seq_model <- keras_model_sequential() %>%          你们已经了解
  layer_dense(units = 32, activation = "relu", input_shape = c(64)) %>%   的顺序模型
  layer_dense(units = 32, activation = "relu") %>%
  layer_dense(units = 10, activation = "softmax")

input_tensor <- layer_input(shape = c(64))         函数API中的等价模型
output_tensor <- input_tensor %>%
  layer_dense(units = 32, activation = "relu") %>%
  layer_dense(units = 32, activation = "relu") %>%
  layer_dense(units = 10, activation = "softmax")

model <- keras_model(input_tensor, output_tensor)
                                                   函数将输入张量和
summary(model)          我们看看这个结果           输出张量转换为模型
```

这是调用了 `summary(model)` 的显示：

```
Layer (type)                      Output Shape              Param #
================================================================
input_1 (InputLayer)              (None, 64)                0

dense_1 (Dense)                   (None, 32)                2080

dense_2 (Dense)                   (None, 32)                1056

dense_3 (Dense)                   (None, 10)                330
================================================================
Total params: 3,466
Trainable params: 3,466
Non-trainable params: 0
```

在这一点上，唯一可能看起来有点不可思议的部分是只传递一个输入张量和一个输出张量到 `keras_model` 函数。在幕后，Keras 检索从 `input_tensor` 到 `output_tensor` 所涉及的每一层，将它们合并到一个图形化的数据结构（即模型）中。当然，它起作用的原因是 `output_tensor` 是通过反复变换 `input_tensor` 获得的。如果你试图从不相关的输入和输出构建一个模型，则会出现错误：

```
> unrelated_input <- layer_input(shape = c(64))
> bad_model <- keras_model(unrelated_input, output_tensor)
RuntimeError: Graph disconnected: cannot obtain value for tensor
Tensor("input_1:0", shape=(?, 64), dtype=float32) at layer "input_1".
```

这个错误告诉你，在本质上，Keras 无法从提供的输出张量到达 `input_1`。

当涉及编译、训练或评估以这种方式构建的模型时，API 与顺序模型相同：

```
model %>% compile(          ←——— 编译模型
  optimizer = "rmsprop",
  loss = "categorical_crossentropy"
)
                                                    生成要训练
                                                    的虚拟数据
x_train <- array(runif(1000 * 64), dim = c(1000, 64))  ←
y_train <- array(runif(1000 * 10), dim = c(1000, 10))

model %>% fit(x_train, y_train, epochs = 10, batch_size = 128)  ←
                                                    对模型进行
model %>% evaluate(x_train, y_train)  ←             10轮训练

                                 评估模型
```

7.1.2 多输入模型

函数 API 可用于生成具有多个输入的模型。通常情况下，这样的模型在某种程度上使用一个可以组合多个张量的层合并它们的不同输入分支：通过添加它们、串联它们等。这通常是通过 Keras 合并操作（如 `layer_add`、`layer_concatenate` 等）完成的。让我们来看一个非常简单的多输入模型的例子：一个问答模型。

一个典型的问答模型有两个输入：一个自然语言问题和一个文本片段（如新闻文

章）——提供用于回答问题的信息。然后，模型必须生成一个答案：在最简单的设置中，这是通过 softmax 在一些重新定义的词汇表上获得的一个单词的答案（见图 7.6）。

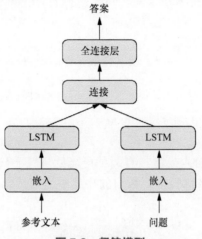

图 7.6 问答模型

下面是一个示例，说明如何使用函数来构建这样的函数 API。建立了两个独立的分支，将文本输入和问题输入编码为表示向量；然后，将这些向量连接起来；最后，在连接表示的顶部添加一个 softmax 分类器。

代码清单 7.1 双输入问答模型的函数 API 的实现

将输入嵌入大小为64的向量序列中

文本输入是一个长度可变的整数
序列。注意，你可以对输入命名

该题(具有不同的层实例)同一过程

```
library(keras)

text_vocabulary_size <- 10000
ques_vocabulary_size <- 10000
answer_vocabulary_size <- 500

text_input <- layer_input(shape = list(NULL),
                          dtype = "int32", name = "text")

encoded_text <- text_input %>%
  layer_embedding(input_dim = text_vocabulary_size+1, output_dim = 32) %>%
  layer_lstm(units = 32)

question_input <- layer_input(shape = list(NULL),
                              dtype = "int32", name = "question")

encoded_question <- question_input %>%
  layer_embedding(input_dim = ques_vocabulary_size+1, output_dim =16) %>%
  layer_lstm(units = 16)
```

通过LSTM对单个向量进行编码

```
      concatenated <- layer_concatenate(list(encoded_text, encoded_question))

      answer <- concatenated %>%
        layer_dense(units = answer_vocabulary_size, activation = "softmax")
```

连接已编码的问题
和已编码的文本

在顶部添加一个
softmax分类器

```
model <- keras_model(list(text_input, question_input), answer)

model %>% compile(
  optimizer = "rmsprop",
  loss = "categorical_crossentropy",
  metrics = c("acc")
)
```

在模型实例化时，指
定两个输入和输出

现在，如何训练这两个输入模型？有两种可能的 API：你可以将数组的列表作为输入
提供给模型，也可以将输入名称映射到数组的字典中。当然，只有当你给输入提供名称时，
后一种选项才可用。

代码清单 7.2 将数据送到多输入模型中

```
num_samples <- 1000
max_length <- 100

random_matrix <- function(range, nrow, ncol) {
  matrix(sample(range, size = nrow * ncol, replace = TRUE),
         nrow = nrow, ncol = ncol)
}

text <- random_matrix(1:text_vocabulary_size, num_samples, max_length)
question <- random_matrix(1:ques_vocabulary_size, num_samples, max_length)
answers <- random_matrix(0:1, num_samples, answer_vocabulary_size)

model %>% fit(
  list(text, question), answers,
  epochs = 10, batch_size = 128
)

model %>% fit(
  list(text = text, question = question), answers,
  epochs = 10, batch_size = 128
)
```

生成虚拟数据

答案是独热编码
的，不是整数

使用输入列
表进行拟合

使用命名的输入
列表进行拟合

7.1.3 多输出模型

同样地，你可以使用函数 API 生成具有多个输出（或多个**头**）的模型。一个简单的例
子是试图同时预测数据的不同属性的网络，例如一个网络，它从一个匿名人那里得到一系
列社交媒体帖子作为输入，并试图预测该人的属性，如年龄、性别和收入水平（见图 7.7）。

代码清单 7.3 三输出模型的函数 API 实现

```
library(keras)

vocabulary_size <- 50000
num_income_groups <- 10
```

```r
posts_input <- layer_input(shape = list(NULL),
                           dtype = "int32", name = "posts")
embedded_posts <- posts_input %>%
  layer_embedding(input_dim = vocabulary_size+1, output_dim = 256)
base_model <- embedded_posts %>%
  layer_conv_1d(filters = 128, kernel_size = 5, activation = "relu") %>%
  layer_max_pooling_1d(pool_size = 5) %>%
  layer_conv_1d(filters = 256, kernel_size = 5, activation = "relu") %>%
  layer_conv_1d(filters = 256, kernel_size = 5, activation = "relu") %>%
  layer_max_pooling_1d(pool_size = 5) %>%
  layer_conv_1d(filters = 256, kernel_size = 5, activation = "relu") %>%
  layer_conv_1d(filters = 256, kernel_size = 5, activation = "relu") %>%
  layer_global_max_pooling_1d() %>%
  layer_dense(units = 128, activation = "relu")
age_prediction <- base_model %>%                          ←──────────  注意，输出层是有名称的
  layer_dense(units = 1, name = "age")
income_prediction <- base_model %>%
  layer_dense(num_income_groups, activation = "softmax", name = "income")
gender_prediction <- base_model %>%
  layer_dense(units = 1, activation = "sigmoid", name = "gender")
model <- keras_model(
  posts_input,
  list(age_prediction, income_prediction, gender_prediction)
)
```

　　重要的是，训练这种模型需要能够为不同的网络头指定不同的损失函数：例如，年龄预测是一个标量回归任务，但性别预测是一个二元分类任务，需要一个不同的训练程序。但是由于梯度下降要求你最小化**标量**，因此必须将这些损失合并为单个值，以便对模型进行训练。合并不同损失的最简单的方法是对它们求和。在 Keras 中，你可以使用一个列表或一个已命名的损失列表来为不同的输出指定不同的对象；由此产生的损失值被汇总成一个全局损失，在训练期间最小化。

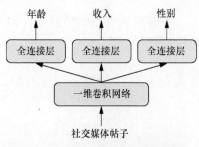

图 7.7　有三个头的社交媒体模型

代码清单 7.4　多输出模型的编译选项：多个损失

```r
model %>% compile(
  optimizer = "rmsprop",
  loss = c("mse", "categorical_crossentropy", "binary_crossentropy")
)
model %>% compile(
  optimizer = "rmsprop",
  loss = list(
    age = "mse",                                ←── 等价的(只有在给输出
    income = "categorical_crossentropy",              层命名时才有可能)
    gender = "binary_crossentropy"
  )
)
```

　　请注意，非常不平衡的损失贡献将导致模型表示法优先优化为以最大的个人损失的任务，而牺牲其他任务为代价。为解决这个问题，你可以在最终损失的贡献中对损失值分配不同级别的重要性。如果损失值使用不同的尺度，这一点尤其有用。例如，用于年龄回归任务的平均二次方误差（MSE）损失通常取 3~5 附近的值，而用于性别分类任务的交叉熵损失可低至 0.1。在这种情况下，为了平衡不同损失的贡献，你可以分配一个权重为 10 的交叉熵损失和权重为 0.25 的 MSE 损失。

代码清单 7.5　多输出模型的编译选项：损失加权

```
model %>% compile(
  optimizer = "rmsprop",
  loss = c("mse", "categorical_crossentropy", "binary_crossentropy"),
  loss_weights = c(0.25, 1, 10)
)
model %>% compile(
  optimizer = "rmsprop",
  loss = list(
    age = "mse",
    income = "categorical_crossentropy",
    gender = "binary_crossentropy"
  ),
  loss_weights = list(
    age = 0.25,
    income = 1,
    gender = 10
  )
)
```

等价的(只有在给输出层命名时才有可能)

　　在多输入模型的情况下，你可以通过简单的数组列表或通过命名数组列表将数据传递给模型进行训练。

代码清单 7.6　将数据送到多输出模型中

```
model %>% fit(
  posts, list(age_targets, income_targets, gender_targets),
  epochs = 10, batch_size = 64
)
model %>% fit(
  posts, list(
    age = age_targets,
    income = income_targets,
    gender = gender_targets
  ),
  epochs = 10, batch_size = 64
)
```

假设age_targets、income_targets 和gender_targets 是R数组

等价的(只有在给输出层命名时才有可能)

7.1.4　有向无环层图

　　使用函数 API，不仅可以构建具有多个输入和多个输出的模型，还可以实现具有复杂内部拓扑的网络。Keras 中的神经网络允许是任意的**有向无环层图**。限定符**非循环**非常重要：

这些图不能有循环。张量 x 不可能成为生成 x 的某个层的输入。唯一允许的处理**循环**（即循环连接）是那些循环层内部的循环。

一些常见的神经网络的组件被实现为图形。两个值得注意的是初始模块和残差连接。为了更好地理解函数 API 如何用于构建层，让我们来看看如何在 Keras 中实现它们。

1. Inception 模块

Inception[⊖] 是卷积神经网络的一种受欢迎的网络架构；它是由 Christian Szegedy 和他在谷歌的同事在 2013~2014 年开发的，受早期网中网架构的启发[⊖]。它包括一堆模块，这些模块看起来像独立的小网络，被分成几个平行的分支。Inception 模块的最基本形式有 3~4 个分支，从 1×1 卷积开始，后跟 3×3 卷积，以结果特征的连接结束。此设置可帮助网络单独学习空间特征和频道特征，这比共同学习更有效。更复杂版本的 Inception 模块也有可能，通常涉及池化操作，不同的空间卷积大小（例如，在一些分支中 5×5 代替 3×3）和分支没有空间卷积（只有 1×1 卷积）。如图 7.8 所示，此类模块的示例是从 Inception 的第三个版本（Inception V3）开始的。

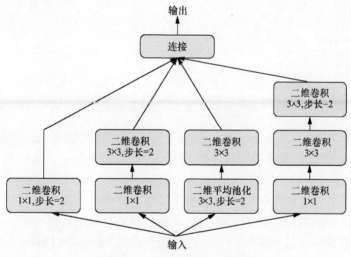

图 7.8　一个 Inception 模块

1×1 卷积的用途

你已经知道卷积会在输入张量中提取每个图块周围的空域块并对每个块应用相同的变换。边缘情况是指提取的块只包含单个图块。然后，卷积操作就等同于通过稠密层来运行每个图块向量：它将计算从输入张量通道的信息混合在一起的特征，但它不会在整个空间中混合信息（因为它一次只看一块）。这样的 1×1 卷积（也称为**逐点卷积**）在 Inception 模块中具有重要的功能，如果假设每个信道在空间上是高度自相关的，但不同的通道之间可能没有高度的相关性——这是一件合理的事情，它有助于分解出面向通道的特征学习和面向空间的特征学习。

⊖　Szegedy et al., "Going Deeper with Convolutions," https://arxiv.org/abs/1409.4842.

⊖　Min Lin, Qiang Chen, and Shuicheng Yan, "Network in Network," International Conference on Learning Representations (2013), https://arxiv.org/abs/1312.4400.

下面是如何使用函数 API 实现图 7.8 中的模块。本示例假定存在四维输入张量 input：

```
library(keras)

branch_a <- input %>%
  layer_conv_2d(filters = 128, kernel_size = 1,
                activation = "relu", strides = 2)

branch_b <- input %>%
  layer_conv_2d(filters = 128, kernel_size = 1,
                activation = "relu") %>%
  layer_conv_2d(filters = 128, kernel_size = 3,
                activation = "relu", strides = 2)

branch_c <- input %>%
  layer_average_pooling_2d(pool_size = 3, strides = 2) %>%
  layer_conv_2d(filters = 128, kernel_size = 3,
                activation = "relu")

branch_d <- input %>%
  layer_conv_2d(filters = 128, kernel_size = 1,
                activation = "relu") %>%
  layer_conv_2d(filters = 128, kernel_size = 3,
                activation = "relu") %>%
  layer_conv_2d(filters = 128, kernel_size = 3,
                activation = "relu", strides = 2)

output <- layer_concatenate(list(
  branch_a, branch_b, branch_c, branch_d
))
```

每个分支都有相同的步幅值(2)，这对于保持所有分支输出相同的大小是必要的，这样你就可以将它们连接起来

在这个分支中，跨越发生在空间卷积层

在这个分支中，跨越发生在平均池化层

连接分支输出以获得模块输出

在 Keras `application_inception_v3` 中可以使用完整的 Inception V3 架构，包括在 ImageNet 数据集中预先训练的权重。作为 Keras 应用模块的一部分，另一个密切相关的模型是 Xception[⊖]。Xception 代表 Extreme Inception，是一个由 Inception 启发的卷积网络架构。它采用了将通道和空间特征的学习分离到其逻辑极值的想法，并用深度可分卷积替换 Inception 模块，该卷积由深度卷积（每个输入通道单独处理的空间卷积）后跟一个逐点卷积（1×1 卷积）组成——这是有效的，一种极端形式的 Inception 模块，其中空间特征和通道特征完全分离。Xception 与 Inception V3 的参数数量大致相同，但由于 Xception 对模型参数的更有效使用，它在 ImageNet 和其他大型数据集上显示了更好的运行性能和更高的准确率。

2. 残差连接

残差连接是在许多 2015 年后网络架构（包括 Xception）中发现的常见的图形化网络组件。微软公司的 He 等人，在 2015 年底的 ILSVRC ImageNet 挑战赛获奖作品中介绍了它们[⊖]。它们解决了困扰任何大规模深度学习模型的两个常见问题：梯度消失和表征瓶颈。一般说，向任何超过 10 层的模型添加残差连接可能都是有益的。

残差连接包括使较早的层的输出可作为后一层的输入，从而有效地在顺序网络中创

⊖   François Chollet, "Xception: Deep Learning with Depthwise Separable Convolutions," Conference on Computer Vision and Pattern Recognition (2017), https://arxiv.org/abs/1610.02357.

⊖   He et al., "Deep Residual Learning for Image Recognition," https://arxiv.org/abs/1512.03385.

建快捷方式。与其将较早的输出连接到较晚的激活，不如将较早的输出与较晚的激活相加，后者假设两个激活的大小相同。如果它们的大小不同，则可以使用线性变换将较早的激活重塑为目标格式（例如，没有激活的稠密层，或者对于卷积特征图，没有激活的 1 × 1 卷积）。

下面是如何在 Keras 中实现一个残差连接，当特征图大小相同时，使用标识残差连接。本示例假定存在四维输入张量 input：

```
output <- input %>%
  layer_conv_2d(filters = 128, kernel_size = 3,                      对输入应用转换
                activation = "relu", padding = "same") %>%
  layer_conv_2d(filters = 128, kernel_size = 3,
                activation = "relu", padding = "same") %>%
  layer_conv_2d(filters = 128, kernel_size = 3,
                activation = "relu", padding = "same")
output <- layer_add(list(output, input))                            将原始输入加
                                                                    回到输出中
```

下面实现一个残差连接，当特征图大小不同时，使用线性残差连接（再次假设存在四维输入张量 input）：

```
output <- input %>%
  layer_conv_2d(filters = 128, kernel_size = 3,
                activation = "relu", padding = "same") %>%
  layer_conv_2d(filters = 128, kernel_size = 3,
                activation = "relu", padding = "same") %>%
  layer_max_pooling_2d(pool_size = 2, strides = 2)

residual <- input %>%                                              使用1×1卷积来对与
  layer_conv_2d(filters = 128, kernel_size = 1,                    输出格式一样的原始
                strides = 2, padding = "same")                     输入张量进行下采样

output <- layer_add(list(output, residual))                        将剩余张量加回到输出特征中
```

深度学习中的表征瓶颈

在顺序模型中，每个连续的表述层都建立在前一个层上，这意味着它只能访问前一层激活时包含的信息。如果一个层太小（例如，它具有太低维度的特性），那么模型就会受到这个层在激活时可以填充多少信息的约束。

你可以用信号处理类比来理解这个概念：如果你有一个由一系列操作组成的音频信号处理管道，每一个都需要输入先前操作的输出，那么如果一个操作将你的信号裁剪到低频范围（例如，0~15kHz），下游的操作将永远无法恢复下降的频率。任何信息的丢失都是永久性的。残差连接通过向下游注入早期信息，部分解决了深度学习模型的这个问题。

深度学习中的梯度消失

后向传播是用于训练深度神经网络的主要算法，它通过将输出损耗的反馈信号传播到更早的层来工作。如果这种反馈信号必须通过深层堆栈传播，则信号可能变得微弱，甚至完全丢失，从而使网络无法训练。此问题称为**梯度消失**。

这一问题既存在于深度网络，也出现在经过非常长序列的循环网络中，而在这两种情况下，反馈信号必须通过一长串的操作来传播。你已经熟悉了 LSTM 层用于解决循环网络中这个问题的解决方案：它引入了一条与主要处理通道并行的**传递通道**。在前馈深度网络中，残差连接的工作方式类似，但它们更简单：它们引入了与主层栈平行的纯线性的信息进位跟踪，从而帮助在任意深度的层堆栈中传播梯度。

7.1.5　层权重共享

函数 API 的另一个重要特性是能够多次重用一个层实例。当你调用一个层实例两次，在每次调用时重用相同的权重，而不是为每次调用实例化一个新层。这使你可以构建具有共享分支的模型——多个分支都共享相同的知识并执行相同的操作。对于不同的输入集，它们共享相同的表示并同时学习这些表示。

例如，考虑一个模型——试着评估两个句子之间的语义相似性。该模型有两个输入（比较两个句子），输出一个分数介于 0 和 1 之间，其中 0 表示不相关的句子，1 表示彼此相同或重写的句子。这样的模型在许多应用程序中都很有用，包括在对话系统中消除自然语言查询的重复。

在这个设置中，两个输入语句是可互换的，因为语义相似性是一种对称关系：A 到 B 的相似性与 B 到 A 的相似性相同。因此，学习两个独立的模型来处理每个输入语句是没有意义的。相反，你希望使用单个 LSTM 层处理两者。这个 LSTM 层（它的权重）的表示法是基于两个输入同时学习的。这就是我们所说的**孪生 LSTM 模型**或**共享 LSTM 模型**。

下面是如何在 Keras 函数中使用层共享（层重用）实现这样的函数 API：

```
library(keras)                                          一次实例化一个
                                                        LSTM层
lstm <- layer_lstm(units = 32)

构建模型的左分支:输入是大小
为128的变长向量序列
                                                        构建模型的右分支:当你
                                                        调用现有的层实例时,
  left_input <- layer_input(shape = list(NULL, 128))    重用它的权重
  left_output <- left_input %>% lstm()

  right_input <- layer_input(shape = list(NULL, 128))
  right_output <- right_input %>% lstm()

  merged <- layer_concatenate(list(left_output, right_output))

  predictions <- merged %>%
    layer_dense(units = 1, activation = "sigmoid")      在顶部构建分类器

  model <- keras_model(list(left_input, right_input), predictions)
  model %>% fit(
    list(left_data, right_data), targets)
  )
实例化并训练模型:当你训练这样的模型时,
LSTM层的权重会根据两个输入更新
```

当然，层实例可以多次使用——它可以任意多次调用，每次重用相同的权重集。

7.1.6　模型层

重要的是，在函数 API 中，模型可以像使用层一样有效地使用，你可以把模型想象成一个"更大的层"。这对于使用 `keras_model` 和 `keras_model_sequential` 函数创建的模型也是如此。这意味着你可以在输入张量上调用模型并检索输出张量：

```
y <- model(x)
```

如果模型具有多个输入张量和多个输出张量，则应使用张量列表调用它：

```
c(y1, y2) %<-% <- model(list(x1, x2))
```

当调用模型实例时，你正在重用模型的权重，这与调用层实例时发生的情况完全一样。调用实例（无论是层实例还是模型实例）都将始终重用实例的现有已学表示——这是直观的。

通过重用模型实例可以构建的一个简单实用的示例是使用双摄像头作为输入的视觉模型：两个平行的摄像头，相隔几厘米。这样的模型可以感知深度，这在许多应用中都是有用的。在合并两个提要之前，你不需要两个独立的模型来从左摄像头和右摄像头中提取视觉特征。这种低级处理可以在两个输入之间共享，即通过使用相同权重的层进行，从而共享相同的表示形式。以下是在 Keras 中实现孪生视觉模型（共享卷积基）的方法：

7.1.7　小结

这就结束了我们对 Keras 的函数 API 的介绍，它是构建高级深度神经网络架构的重要工具。现在你知道以下内容：

- 当你需要除了线性堆栈层之外的任何东西时，跳出顺序 API。

● 如何使用 Keras 函数 API 构建具有多个输入、多个输出和复杂的内部网络拓扑的 Keras 模型。

● 如何通过多次调用同一层或模型实例，在不同的处理分支重用层或模型的权重。

7.2 使用 Keras 回调和 TensorBoard 检验和监视深度学习模型

在本节中，我们将介绍在训练期间可以更好地访问和控制模型内部事件的方法。使用 fit() 或 fit_generator() 在大数据集上启动数十轮的训练，就像发射纸飞机一样：超过最初的推动力，你将无法控制其轨迹或着陆点。如果你想避免不良后果（浪费纸飞机），更明智的做法是不使用纸飞机，而是使用一架能够感知周围环境，将数据发回操作员，并根据当前状态自动做出转向决策的无人机。我们在这里所提供的技术是把 fit() 的调用从一架纸飞机转换成一架智能的自主无人机，它可以自我反省和动态地采取行动。

7.2.1 在训练过程中使用回调对模型进行操作

当你训练一个模型时，很多事情你从一开始就无法预测。特别是，你无法判断达到最佳验证损失需要训练多少轮。到目前为止，这些例子已经采用了训练足够轮数直至开始过拟合的策略，使用第一次运行来计算适当的训练轮数，然后最终使用这个最佳数字从头开始新的训练。当然，这种方法是浪费的。

处理此操作的一个更好的方法是，当你测试验证损失不再提高时，停止训练。这可以使用 Keras 回调实现。**回调**是在调用中传递给模型的对象，在训练过程中，模型在不同点调用。它可以访问有关模型状态及其性能的所有可用数据，并可采取行动：中断训练、保存模型、加载不同的权重集或以其他方式更改模型的状态。

下面是一些使用回调的例子：

● **模型检查点**：在训练期间将模型的当前权重保存在不同的点上。

● **早期停止**：在验证损失不再提高时中断训练（并保存在训练过程中获得的最佳模型）。

● **在训练过程中动态调整某些参数的值**：例如优化器的学习速度。

● **在训练过程中记录训练和验证指标，或在更新时可视化模型所学的表示形式**：你熟悉的 Keras 进度条是一个回调。

Keras 包括许多内置回调（这不是一个完整详尽的列表）：

```
callback_model_checkpoint()
callback_early_stopping()
callback_learning_rate_scheduler()
callback_reduce_lr_on_plateau()
callback_csv_logger()
```

让我们回顾一下其中的一些内容，让你了解如何使用它们：callback_model_checkpoint、callback_early_stopping 和 callback_reduce_lr_on_plateau。

1. 模型检查点和早期停止的回调

　　一旦监视的目标指标在固定的若干轮训练中停止了改进，你可以使用 `callback_early_stopping` 中断训练。例如，此回调允许你在开始过拟合后立即中断训练，从而避免对模型进行重新训练，减少训练轮数。此回调通常与 `callback_model_checkpoint` 结合使用，使你可以在训练期间不断保存模型（而且，可以选择只保存当前最好的模型：某一轮训练结束时获得最好性能的模型版本）：

```
library(keras)

callbacks_list <- list(            回调通过fit中的回调参数传递给模型,
                                   该参数接受回调的列表。你可以传递
  callback_early_stopping(         任意数量的回调

    monitor = "acc",              当改进停止时, 中断训练
                                  监控模型的验证准确率
    patience = 1
  ),
                                  当不止一次停止提高准确率(即两
                                  次都没有提高)时, 中断训练


  callback_model_checkpoint(       保存每一次回调的当前权重
    filepath = "my_model.h5",      目标模型文件的路径
    monitor = "val_loss",
    save_best_only = TRUE          这两个参数意味着除非val_loss得到了改进,
                                   否则你不会覆盖模型文件, 这允许你在训练
  )                                期间保留最好的模型
)

model %>% compile(
  optimizer = "rmsprop",
  loss = "binary_crossentropy",    你可以监视准确率, 因此它应
  metrics = c("acc")               该是模型度量的一部分
)

model %>% fit(
  x, y,
  epochs = 10,
  batch_size = 32,                 注意, 因为回调将监视验证丢失和
  callbacks = callbacks_list,      准确率, 所以需要将validation_data
  validation_data = list(x_val, y_val)   传递给合适的调用
)
```

2. 损失稳定后降低学习率的回调

　　当验证损失停止改进时，可以使用此回调来降低学习率。在**损失稳定**的情况下，降低或提高学习率是在训练期间摆脱局部最小值的有效策略。下面的示例使用 `callback_reduce_lr_on_plateau`：

```
callbacks_list <- list(
  callback_reduce_lr_on_plateau(   监控模型的验证损失
    monitor = "val_loss",
                                   当触发时, 将学习率除以10
    factor = 0.1,
    patience = 10
  )
)                                  回调是在验证损失停止改善10次之后触发的
```

```
model %>% fit(
  x, y,
  epochs = 10,
  batch_size = 32,
  callbacks = callbacks_list,
  validation_data = list(x_val, y_val)
)
```

因为回调将监视验证损失，所以需要将validation_data传递给合适的调用

3. 编写自己的回调

如果你需要在训练过程中采取不属于内置回调函数覆盖的特定操作，则可以编写自己的回调。回调是通过创建从 KerasCallback 类继承的新的 R6 类实现的。然后，你可以实现以下任意数量的透明命名方法，这些方法在训练过程中的不同时间点被调用：

```
on_epoch_begin          在每一次开始时调用
on_epoch_end            在每一次结束时调用

on_batch_begin          批处理之前调用
on_batch_end            批处理之后调用

on_train_begin          在训练开始时调用
on_train_end            在训练结束时调用
```

这些方法都可以用 logs 参数调用，它是一个命名列表，包含上一批数据、轮次或训练运行信息（训练和验证度量）等。此外，回调还可以访问以下属性：

- self$model：参考 Keras 模式的训练。
- elf$params：具有训练参数的命名列表（冗长、批次大小、训练轮数等）。

下面是一个简单的示例，用于在训练过程中保存每个批次的损失列表：

```
library(keras)
library(R6)

LossHistory <- R6Class("LossHistory",
  inherit = KerasCallback,

  public = list(

    losses = NULL,

    on_batch_end = function(batch, logs = list()) {       在每个训练批次结束时调用
      self$losses <- c(self$losses, logs[["loss"]])        累积列表中的每个批次的损失
    }
))

history <- LossHistory$new()       创建回调的实例
model %>% fit(
  x, y,
  batch_size = 128,
  epochs = 20,
  callbacks = list(history)        将回调附加到模型训练
)

> str(history$losses)              现在可以从回调实例中得到累积的损失
num [1:160] 0.634 0.615 0.631 0.664 0.626 ...
```

这就是你需要了解的关于回调的全部内容，其余部分是技术细节，你可以很容易地查

找到。现在，你可以在训练过程中对 Keras 模型执行任何类型的日志记录或预编程干预。

7.2.2　TensorBoard 介绍：TensorFlow 可视化框架

为了进行好的研究或开发好的模型，你需要对你的模型在实验期间发生的事情进行丰富、频繁的反馈。这就是进行实验的目的：获取有关模型性能的尽可能多的信息。取得进展是一个迭代过程或者叫回路（见图 7.9）：你从一个想法开始，把它表述为一个实验，试图验证或否定你的想法。你进行此实验并处理它生成的信息。这激发了你的下一个想法。这个回路的迭代次数越多，你的想法就越精炼和强大。Keras 帮助你在最短的时间内从想法到实验，而快速的 GPU 可以帮助你尽快从实验中获得结果。但是，如何处理实验结果呢？这就是 TensorBoard 的作用。

本节介绍 TensorBoard——一个封装了 TensorFlow 的基于浏览器的可视化工具。请注意，当你同时使用 TensorFlow 后端和 Keras 时，它仅适用于 Keras 模型。

TensorBoard 的主要目的是帮助你在训练过程中直观地监视模型内的所有内容。如果你监视的信息不仅仅是模型的最终损失，那么你可以对模型做什么和不做什么有一个更

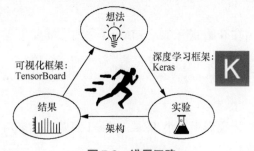

图 7.9　进展回路

清晰的认识，并且可以更快地取得进展。TensorBoard 让你可以在浏览器中访问几个简洁的功能：

- 训练过程中的视觉监控指标；
- 可视化模型架构；
- 可视化直方图的激活和梯度；
- 在三维条件下探索嵌入。

让我们用一个简单的例子来演示这些特性。你将训练一个一维卷积网络的 IMDB 情绪分析任务。

这个模型类似于你在第 6 章的最后一节中看到的。你将只考虑 IMDB 词汇中的前 2000 个单词，以使可视化单词嵌入更易于处理。

代码清单 7.7　使用了 TensorBoard 的文本分类模型

```
library(keras)
max_features <- 2000        ← 考虑作为特征的单词数
max_len <- 500              ← （从max_features个
                               最常见单词中）删去
imdb <- dataset_imdb(num_words = max_features)    这个数目的单词之
c(c(x_train, y_train), c(x_test, y_test)) %<-% imdb   后的文本
x_train <- pad_sequences(x_train, maxlen = max_len)
x_test = pad_sequences(x_test, maxlen = max_len)
```

```
model <- keras_model_sequential() %>%
  layer_embedding(input_dim = max_features, output_dim = 128,
                  input_length = max_len, name = "embed") %>%
  layer_conv_1d(filters = 32, kernel_size = 7, activation = "relu") %>%
  layer_max_pooling_1d(pool_size = 5) %>%
  layer_conv_1d(filters = 32, kernel_size = 7, activation = "relu") %>%
  layer_global_max_pooling_1d() %>%
  layer_dense(units = 1)

summary(model)

model %>% compile(
  optimizer = "rmsprop",
  loss = "binary_crossentropy",
  metrics = c("acc")
)
```

在开始使用 TensorBoard 之前，需要创建一个目录，在其中存储它生成的日志文件。

代码清单 7.8　为 TensorBoard 日志文件创建目录

```
> dir.create("my_log_dir")
```

让我们用一个 TensorBoard 回调实例来启动训练。此回调将把日志事件写入磁盘的指定位置。

代码清单 7.9　使 TensorBoard 回调来训练模型

```
tensorboard("my_log_dir")          ◁         启动TensorBoard，等待指定目录中的输出

callbacks = list(
  callback_tensorboard(
    log_dir = "my_log_dir",                   记录每轮的激活直方图
    histogram_freq = 1         ◁
  )
)

history <- model %>% fit(
  x_train, y_train,
  epochs = 20,
  batch_size = 128,
  validation_split = 0.2,
  callbacks = callbacks
)
```

一个 web 浏览器将打开，TensorBoard 将监视指定的目录以进行训练输出（见图 7.10）。请注意，在第一轮训练之后（如果你没有看到你的训练指标，你可能需要刷新显示），度量标准才会出现在 TensorBoard 中。除了训练和验证指标的实时图之外，你还可以访问"直方图"选项卡，在那里你可以找到由你的层获取的激活值的直方图的可视化效果（见图 7.11）。

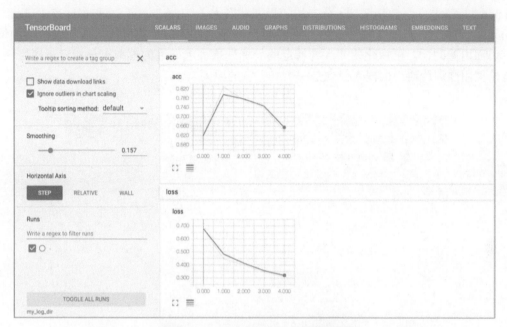

图 7.10　TensorBoard：指标监控

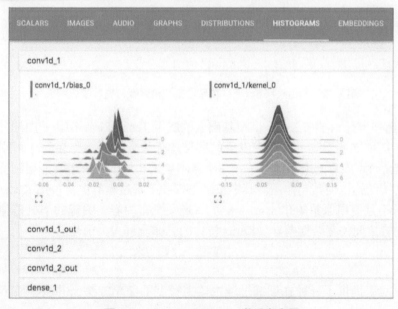

图 7.11　TensorBoard：激活直方图

Embeddings 选项卡为你提供了一种检查输入词汇表中 1 万个单词的嵌入位置和空间关系的方法，这是在最初的 `layer_embedding` 层中学到的。由于嵌入空间是 128 维的，

TensorBoard 使用你选择的维度缩减算法自动将其减少到二维或三维：主成分分析（Principal Component Analysis，PCA）或 t 分布的随机邻域嵌入（t-distributed Stochastic Neighbor Embedding，t-SNE）。在图 7.12 中，在点云中可以清楚地看到两个集群：具有积极内涵的词和具有负面内涵的词。可视化使嵌入与特定的目标结果一起训练的模型完全特定于底层任务，这就是使用预训练通用词嵌入很少是一个好主意的原因。

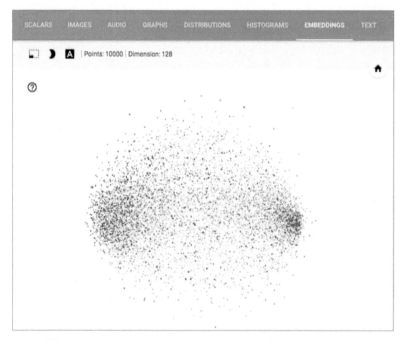

图 7.12　TensorBoard：交互式三维单词嵌入的可视化结果

　　"图表"选项卡显示了在 Keras 模型基础上的底层 TensorFlow 操作的图形的交互可视化（见图 7.13）。正如你所看到的，正在发生的事情比你想象的要多得多。你刚刚构建的模型在 Keras 中定义时可能看起来很简单——一个基本层的小堆栈——但在底层，你需要构造一个相当复杂的图结构以使其起作用。其中很多与梯度下降过程有关。使用 Keras 作为构建模型的方法，而不是使用原始的 TensorFlow 从头定义所有内容，关键的动机是你所看到的和正在操作的内容之间的复杂性差异。Keras 使你的工作流程大大简化。

7.2.3　小结

● Keras 回调提供了一种在训练过程中监视模型的简单方法，并根据模型的状态自动执行操作。

● 在使用 TensorFlow 时，TensorBoard 是在浏览器中可视化模型活动的好方法。你可以通过 `callback_tensorboard()` 函数在 Keras 模型中使用它。

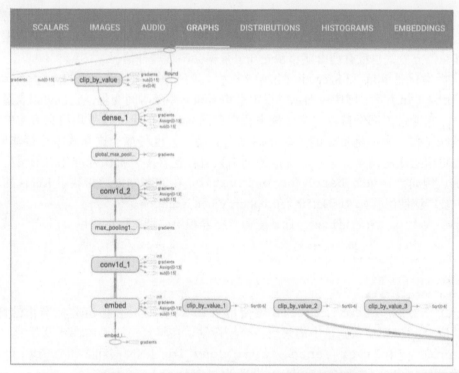

图 7.13　TensorBoard：TensorFlow 图的可视化

7.3　充分利用你的模型

如果你只需要一些行之有效的方法，那么盲目地尝试架构就足够了。在本节中，我们将超越"工作正常"到"出色工作并赢得机器学习的比赛"，向你提供一套创建最先进的深度学习模型的必备技巧的快速指南。

7.3.1　高级架构模式

我们在前面的部分详细介绍了一个重要的设计模式：残差连接。还有两种设计模式你应该知道：标准化和深度可分离卷积。当你构建高性能的深度卷积网络时，这些模式尤其重要，但它们也经常出现在许多其他类型的架构中。

1. 批次标准化

标准化是一种广泛的方法，旨在使机器学习模型所看到的不同样本更相似，这有助于模型对新数据的学习和推广。最常见的数据标准化形式是你已经在本书中多次看到的形式：从数据中减去均值，使其以 0 为中心，同时把数据除以标准差得到单位标准差。实际上，这就假设数据遵循正态分布（或高斯分布），并确保该分布集中并按单位方差进行缩放：

```
mean <- apply(train_data, 2, mean)
std <- apply(train_data, 2, sd)
train_data <- scale(train_data, center = mean, scale = std)
test_data <- scale(test_data, center = mean, scale = std)
```

前面的示例在将数据放入模型之前进行了标准化。但是，在网络操作的每个转换之后，数据标准化都应该引起关注：即使输入 `layer_dense` 或 `layer_conv_2d` 的数据具有零平均值和单位方差，也没有理由能够预先知道数据会出现这种情况。

批次标准化是 Ioffe 和 Szegedy 在 2015 年引入的一种层（Keras 中的 `layer_batch_normalization`）[一]；即使在训练过程中平均值和方差随时间变化，它也可以自适应地标准化数据。它通过内部保持在训练过程中所观察到的数据的批处理平均值和方差的指数移动平均值来工作。批次标准化的主要作用是它有助于梯度传播，这与残差连接非常相似，从而允许更深层次的网络。某些非常深的网络只有在包含多个批次标准化层的情况下才能进行训练。例如，`layer_batch_normalization` 在许多先进的封装了 Keras 的卷积网络架构中被广泛使用，如 ResNet50、Inception V3 和 Xception。

`layer_batch_normalization` 层通常在卷积层或稠密层后使用：

```
layer_conv_2d(filters = 32, kernel_size = 3, activation = "relu") %>%
layer_batch_normalization()

layer_dense(units = 32, activation = "relu") %>%
layer_batch_normalization()
```

`layer_batch_normalization` 层使用了 `axis` 参数，它指定应标准化的特征轴。此参数默认为 −1，即输入张量中的最后一个坐标轴。在将 `data_format` 设置为 "channels_last"，使用 `layer_dense`、`layer_conv_1d`、RNN 层和 `layer_conv_2d` 时，这是正确的值。但是在 `data_format` 设置为 "channels_first" 的 `layer_conv_2d` 的小众用例中，特征轴是轴 1；因此，`layer_batch_normalization` 中的 `axis` 参数应设置为 1。

批次重标准化

Ioffe 在 2017 年引入了批次重标准化，这是对常规批次标准化的一个改进[二]。与批次标准化相比，它提供了明显的优势，而且没有明显的成本增加。在撰写本书时，现在判断它是否会取代批次标准化还为时过早，但我们认为这是可能的。Klambauer 等人引入了**自标准化神经网络**[三]，该网络通过使用特定的激活函数（`selu`）和特定的初始化程序（`lecun_normal`），可以在经过任何稠密层后使数据保持标准化。这个方案虽然非常有趣，但目前仅限于稠密连接网络，而且它的实用性还没有得到广泛的推广。

2. 深度可分离卷积

如果我们告诉你可以使用某个层替代 `layer_conv_2d`，它将使你的模型变得更轻

[一] Sergey Ioffe and Christian Szegedy, "Batch Normalization：Accelerating Deep Network Training by Reducing Internal Covariate Shift," *Proceedings of the 32nd International Conference on Machine Learning*（2015），https：//arxiv.org/abs/1502.03167.

[二] Sergey Ioffe, "Batch Renormalization：Towards Reducing Minibatch Dependence in Batch-Normalized Models"（2017），https：//arxiv.org/abs/1702.03275.

[三] Günter Klambauer et al., "Self-Normalizing Neural Networks," Conference on Neural Information Processing Systems（2017），https：//arxiv.org/abs/1706.02515.

（可训练的权重参数更少）和更快（浮点操作更少），并使它的任务性能提高几个百分点呢？这正是**深度可分离卷积**层所做的（layer_separable_conv_2d）。这个层在它的输入的每个通道上独立执行空间卷积，在混合输出通道之前进行逐点卷积（1×1卷积），如图7.14 所示。这相当于将空间特征的学习与通道特征的学习分开，如果你假设输入中的空间位置高度相关，但不同的通道是相当独立的，这就很有意义。它需要更少的参数和更少的计算，从而产生更小、更快的模型。因为这是一种更有效的表示卷积的方法，所以它倾向于使用更少的数据来学习更好的表示，从而产生更好的模型。

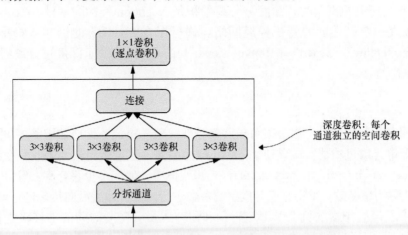

图 7.14　深度可分离卷积：深度卷积后跟着点卷积

当你在有限的数据上从头开始训练小型模型时，这些优势变得尤为重要。例如，下面是如何在小数据集上为图像分类任务（softmax 类别分类）构建轻量级、深度可分离卷积神经网络的方法：

```
library(keras)

height <- 64
width <- 64
channels <- 3
num_classes <- 10
model <- keras_model_sequential() %>%
  layer_separable_conv_2d(filters = 32, kernel_size = 3,
                          activation = "relu",
                          input_shape = c(height, width, channels)) %>%
  layer_separable_conv_2d(filters = 64, kernel_size = 3,
                          activation = "relu") %>%
  layer_max_pooling_2d(pool_size = 2) %>%

  layer_separable_conv_2d(filters = 64, kernel_size = 3,
                          activation = "relu") %>%
  layer_separable_conv_2d(filters = 128, kernel_size = 3,
                          activation = "relu") %>%
  layer_max_pooling_2d(pool_size = 2) %>%

  layer_separable_conv_2d(filters = 64, kernel_size = 3,
                          activation = "relu") %>%
  layer_separable_conv_2d(filters = 128, kernel_size = 3,
```

```
                            activation = "relu") %>%
  layer_global_average_pooling_2d() %>%

  layer_dense(units = 32, activation = "relu") %>%

  layer_dense(units = num_classes, activation = "softmax")
model %>% compile(
  optimizer = "rmsprop",
  loss = "categorical_crossentropy"
)
```

当涉及更大规模的模型时，深度可分离卷积是 Xception 架构的基础，Xception 架构与 Keras 结合形成一个高性能的卷积神经网络。你可以在 Francois 的论文"Xception：Deep Learning with Depthwise Separable Convolutions."中阅读更多关于深度可分离卷积和 Xception 的理论基础⊖。

7.3.2　超参数优化

在构建深度学习模型时，你必须做出许多看似武断的决定：你应该堆叠多少层？每个层应该有多少个单元或过滤器？应该使用 relu 作为激活，还是使用其他函数？在给定的层之后应该使用 layer_batch_normalization 吗？你应该使用多少丢弃率？等等。这些架构级别的参数被称为**超参数**，以将它们与模型的参数进行区分，通过后向传播进行训练。

在实践中，经验丰富的机器学习工程师和研究人员会随着时间的推移建立直觉，知道在这些选择中什么起作用，什么不起作用——他们会开发超参数调优技能。但没有正式的规则。如果你想最大限度地完成某项任务，你就不能满足于易犯错误的人做出的任意选择。即使你有良好的直觉，你最初的决定几乎总是不理想的。你可以通过手动调整和重新训练模型来优化选择——这就是机器学习工程师和研究人员花费大部分时间做的事情。但是，作为人类，整天摆弄超参数不应该是你的工作，最好是留给机器去做。

因此，你需要以一种有原则的方式，自动地、系统地探索可能的决策空间。你需要搜索架构空间，并根据经验找到性能最好的。这就是自动超参数优化领域的意义所在：这是一个完整的研究领域，也是一个重要的研究领域。

超参数优化的过程通常如下所示：

1）自动选择一组超参数。

2）生成相应的模型。

3）将其与你的训练数据相匹配，并在验证数据上测试最终性能。

4）自动选择下一组超参数。

5）重复。

6）最后，在测试数据上测试性能。

这个过程的关键是使用验证性能的历史记录，给定各种超参数，选择下一组超参数进行评估的算法。可能有许多不同的技术：贝叶斯优化、遗传算法、简单随机搜索等。

训练模型的权重相对简单：在一小批数据上计算损失函数，然后使用后向传播算法将

⊖　https：//arxiv.org/abs/1610.02357.

权重移动到正确的方向。另一方面，更新超参数是极具挑战性的。请考虑以下事项：

● 计算反馈信号（这组超参数是否会促成此任务的高性能模型）可能非常昂贵：它需要从头开始创建和训练一个新模型。

● 超参数空间通常由离散的决定组成，故不是连续的或可微的。因此，通常不能在超参数空间中进行梯度下降。相反，你必须依赖无梯度的优化技术，这自然要比梯度下降的效率低得多。

由于这些挑战是困难的，而且该领域还很不成熟，我们目前只能使用非常有限的工具来优化模型。通常，尽管随机搜索（随机选择超参数、重复地评估）是最幼稚的解决方案，但事实证明它是最好的解决方案。

tfruns 包（https : //tensorflow.rstudio.com/tools/tfruns）提供了一组可以帮助超参数优化的工具：

● 跟踪每次训练运行的超参数、指标、输出和源代码。

● 比较超参数和度量，运行以查找性能最佳的模型。

● 自动生成报告以可视化各个训练运行或运行之间的比较。

注意：在大规模进行超参数优化时要牢记的一个重要问题是验证集过拟合。因为你基于使用验证数据计算的信号更新超参数，所以你可以有效地对验证数据进行训练，因此它们会快速过拟合验证数据。要始终牢记这一点。

总的来说，超参数优化是一个强大的技术，对于在任何任务中使用最先进的模型或赢得机器学习竞赛都是绝对必要的。想想看：很久以前，人们手工创建了浅层机器学习模型的特性。这是非常不标准的。现在，深度学习自动化了分层特征工程的任务——特征是通过反馈信号而不是手动调节学习的，这就是它应该做的。同样地，你不应该手工制作你的模型架构；你应该有原则地优化它们。在写本书的时候，自动超参数优化领域还很年轻和不成熟，就像几年前的深度学习一样，但是我们预计它在未来几年将会蓬勃发展。

7.3.3 模型集成

在任务中获得最佳结果的另一个强大的技术是**模型集成**。集成包括汇集一组不同模型的预测，以产生更好的预测。如果你看一下机器学习比赛，尤其是 Kaggle，你会发现获胜者使用非常大的模型集合，无论单一的模型有多么好，集成之后的模型都优于任何一个单一的模型。

集成依赖于一个假设，即独立训练的不同的好模型可能因**不同的原因**而变得更好：每个模型都着眼于数据的略微不同的方面来做出预测，得到"真相"的一部分，但不是所有。你可能熟悉盲人和大象的古老寓言：一群盲人第一次碰到大象，试图通过触摸来了解大象是什么。每个人接触大象身体的不同部分——只有一个部分，比如鼻子或腿。然后，人们互相描述大象是什么："它就像一条蛇"，"像一根柱子或一棵树"等等。盲人本质上是机器学习模型，试图理解训练数据的多样性，每个模型都从自己的角度出发，使用自己的假设（由模型的独特架构和独特的随机权重初始化提供）。他们每个人都得到了数据的一部分真相，但不是全部的真相。通过将他们的观点汇集在一起，可以得到更准确的数据描述。大象是由多个部分组成的：没有任何一个盲人得到它的正确认识，但是，在一起讨论时，他们能讲一个相当准确的故事。

让我们以分类为例。汇集一组分类器（**集合分类器**）的预测的最简单方法是在推断时平均预测：

```
preds_a <- model_a %>% predict(x_val)
preds_b <- model_b %>% predict(x_val)
preds_c <- model_c %>% predict(x_val)
preds_d <- model_d %>% predict(x_val)

final_preds <- 0.25 * (preds_a + preds_b + preds_c + preds_d)
```

使用四种不同的模型来计算初始预测

这个新的预测数组应该比最初的任何一个都更精确

只有当分类器大致相同时才会起作用。如果其中一个比其他的要差很多，那么最终的预测可能不如组中最好的分类器好。

集成分类器的一种更聪明的方法是进行加权平均，即在验证数据上学习权重——通常，给更好的分类器更高的权重，给更差的分类器更低的权重。要搜索一组好的集成权重，可以使用随机搜索或简单的优化算法，如 Nelder-Mead：

```
preds_a <- model_a %>% predict(x_val)
preds_b <- model_b %>% predict(x_val)
preds_c <- model_c %>% predict(x_val)
preds_d <- model_d %>% predict(x_val)

final_preds <- 0.5 * preds_a +
               0.25 * preds_b +
               0.1 * preds_c +
               0.15 * preds_d
```

这些权重(0.5, 0.25, 0.1, 0.15)是经验值

有许多可能的变体：例如，你对预测的指数进行平均。一般而言，在验证数据上优化权重的简单加权平均提供了非常强的基线。

集成工作的关键是分类器集的**多样性**。多样性就是力量。如果所有盲人都只碰大象的鼻子，他们会同意大象就像蛇，并且他们将永远不知道大象的真实面貌。多样性成就了集成工作。用机器学习的术语来说，如果你所有的模型都有同样的偏差，那么你的整体将保持同样的偏差。如果你的模型**有不同的偏差**，这些偏差就会相互抵消，那么整体就会更加健壮和准确。

因此，你应该在尽可能**不同**的情况下，集成**尽可能好**的模型。这通常意味着使用非常不同的架构，甚至是不同的机器学习方法。有一件事基本上不值得做，那就是从不同的随机初始化中，让同一个网络单独训练几次。如果你的模型之间的唯一区别是它们的随机初始化和它们接触训练数据的顺序，那么你的集成将是低多样性的，将只能对任何单一模型提供微小的改进。

作者发现一种在实践中工作得很好的方式，但这并不能推广到所有的问题领域，就是使用基于树的方法（如随机森林或梯度增强树）和深度神经网络。2014 年，作者和合作伙

伴 Andrei Kolev 在 Kaggle（www.kaggle.com/c/higgs-boson）上使用各种树模型和深度神经网络的组合在 Higgs Boson 衰变检测挑战中获得第四名。值得注意的是，组合中的一个模型源自与其他模型不同的方法（它是一个正则化的贪心森林），并且得分明显低于其他模型。不出所料，它在整体中被分配了一个小的权重。但令我们惊讶的是，它在很大程度上改善了整体效果，因为它是如此不同于其他模型：它提供了其他模型无法访问的信息。这正是集成的意义所在。最重要的不是你最好的模型有多好，而是一系列候选模型的多样性。

近年来，在实践中非常成功的一种基本集成风格是**广而深**的模型类别，将深度学习与浅层学习相结合。这种模型包括联合训练一个具有大的线性模型的深度神经网络。对一组不同模型的联合训练是实现模型集成的另一种选择。

7.3.4　小结

● 在构建高性能的深度卷积网络时，需要使用残差连接、批次标准化和深度可分离卷积。将来，深度可分离卷积将完全取代常规卷积，无论是在一维、二维还是三维应用中，因为它们具有更高的表示效率。

● 构建深度网络需要进行许多小型超参数和架构的选择，这些选项共同定义了你的模型的良好程度。与其基于直觉或随机选择，不如系统地搜索超参数空间来找到最佳选择。此时，这个过程的代价是昂贵的，而实现它的工具不是很好（但是 tfruns 包可能能够帮助你更有效地管理这个过程）。在进行超参数优化时，要注意验证集过拟合！

● 赢得机器学习比赛或者在任务中获得最好的结果只能用大量的模型集成来完成。通过一个优化的加权平均的集成通常是足够好的。记住：多样性就是力量。集合非常相似的模型基本上是毫无意义的；最好的组合是尽可能集成不同的模型（当然，同时也有尽可能多的预测能力）。

7.4　本章小结

● 在本章中，你学习了以下内容：

- 如何将模型构建为任意的图形层、重用层（权重共享），并使用模型作为 R 函数（模型模板化）。
- 你可以使用 Keras 回调来监控模型的训练，并采取基于模型状态的行动。
- TensorBoard 允许你可视化指标、激活直方图甚至嵌入空间。
- 什么是批次标准化、深度可分离卷积和残差连接。
- 为什么要使用超参数优化和模型集成。

● 有了这些新工具，你就能更好地在现实世界中使用深度学习，并开始构建具有高度竞争力的深度学习模型。

第 8 章
生成深度学习

本章内容包括：

- 使用 LSTM 生成文本；
- 实施 DeepDream；
- 执行神经类型转移；
- 变分自编码器；
- 了解生成对抗网络。

人工智能模仿人类思维过程的潜力超越了被动任务（例如物体识别）和大多数反应性任务（例如驾驶汽车）。它很好地延伸到创造性活动中。当作者第一次声称在不远的将来，我们消费的大部分文化内容将在人工智能的大力帮助下创建时，作者甚至是长期的机器学习从业者都完全不相信。那是在 2014 年。几年过去了，不相信的念头以令人难以置信的速度慢慢消退了。在 2015 年夏天，我们很开心地使用 Google 的 DeepDream 算法，将我们的图像变成迷幻的狗眼和褶皱的文物。2016 年，我们使用 Prisma 应用程序将照片转换成各种风格的画作。在 2016 年夏天，一部实验短片 "*Sunspring*" 使用由长短期记忆（LSTM）算法编写的脚本进行指导，并完成了对话。也许你最近听过由神经网络即兴产生的音乐。

诚然，到目前为止，我们看到来自人工智能的艺术作品的质量相当低。人工智能并不能与人类编剧、画家和作曲家相媲美。但是，取代人类永远是没有意义的：人工智能并不是要用别的东西取代人类自己的智慧，而是要给我们的生活和工作带入**更多的智慧**——另一种智慧。在许多领域，尤其是在创造性领域，人工智能将被人类用作增强自身能力的工具：更多的是**增强**智能而不是**人工**智能。

艺术创作的很大一部分包括简单的模式识别和技术技能。而这正是这个过程的一部分，许多人认为这个过程不那么有吸引力，甚至可有可无。这就是人工智能的用武之地。我们的感性模式、我们的语言和我们的艺术品都有统计结构。学习这种结构是深度学习算法所擅长的。机器学习模型可以学习图像、音乐和故事的统计潜在空间，然后它们可以从这个空间进行采样，创造新的具有与模型在其训练数据中看到的特征类似的特征的艺术作品。当然，这样的采样本身并不是艺术创作的行为。这仅仅是一种数学运算：算法没有以人类生活、人类情感或我们的经历为基础；相反，它从与我们没有共同点的经验中学习。作为人类观众，只有我们的解释才能为模型生成的内容赋予意义。但在熟练的艺术家手中，算法生成可以通过被引导而变得有意义和美丽。潜在的空间采样可以成为赋予艺术家权力的画笔，增强我们的创造力，并扩展我们想象的空间。更重要的是，通过消除对技术技能和实践的需求，它可以使艺术创作更容易获得——建立一种新的纯粹表达媒介，将艺术与工艺分开。

Iannis Xenakis 是电子和算法音乐的有远见的先驱，在自动化技术应用于音乐创作的背景下，在 20 世纪 60 年代精美地表达了同样的想法：[注]

Freed from tedious calculations, the composer is able to devote himself to the general problems that the new musical form poses and to explore the nooks and crannies of this form while modifying the values of the input data. For example, he may test all instrumental combinations from soloists to chamber orchestras, to large orchestras. With the aid of electronic computers the composer becomes a sort of pilot: he presses the buttons,

introduces coordinates, and supervises the controls of a cosmic vessel sailing in the space of sound, across sonic constellations and galaxies that he could formerly glimpse only as a distant dream.

在本章中，我们将从各个角度探讨深度学习增强艺术创作的潜力。我们将使用变分自编码器和生成对抗网络来检查序列数据生成（可用于生成文本或音乐）、DeepDream 和图像生成。我们将让你的计算机梦想以前从未见过的内容；也许我们也会让你梦想到技术和艺术交叉的奇妙可能性。让我们开始吧。

8.1 使用 LSTM 生成文本

在本节中，我们将探讨如何使用循环神经网络生成序列数据。我们将使用文本生成作为示例，而且完全相同的技术可以推广到任何类型的序列数据：你可以将它应用于音符序列以生成新音乐，以及笔刷数据的时间序列（例如，当艺术家在 iPad 上绘画时进行记录），以逐笔画出画作等。

序列数据生成绝不仅限于艺术内容。它已成功应用于语音合成和聊天机器人的对话生成。Google 于 2016 年发布的"智能回复"功能可通过类似的技术自动生成对电子邮件或短信的快速回复。

[注] Iannis Xenakis, "Musiques formelles : nouveaux principes formels de composition musicale," special issue of *La Revue musicale*, nos.253-254（1963）.

8.1.1 生成循环网络简史

在 2014 年底，即使在机器学习领域，也很少有人见过 LSTM 的缩写。使用循环网络生成序列数据的成功应用直到 2016 年才开始出现在主流机器学习领域中。但是这些技术有着相当长的历史，从 1997 年 LSTM 算法的开发开始⊖，这种新算法很早就用于生成文本字符。

2002 年，当时在 Schmidhuber 瑞士实验室的道格拉斯·埃克（Douglas Eck），首次将 LSTM 应用于音乐创作，并取得了可喜的成果。Eck 现在是 Google Brain 的研究员，并于 2016 年在那里创办了一个名为 Magenta 的新研究小组，专注于应用现代深度学习技术来制作引人入胜的音乐。有时，好的想法需要 15 年才能开始。

在 2009 年末和 2010 年初，Alex Graves 在使用循环网络进行序列数据生成方面做了重要的开创性工作。特别是他在 2013 年的一项工作中，将重复的混合密度网络应用于使用时间序列的笔位来生成类似人类的笔迹，这被一些人认为是一个转折点。⊖ 在那个特定的时刻，神经网络的这种特定应用为作者提供了梦想机器的概念，并且在作者开始开发 Keras 的时候成为一个重要的灵感。Graves 在上传到预打印服务器 arXiv 的 2013LaTeX 文件中隐藏了类似的注释掉的评论："生成顺序数据是计算机最想做的事情。"几年后，我们将其中的许多发展视为理所当然。但当时，很难看到 Graves 的演示，也很难不因这种可能性而受到启发。

从那时起，循环神经网络已经成功地用于音乐生成、对话生成、图像生成、语音合成和分子设计。它们甚至用于制作电影剧本，然后与现场演员一起演出。

8.1.2 如何生成序列数据

在深度学习中生成序列数据的通用方法是使用先前的标签作为输入来训练网络（通常是 RNN 或卷积网络），以预测序列中的下一个标签或下几个标签。例如，给定输入 "The cat sat on the ma"，网络被训练以预测目标 t，即下一个字符。像往常一样，在处理文本数据时，**标签**通常是单词或字符，任何可以对给定前一个标签的下一个标签的概率进行建模的网络称为**语言模型**。语言模型捕捉语言的**潜在空间**：它的统计结构。

一旦你有了这样一个训练有素的语言模型，你就可以从中进行**采样**（生成新的序列）：你给它一个初始的文本字符串（称为**调节数据**），让它生成下一个字符或下一个字（你甚至可以一次生成几个标签），将生成的输出添加回输入数据，并多次重复该过程（见图 8.1）。此循环允许你生成任意长度的序列，这些序列反映了训练模型的数据结构：看起来几乎与人类书写句子相似的序列。在本节提供的示例中，你将获取 LSTM 层，从文本语料库中提取 N 个字符的字符串，并训练它以预测字符 $N+1$。模型的输出将是所有可能字符上的 softmax：下一个字符的概率分布。该 LSTM 称为**字符级神经语言模型**。

⊖ Sepp Hochreiter and Jürgen schmidhuber, "Long Short-Term Memory," *Neural Computation* 9, no.8（1997）.

⊖ Alex Graves, "Generating Sequences With Recurrent Neural Networks," arXiv（2013）, http∶//arxiv.org/abs/1308.0850.

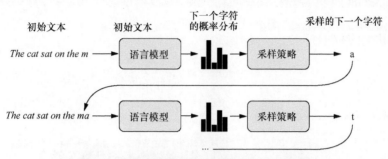

图 8.1　使用语言模型生成逐字符文本的过程

8.1.3　采样策略的重要性

生成文本时，选择下一个字符的方式至关重要。一种天真的方法是**贪婪采样**，包括总是选择最可能的下一个字符。但是这种方法会导致重复性，可预测的字符串看起来不像连贯的语言。一种更有趣的方法会产生更令人惊讶的选择：它通过从下一个字符的概率分布中采样，在采样过程中引入随机性。这称为**随机采样**（回想一下，**随机性**就是这个领域中所谓的**不可预测性**）。在这样的设置中，如果下一个字符为 e 的概率是 0.3，根据模型，你将在 30% 的时间内选择它。请注意，贪婪采样也可以作为概率分布中的采样：某个特定字符的概率为 1，所有其他字符的概率为 0。

从模型的 softmax 输出中进行概率采样是巧妙的：它允许在某些时候对不太可能的字符进行采样，产生更有趣的句子，并且有时通过提出训练数据中没有出现的新的、实际的单词来表现出创造力。但是这个策略存在一个问题：它没有提供一种控制采样过程中随机性的方法。

为什么你想要或多或少的随机性？考虑一个极端情况：纯随机采样，你在均匀概率分布下绘制下一个字符，并且每个字符都具有相同的可能性。该方案具有最大的随机性；换句话说，该概率分布具有最大熵。当然，它不会产生任何有趣的东西。在另一个极端，贪婪采样也不会产生任何有趣的东西，并且没有随机性：相应的概率分布具有最小熵。从"真实"概率分布（由模型的 softmax 函数输出的分布）中采样，可以得到这两个极端之间的中间点。但是，你可能希望探索许多其他更高或更低熵的中间点。较少的熵将使生成的序列具有更可预测的结构（因此它们可能看起来更逼真），而更多的熵将导致更令人惊讶和创造性的序列。当从生成模型中采样时，在生成过程中探索不同量的随机性总是好的。因为我们（人类）是所生成数据有趣程度的最终判断者，所以有趣是非常主观的，并且事先无法告知最佳熵点的位置。

为了控制采样过程中的随机性，我们将引入一个名为 **softmax 温度**的参数，该参数表征用于采样的概率分布的熵：它表征下一个字符的选择将会出乎意料或可预测的程度。给定 temperature 值，通过下列方式对其进行重新加权，从原始概率分布（模型的 softmax 输出）计算新的概率分布。

代码清单 8.1　对不同温度下的概率分布进行重新加权

是一个由概率值组成的向量，这些概率值的和必须为1。
temperature是量化输出分布熵的因子。

```
reweight_distribution <- function(original_distribution,
                                  temperature = 0.5) {

distribution <- log(original_distribution) / temperature
distribution <- exp(distribution)
distribution / sum(distribution)
}
```

返回原始分布的重新加权版本。分布的和可能
不再是1，所以可以除以其和获取新的分布

　　较高的温度导致较高熵的采样分布，这将产生更多令人惊讶和非结构化的生成数据，
而较低的温度将导致较少的随机性和更可预测的生成数据（见图 8.2 ）。

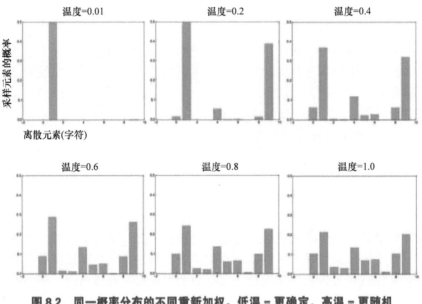

图 8.2　同一概率分布的不同重新加权。低温 = 更确定，高温 = 更随机

8.1.4　实现字符级 LSTM 文本生成

　　让我们利用 Keras 将这些想法付诸实践。你首先需要的是可以用来学习语言模型的大
量文本数据。你可以使用任何足够大的文本文件或一组文本文件，如维基百科、**指环王**等。
在这个例子中，你将使用 19 世纪晚期德国哲学家尼采（Nietzsche）的一些著作（翻译成英
文）。因此，你学习的语言模型将是尼采的写作风格和所选主题的模型，而不是更通用的英
语模型。

1. 准备数据

　　让我们首先下载语料库并将其转换为小写字母。

```
library(keras)
library(stringr)

path <- get_file(
  "nietzsche.txt",
  origin = "https://s3.amazonaws.com/text-datasets/nietzsche.txt"
)
text <- tolower(readChar(path, file.info(path)$size))
cat("Corpus length:", nchar(text), "\n")
```

　　接下来，你将提取长度为 maxlen 的部分重叠序列，对其进行独热编码，并将它们打包成三维数组 x（sequence,maxlen,unique_characters）。同时，你将准备一个包含相应目标的数组 y：在每个提取的序列之后出现的独热编码字符。

```
maxlen <- 60          ←  你将提取60个字符的序列

step <- 3             ←  对新序列，每3个字符采样一次

text_indexes <- seq(1, nchar(text) - maxlen, by = step)
sentences <- str_sub(text, text_indexes, text_indexes + maxlen - 1)    ←  保存提取出的序列
next_chars <- str_sub(text, text_indexes + maxlen, text_indexes + maxlen)  ←  保存目标（后续字符）

cat("Number of sequences: ", length(sentences), "\n")

chars <- unique(sort(strsplit(text, "")[[1]]))    ←  列出唯一的字符
cat("Unique characters:", length(chars), "\n")
char_indices <- 1:length(chars)       ←  将唯一字符映射到索引的命名字符
names(char_indices) <- chars

cat("Vectorization...\n")
x <- array(0L, dim = c(length(sentences), maxlen, length(chars)))
y <- array(0L, dim = c(length(sentences), length(chars)))
for (i in 1:length(sentences)) {
  sentence <- strsplit(sentences[[i]], "")[[1]]
  for (t in 1:length(sentence)) {
    char <- sentence[[t]]
    x[i, t, char_indices[[char]]] <- 1      ←  对字符采用独热编码，得到二值数组
  }
  next_char <- next_chars[[i]]
  y[i, char_indices[[next_char]]] <- 1
}
```

2. 建立网络

　　该网络是单个 LSTM 层，后跟密集分类器和所有可能字符的 softmax。注意，循环神经网络不是生成序列数据的唯一方法；最近，一维卷积网络在这项任务中也被证明是非常成功的。

代码清单 8.4　用于下一个字符预测的单层 LSTM 模型

```
model <- keras_model_sequential() %>%
  layer_lstm(units = 128, input_shape = c(maxlen, length(chars))) %>%
  layer_dense(units = length(chars), activation = "softmax")
```

由于你的目标是独热编码，因此你将使用 categorical_crossentropy 作为训练模型的损失函数。

代码清单 8.5　模型编译配置

```
optimizer <- optimizer_rmsprop(lr = 0.01)

model %>% compile(
  loss = "categorical_crossentropy",
  optimizer = optimizer
)
```

3. 训练语言模型和采样

给定训练完成的模型和种子文本片段，你可以通过重复执行以下操作来生成新文本：

1）给定到目前为止生成的文本，从模型中得出下一个字符的概率分布。

2）对分布重新加权，调整到一定温度。

3）根据重新加权的分布随机采样下一个字符。

4）在可用文本的末尾添加新字符。

这是用于重新加权模型中出现的原始概率分布并从中绘制字符索引（采样函数）的代码。

代码清单 8.6　根据模型预测采样下一个字符的函数

```
sample_next_char <- function(preds, temperature = 1.0) {
  preds <- as.numeric(preds)
  preds <- log(preds) / temperature
  exp_preds <- exp(preds)
  preds <- exp_preds / sum(exp_preds)
  which.max(t(rmultinom(1, 1, preds)))
}
```

最后，以下循环重复训练并生成文本。你开始在每轮训练之后使用不同的温度范围生成文本。这使你可以了解生成的文本在模型开始收敛时如何演变，以及温度对采样策略的影响。

代码清单 8.7　生成文本循环

```
for (epoch in 1:60) {                          ← 对模型进行60轮训练          随机选择文本种子

  cat("epoch", epoch, "\n")

  model %>% fit(x, y, batch_size = 128, epochs = 1)

  start_index <- sample(1:(nchar(text) - maxlen - 1), 1)

  seed_text <- str_sub(text, start_index, start_index + maxlen - 1)
```

拟合
模型

```
cat("--- Generating with seed:", seed_text, "\n\n")

for (temperature in c(0.2, 0.5, 1.0, 1.2)) {          在一定范围内尝试
                                                       不同的采样温度
  cat("------ temperature:", temperature, "\n")
  cat(seed_text, "\n")

  generated_text <- seed_text            由种子文本生成400个字符
  for (i in 1:400) {

    sampled <- array(0, dim = c(1, maxlen, length(chars)))
    generated_chars <- strsplit(generated_text, "")[[1]]
    for (t in 1:length(generated_chars)) {             对迄今已生成的字
      char <- generated_chars[[t]]                     符进行独热编码
      sampled[1, t, char_indices[[char]]] <- 1
    }

    preds <- model %>% predict(sampled, verbose = 0)
    next_index <- sample_next_char(preds[1,], temperature)   采样下一个字符
    next_char <- chars[[next_index]]

    generated_text <- paste0(generated_text, next_char)
    generated_text <- substring(generated_text, 2)

    cat(next_char)
  }
  cat("\n\n")
  }
}
```

在这里，我们使用了随机的种子文本 "new faculty, and the jubilation reached its climax when kant." 下面是当 temperature=0.2 时，你在第 20 轮获得的内容，此时模型远未收敛：

```
new faculty, and the jubilation reached its climax when kant and such a man
in the same time the spirit of the surely and the such the such
as a man is the sunlight and subject the present to the superiority of the
special pain the most man and strange the subjection of the
special conscience the special and nature and such men the subjection of the
special men, the most surely the subjection of the special
intellect of the subjection of the same things and
```

这是 temperature=0.5 的结果：

```
new faculty, and the jubilation reached its climax when kant in the eterned
and such man as it's also become himself the condition of the
experience of off the basis the superiory and the special morty of the
strength, in the langus, as which the same time life and "even who
discless the mankind, with a subject and fact all you have to be the stand
and lave no comes a troveration of the man and surely the
conscience the superiority, and when one must be w
```

这是 temperature=1.0 的结果：

```
new faculty, and the jubilation reached its climax when kant, as a
periliting of manner to all definites and transpects it it so
hicable and ont him artiar resull
too such as if ever the proping to makes as cnecience. to been juden,
all every could coldiciousnike hother aw passife, the plies like
which might thiod was account, indifferent germin, that everythery
certain destrution, intellect into the deteriorablen origin of moralian,
and a lessority o
```

在第 60 轮训练后，该模型已基本收敛，并且文本开始看起来更加连贯。这是 temperature=0.2 的结果：

```
cheerfulness, friendliness and kindness of a heart are the sense of the
spirit is a man with the sense of the sense of the world of the
self-end and self-concerning the subjection of the strengthorixes--the
subjection of the subjection of the subjection of the
self-concerning the feelings in the superiority in the subjection of the
subjection of the spirit isn't to be a man of the sense of the
subjection and said to the strength of the sense of the
```

这是 temperature=0.5 的结果：

```
cheerfulness, friendliness and kindness of a heart are the part of the soul
who have been the art of the philosophers, and which the one
won't say, which is it the higher the and with religion of the frences.
the life of the spirit among the most continuess of the
strengther of the sense the conscience of men of precisely before enough
presumption, and can mankind, and something the conceptions, the
subjection of the sense and suffering and the
```

这是 temperature=1.0 的结果：

```
cheerfulness, friendliness and kindness of a heart are spiritual by the
ciuture for the
entalled is, he astraged, or errors to our you idstood--and it needs,
to think by spars to whole the amvives of the newoatly, prefectly
raals! it was
name, for example but voludd atu-especity"--or rank onee, or even all
"solett increessic of the world and
implussional tragedy experience, transf, or insiderar,--must hast
if desires of the strubction is be stronges
```

正如你所看到的，低温值导致很多重复且可预测的文本，但局部结构非常逼真：特别是所有单词（一个**单词**是本地字符模式）都是真正的英语单词。随着温度的升高，产生的文字变得更有趣，令人惊讶，甚至更具创意；它有时会发明听起来有些合理的全新单词（例如 eterned 和 troveration）。在高温下，局部结构开始分解，大多数单词看起来像半随机字符串。毫无疑问，temperature=0.5 是这个特定设置中文本生成最有趣的温度。始终尝试多种采样策略，学习结构和随机性之间的巧妙平衡是让生成有趣的原因。

注意：通过训练更大的模型、更长的时间、更多的数据，你可以获得比此模型更连贯和更真实的生成样本。当然，除了偶然的机会之外，不要期望生成任何有意义的文本：你所做的只是从统计模型中抽取数据，在这个模型中确定了一些字符后面紧随着哪些字符。语言是一种通信渠道，通信的内容与通信编码的消息的统计结构之间存在区别。为证明这种区别，提出了一个实验：如果人类语言在压缩通信方面做得更好，就像计算机在大多数数字通信中所做的那样，该怎么办？语言同样有意义，但它缺乏一些内在的统计结构，因此无法像你刚才那样学习语言模型。

8.1.5 小结

● 你可以通过训练模型来生成离散序列数据，以便在给定前一个标记的情况下预测下一个标记。

● 对于文本，这种模型称为**语言模型**。它可以基于单词或字符。

● 对下一个标记进行采样需要在遵守模型可能判断的内容和引入随机性之间取得平衡。

● 解决这个问题的一种方法是 softmax 温度的概念。始终尝试不同的温度，以找到合适的温度。

8.2 DeepDream

DeepDream 是一种艺术图像修改技术，它使用卷积神经网络学习得到的表示。它是由 Google 在 2015 年夏天首次发布的，作为使用 Caffe 深度学习库编写的实现（这个发布在 TensorFlow 第一次公开发布之前的几个月）[⊖]。由于它可以生成迷幻的图片（见图 8.3），充满了空想性错觉，一个生物有着鸟类的羽毛和狗的眼睛，很快就引起了网络轰动——一个 DeepDream 卷积网络在 ImageNet 上训练产生的副产品，其中狗品种和鸟类的数量远远超过其他生物的数量。

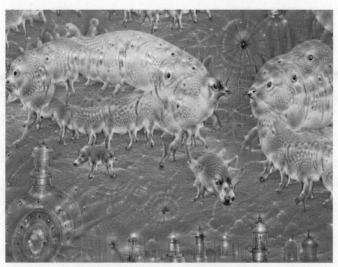

图 8.3 DeepDream 输出图像的示例

DeepDream 算法几乎与第 5 章中介绍的卷积网络过滤器可视化技术完全相同，包括后向运行卷积网络：对卷积网络的输入进行梯度上升，以便最大限度地激活上层的特定过滤器。DeepDream 使用同样的想法，但有一些简单的区别：

● 使用 DeepDream，你可以尝试最大化整个层的激活而不是特定过滤器的激活，从而将大量特征的可视化同时混合在一起。

● 你不是从空白、略微嘈杂的输入开始，而是从现有图像开始，所产生的效果会锁定

⊖ Alexander Mordvintsev，Christopher Olah，and Mike Tyka，"Deep Dream：A Code Example for Visualizing Neural Networks，"*Google Research Blog*，July1，2015，http：//mng. bz/xXIM.

到预先存在的视觉模式上，从而以某种艺术方式扭曲图像的元素。

● 在不同比例（称为 *octave*）下对输入图像进行处理，从而提高可视化的质量。

下面我们实现一些 DeepDream 案例。

8.2.1　在 Keras 中实现 DeepDream

你将从 ImageNet 上预先训练的卷积网络开始。在 Keras 有许多这样的网络可用：VGG16、VGG19、Xception、ResNet50 等。你可以使用其中任何一个来实现 DeepDream，但你选择的网络不同自然会影响可视化的效果，因为不同的卷积网络架构会学到不同的特征。原始 DeepDream 版本中使用的卷积网络是一个 Inception 模型，在实践中，人们已经知道 Inception 可以生成漂亮的 DeepDream，因此你将使用 Keras 附带的 Inception V3 模型。

> **代码清单 8.8　加载预训练过的 InceptionV3 模型**

```
library(keras)                          你不会对模型进行训练，
                                        因此这条命令把所有特定
k_set_learning_phase(0)    ◄────        于训练的命令都禁用了

model <- application_inception_v3(
  weights = "imagenet",                 构建无卷积基的Inception V3网络。该模
  include_top = FALSE,                  型将根据预训练的ImageNet权重加载
)
```

接下来，你将计算**损失**：在梯度上升过程中你将寻求最大化的数量。在第 5 章中，为了使过滤器可视化，尝试在特定层中最大化特定过滤器的值。在这里，你将同时在多个层中最大化地激活所有过滤器。具体来说，你将最大化一组高级层激活的 L2 范数的加权和。所选择的确切层集（以及它们对最终损失的贡献）对你将能够生成的视觉效果产生重大影响，因此你希望使这些参数易于配置。较低层会产生几何模式，而较高层会产生视觉效果，你可以在其中识别 ImageNet 中的某些类（例如，鸟或狗）。你将从一个四层的任意配置的网络开始——但你肯定希望以后探索许多不同的配置。

> **代码清单 8.9　设置 DeepDream 配置**

```
layer_contributions <- list(
  mixed2 = 0.2,                    命名列表将层名映射到一个系数，该系数对层激活对
  mixed3 = 3,                      (你希望最大化的)损失的影响有多大进行量化。注意，
  mixed4 = 2,                      层名硬编码在内置的Inception V3应用中。你可以用
  mixed5 = 1.5                     summary(model)列出所有的层名
)
```

现在，让我们定义一个包含损失的张量：代码清单 8.9 中各层激活的 L2 范数的加权和。

> **代码清单 8.10　定义损失最大化**

```
#由于我们未用到下面的layer_dict，这段代码不需要          通过把层的贡献添加到这个
                                                        缩放变量，对损失进行定义
  #layer_dict <- model$layers
  #names(layer_dict) <- lapply(layer_dict, function(layer) layer$name)

  loss <- k_variable(0)    ◄────
```

```
for (layer_name in names(layer_contributions)) {
  coeff <- layer_contributions[[layer_name]]
  activation <-get_layer(model, layer_name) $output ←——— 检索层的输出
  scaling <- k_prod(k_cast(k_shape(activation), "float32"))
  loss <- loss + (coeff * k_sum(k_square(activation)) / scaling) ←
}
                                              在损失中加上层特征的L2范数
```

接下来，你可以设置梯度上升过程。

代码清单 8.11　梯度上升过程

这个张量保存生成的图像：dream

　　　　　　　　　　　　　　　　　　　　　计算dream关于loss的梯度

```
dream <- model1$input

grads <- k_gradients(loss, dream)[[1]] ←
                                                    标准化梯度
grads <- grads / k_maximum(k_mean(k_abs(grads)), 1e-7) ←    （重要技巧）

outputs <- list(loss, grads)
fetch_loss_and_grads <- k_function(list(dream), outputs) ←
eval_loss_and_grads <- function(x) {               设置一个Keras函数，
  outs <- fetch_loss_and_grads(list(x))            检索给定输入图像的
  loss_value <- outs[[1]]                          损失和梯度值
  grad_values <- outs[[2]]
  list(loss_value, grad_values)
}

gradient_ascent <- function(x, iterations, step, max_loss = NULL) {
  for (i in 1:iterations) {
    c(loss_value, grad_values) %<-% eval_loss_and_grads(x)
    if (!is.null(max_loss) && loss_value > max_loss)
      break
    cat("...Loss value at", i, ":", loss_value, "\n")
    x <- x + (step * grad_values)
  }
  x                                        这个函数执行
}                                          多次梯度上升
```

　　最后就是实际的 DeepDream 算法。首先，定义一个处理图像的**尺度**（称为 *octave*）的列表。每个连续的尺度都是前一个的 1.4 倍（放大 40%）：即首先处理小图像，然后逐渐放大图像（见图 8.4）。

　　对于从最小到最大的每个连续的尺度，你都将在该尺度下运行梯度上升以最大化你之前定义的损失。在每次梯度上升运行后，你将生成的图像放大 40%。

　　为了避免在每次连续放大后丢失大量图像细节（导致图像越来越模糊或像素化），你可以使用一个简单的技巧：在每次放大后，你将丢失的细节重新注入图像，这是可能的，因为你知道原始图像在更大范围内应是什么样。给定小图像尺寸 S 和较大图像尺寸 L，你可以计算调整大小为 L 的原始图像与调整大小为 S 的原始图像之间的差异——这种差异量化了从 S 到 L 时丢失的细节。

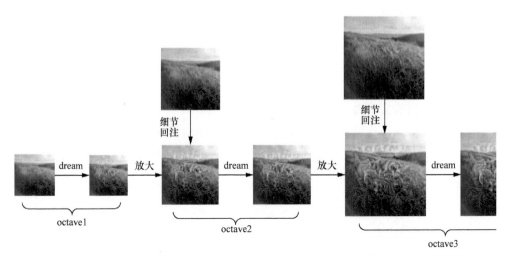

图 8.4　DeepDream 过程：升级后的空间处理（octave）的连续比例和细节回注

代码清单 8.12　在不同的连续标度上运行梯度上升

调整这些超参数可以达成新的效果

梯度上升步长大小
运行梯度上升的比例尺数量
比例尺之间的比例
每次缩放时的上升次数

```
step <- 0.01
num_octave <- 3
octave_scale <- 1.4
iterations <- 20
```

如果损失的增加大于10，将中止梯度
上升过程以避免不良效应

```
max_loss <- 10
```

填写你希望用到的图像的路径

```
base_image_path <- "..."
```

把基础图像加载到数组中
（函数在代码清单8.13中定义）

```
img <- preprocess_image(base_image_path)
```

```
original_shape <- dim(img)[-1]
successive_shapes <- list(original_shape)
for (i in 1:num_octave) {
  shape <- as.integer(original_shape / (octave_scale ^ i))
  successive_shapes[[length(successive_shapes) + 1]] <- shape
}
```

准备一个形状元
组的列表，定义
运行梯度上升的
不同比例尺

反转形状列表，
使其按升序排列

```
successive_shapes <- rev(successive_shapes)
```

调整图像数组的大
小至最小比例尺

```
original_img <- img
shrunk_original_img <- resize_img(img, successive_shapes[[1]])
```

```
for (shape in successive_shapes) {
    cat("Processsing image shape", shape, "\n")
    img <- resize_img(img, shape)
    img <- gradient_ascent(img,
                           iterations = iterations,
                           step = step,
                           max_loss = max_loss)
    upscaled_shrunk_original_img <- resize_img(shrunk_original_img, shape)
    same_size_original <- resize_img(original_img, shape)
    lost_detail <- same_size_original - upscaled_shrunk_original_img

    img <- img + lost_detail
    shrunk_original_img <- resize_img(original_img, shape)
    save_img(img, fname = sprintf("dream_at_scale_%s.png",
                                  paste(shape, collapse = "x")))
}
```

放大dream图像

运行梯度上升，修改dream

放大原始图像的较小版本：将会像素化

计算原始图像在这个尺寸的高质量版本

把损失细节回注到dream中

两者的差异即为放大过程中丢失的细节

注意：此代码使用以下简单的辅助 R 函数，这些函数的功能都与其名称一致。

代码清单 8.13　辅助函数

```
resize_img <- function(img, size) {
  image_array_resize(img, size[[1]], size[[2]])
}

save_img <- function(img, fname) {
  img <- deprocess_image(img)
  image_array_save(img, fname)
}

preprocess_image <- function(image_path) {
  image_load(image_path) %>%
    image_to_array() %>%
    array_reshape(dim = c(1, dim(.))) %>%
    inception_v3_preprocess_input()
}

deprocess_image <- function(img) {
  img <- array_reshape(img, dim = c(dim(img)[[2]], dim(img)[[3]], 3))
  img <- img / 2
  img <- img + 0.5
  img <- img * 255

  dims <- dim(img)
  img <- pmax(0, pmin(img, 255))
  dim(img) <- dims
  img
}
```

具有如下功能的函数：打开图像、调整图像尺寸、把图像格式化为 Inception V3可处理的张量

把张量转换为有效图像的功能函数

撤销imagenet_preprocess_input 函数执行的预处理

注意：因为原始的 Inception V3 网络经过训练可识别大小为 299×299 的图像中的内容，并且假设该过程涉及按合理因子缩小图像，所以 DeepDream 实现在尺寸介

于 300×300 像素和 400×400 像素之间的图像上产生的结果更好。无论如何，你可以在任何大小和任何比例的图像上运行相同的代码。

从在旧金山湾和谷歌校园之间的小山丘上拍摄的照片开始，我们获得了图 8.5 中所示的 DeepDream。

图 8.5　在示例图像上运行 DeepDream 代码

强烈建议你通过调整损失中使用的层来探索可以执行的操作。网络中较低的层包含更多局部、较少抽象的表示，带来看起来更几何的梦幻模式。较高的层会根据 ImageNet 中最常见的对象（例如狗眼、鸟类羽毛等）产生更易识别的视觉模式。你可以在 `layer_con-tributions` 字典中随机生成参数，以快速浏览许多不同的层组合。图 8.6 显示了使用不同层配置从美味的自制糕点的图像获得的一系列结果。

图 8.6　在示例图像上尝试一系列 DeepDream 配置

8.2.2　小结

- DeepDream 包括后向运行卷积网络以根据网络学习的表示生成输入。
- 所产生的结果很有趣，并且有些类似于通过药物扰乱视觉皮层而诱发的视觉伪影。

● 请注意，该过程并非特定于图像模型甚至是卷积网络。它可以用于语音、音乐等。

8.3　神经样式转换

除了 DeepDream 之外，深度学习驱动的图像修改的另一项重大进展是由 Leon Gatys 等人在 2015 年夏天提出的**神经样式转换**[⊖]。神经样式转换算法经过了多次改进，并在其最初的介绍中产生了许多变化，并且它已经进入许多智能手机照片应用程序。为简单起见，本节重点介绍原始论文中描述的方法。

神经样式转换包括将参考图像的样式应用于目标图像，同时保留目标图像的内容。图 8.7 显示了一个示例。

 + 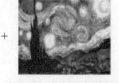 =

图 8.7　样式转换示例

在这种情况下，**样式**本质上是指图像在各种空间尺度上的纹理、颜色和视觉模式；**内容**是图像的高级宏观结构。例如，蓝色和黄色的圆形笔触被认为是图 8.7 中的样式（使用文森特·梵高的《**星夜**》），并且图宾根照片中的建筑物被认为是其中的内容。

样式转换的概念与纹理生成紧密相关，在 2015 年神经样式转换提出之前，在图像处理领域已有悠久的历史。但事实证明，基于深度学习的样式转换的实现提供了以前经典计算机视觉技术无法比拟的成果，并且它们引发了计算机视觉创造性应用的惊人复兴。

实现样式转换背后的关键概念与所有深度学习算法的核心相同：你定义了一个损失函数来指定你想要实现的目标，并最大限度地减少这种损失。你知道自己想要实现的目标：在采用参考图像的样式的同时保留原始图像的内容。如果你能够在数学上定义内容和样式，那么最小化的适当损失函数如下：

```
loss <- distance(style(reference_image) - style(generated_image)) +
        distance(content(original_image) - content(generated_image))
```

这里，distance 是一种规范函数，例如 L2 范数；content 是一种获取图像并计算其内容表示的函数；style 是一种获取图像并计算其样式表示的函数。减少这种损失会导致 style（generated_image）接近 style（reference_image），content（generated_image）接近 content（generated_image），从而实现我们定义的样式转换。

Gatys 等人的一项基本观察是深度卷积神经网络提供了一种数学定义 style 和 content 函数的方法。让我们看看是如何定义的。

⊖　Leon A.Gatys，Alexander S. Ecker，and Matthias Bethge，"A Neural Algorithm of Artistic Style，" https : //arxiv. org/abs/1508.06576.

8.3.1　内容损失

我们已经知道，来自网络中较低层的激活包含有关图像的**局部**信息，而来自较高层的激活包含越来越**全局的抽象**信息。卷积网络不同层的激活方式不同，可以在不同的空间尺度上提供图像内容的分解。因此，可以期望通过卷积网络中上层的表示捕获更全局和更抽象的图像内容。

因此，内容损失的良好候选者是在目标图像上计算的预训练的卷积网络中的上层的激活与在所生成的图像上计算的相同层的激活之间的 L2 范数。从上层看，这保证了生成的图像看起来与原始目标图像类似。假设卷积网络的上层看到的是输入图像的内容，那么这就是保存图像内容的一种方式。

8.3.2　样式损失

内容损失仅使用单个上层，但是 Gatys 等人定义的样式损失使用卷积网络的多个层：你尝试捕获由卷积网络提取的所有空间尺度的样式参考图像外观，而不仅仅是单个尺度。对于样式损失，Gatys 等人使用层激活的 **Gram 矩阵**：给定层的特征图的内积。该内积可以理解为表述层的特征之间的相关性的图。这些特征相关性捕获特定空间尺度的图案的统计数据，其在经验上对应于在该尺度下找到的纹理外观。

因此，样式损失旨在在样式参考图像和生成的图像之间保持不同层的内部相关性。反之，这保证了在不同空间尺度上找到的纹理在样式参考图像和生成的图像中看起来相似。

简而言之，你可以使用预训练的卷积网络来定义损失：

● 通过在目标内容图像和生成的图像之间保持类似的高级层激活来保留内容。卷积网络应该"看到"目标图像和生成的图像包含相同的内容。

● 通过在低级层和高级层的激活中保持类似的**相关性**来保留样式。特征相关性捕获**纹理**：生成的图像和样式参考图像应在不同的空间尺度共享相同的纹理。

现在，让我们看一下 2015 年神经样式转换算法的 Keras 实现。正如你将看到的，它与上一节中开发的 DeepDream 实现有许多相似之处。

8.3.3　Keras 的神经样式转换

可以使用任何预训练的卷积网络实现神经样式转换。在这里，你将使用 Gatys 等人使用的 VGG19 网络。VGG19 是第 5 章中介绍的 VGG16 网络的简单变体，带有三个卷积层。

过程如下：

1）设置一个网络，以同时计算样式参考图像、目标图像和生成的图像的 VGG19 层激活。

2）使用在这三个图像上计算的层激活来定义前面描述的损失函数，可以将其最小化以实现样式传输。

3）设置梯度下降过程以最小化此损失函数。

让我们首先定义样式参考图像和目标图像的路径。为了确保处理过的图像大小相似（大小不同，使得样式传输更加困难），你稍后会将它们全部调整为 400 像素的高度。

代码清单 8.14　定义初始变量

```
library(keras)

target_image_path <- "img/portrait.png"                          你希望转换的图像路径

style_reference_image_path <- "img/transfer_style_reference.png"    样式图
                                                                    像路径
img <- image_load(target_image_path)
width <- img$size[[1]]                                    计算生成的
height <- img$size[[2]]                                   图片的维度
img_nrows <- 400
img_ncols <- as.integer(width * img_nrows / height)
```

需要一些辅助函数来加载、预处理和后处理进出 VGG19 卷积网络的图像。

代码清单 8.15　辅助函数

```
preprocess_image <- function(path) {
  img <- image_load(path, target_size = c(img_nrows, img_ncols)) %>%
    image_to_array() %>%
    array_reshape(c(1, dim(.)))
  imagenet_preprocess_input(img)
}

deprocess_image <- function(x) {
  x <- x[1,,,]
  x[,,1] <- x[,,1] + 103.939          从ImageNet中移除像素均值，使得以零为中
  x[,,2] <- x[,,2] + 116.779          心。这是imagenet_preprocess_input所执行转
  x[,,3] <- x[,,3] + 123.68           换的逆过程。
  x <- x[,,c(3,2,1)]
  x[x > 255] <- 255                   将图像从"BGR"转换为"RGB"。
  x[x < 0] <- 0                       这也是imagenet_preprocess_input
  x[] <- as.integer(x)/255            逆过程的一部分
  x
}
```

我们来设置 VGG19 网络。它将一批三个图像作为输入：样式参考图像、目标图像和将包含生成的图像的占位符。占位符是符号张量，其值通过外部 R 阵列提供。样式引用和目标图像是静态的，因此使用 k_constant 定义，而生成的图像的占位符中包含的值将随时间变化。

代码清单 8.16　加载预训练的 VGG19 网络并将其应用于三个图像

包含生成图像的占位符　　　　　　　　　　　　　　　　　将三幅图像组合为一个批次

```
    target_image <- k_constant(preprocess_image(target_image_path))
    style_reference_image <- k_constant(
      preprocess_image(style_reference_image_path)
    )

    combination_image <- k_placeholder(c(1, img_nrows, img_ncols, 3))

    input_tensor <- k_concatenate(list(target_image, style_reference_image,
                                       combination_image), axis = 1)
```

```
model <- application_vgg19(input_tensor = input_tensor,
                           weights = "imagenet",
                           include_top = FALSE)

cat("Model loaded\n")
```

构建VGG19网络，以三张图像的批
次作为输入。该模型将以预训练的
ImageNet权重加载

让我们定义内容损失，这将确保 VGG19 卷积网络的顶层具有与目标图像和生成的图像类似的视图。

代码清单 8.17　内容损失

```
content_loss <- function(base, combination) {
  k_sum(k_square(combination - base))
}
```

接下来是样式损失。它使用辅助函数来计算输入矩阵的 Gram 矩阵：在原始特征矩阵中找到的相关性的映射。

代码清单 8.18　样式损失

```
gram_matrix <- function(x) {
  features <- k_batch_flatten(k_permute_dimensions(x, c(3, 1, 2)))
  gram <- k_dot(features, k_transpose(features))
  gram
}

style_loss <- function(style, combination){
  S <- gram_matrix(style)
  C <- gram_matrix(combination)
  channels <- 3
  size <- img_nrows*img_ncols
  k_sum(k_square(S - C)) / (4 * channels^2  * size^2)
}
```

在这两个损失分量基础上，你添加第三个：总变分损失，它对生成的组合图像的像素进行运算。它促进了生成图像的空间连续性，从而避免过度像素化的结果。你可以将其解释为正则化损失。

代码清单 8.19　总变分损失

```
total_variation_loss <- function(x) {
  y_ij  <- x[,1:(img_nrows - 1L), 1:(img_ncols - 1L),]
  y_i1j <- x[,2:(img_nrows), 1:(img_ncols - 1L),]
  y_ij1 <- x[,1:(img_nrows - 1L), 2:(img_ncols),]
  a <- k_square(y_ij - y_i1j)
  b <- k_square(y_ij - y_ij1)
  k_sum(k_pow(a + b, 1.25))
}
```

最小化的损失是这三种损失的加权平均值。要计算内容损失，你只使用一个上层，即

block5_conv2 层，而对于样式损失，你使用的是一个跨越低层和高层的层列表。最后添加了总变量损失。

根据你使用的样式参考图像和内容图像，你可能希望调整 content_weight 系数（内容损失对总损失的影响）。更高的 content_weight 意味着在生成的图像中将更容易识别目标内容。

代码清单 8.20　定义你将最小化的最终损失

```
                                                             用于内容损失的层
将层名映射到激活张量的命名列表
 ┌──→ outputs_dict <- lapply(model$layers, `[[`, "output")
      names(outputs_dict) <- lapply(model$layers, `[[`, "name")

      content_layer <- "block5_conv2"                      ◄─────
      style_layers = c("block1_conv1", "block2_conv1",
                       "block3_conv1", "block4_conv1",      用于样式损失的层
                       "block5_conv1")

      total_variation_weight <- 1e-4
      style_weight <- 1.0          损失分量的加权平均的权重
      content_weight <- 0.025
                                                        通过把所有的分量
                                                        加到这个标量变量
      loss <- k_variable(0.0)       ◄─────              上面来定义损失
      layer_features <- outputs_dict[[content_layer]]
      target_image_features <- layer_features[1,,,]       添加内容损失
      combination_features <- layer_features[3,,,]
      loss <- loss + content_weight * content_loss(target_image_features,
                                                   combination_features)

      for (layer_name in style_layers) {        ◄─────    为每个目标层添加样
        layer_features <- outputs_dict[[layer_name]]       式损失分量
        style_reference_features <- layer_features[2,,,]
        combination_features <- layer_features[3,,,]
        sl <- style_loss(style_reference_features, combination_features)
        loss <- loss + ((style_weight / length(style_layers)) * sl)
      }
添加总变
分损失    loss <- loss +
          (total_variation_weight * total_variation_loss(combination_image))
```

最后，你将设置梯度下降过程。在最初的 Gatys 等人论文中，优化是使用 L-BFGS 算法进行的，因此你将在此处使用。这是与 8.2 节中的 DeepDream 示例的关键区别。L-BFGS 算法可以通过 optim() 函数获得，但 optim() 实现有两个小的限制：
- 它要求将损失函数的值和梯度的值作为两个单独的函数传递。
- 它只能应用于平面向量，而你具有三维图像阵列。

单独计算损失函数的值和梯度的值是低效的，因为这样做会导致两者之间大量冗余的计算；这个过程几乎是联合计算过程的两倍。要绕过这个，你将设置一个名为 Evaluator 的 R6 类，它同时计算损失值和梯度值，在第一次调用时返回损失值，并缓存下一次调用的梯度。

代码清单 8.21　设置梯度下降过程

获得生成图像相对于损失的梯度　　　　　　　　　　获取当前损失值和当前梯度值的函数

```
grads <- k_gradients(loss, combination_image)[[1]]

fetch_loss_and_grads <-
     k_function(list(combination_image), list(loss, grads))

eval_loss_and_grads <- function(image) {
  image <- array_reshape(image, c(1, img_nrows, img_ncols, 3))
  outs <- fetch_loss_and_grads(list(image))
  list(
    loss_value = outs[[1]],
    grad_values = array_reshape(outs[[2]], dim = length(outs[[2]]))
  )
}

library(R6)
Evaluator <- R6Class("Evaluator",
  public = list(

    loss_value = NULL,
    grad_values = NULL,

    initialize = function() {
      self$loss_value <- NULL
      self$grad_values <- NULL
    },

    loss = function(x) {
      loss_and_grad <- eval_loss_and_grads(x)
      self$loss_value <- loss_and_grad$loss_value
      self$grad_values <- loss_and_grad$grad_values
      self$loss_value
    },

    grads = function(x) {
      grad_values <- self$grad_values
      self$loss_value <- NULL
      self$grad_values <- NULL
      grad_values
    }
  )
)

evaluator <- Evaluator$new()
```

这个类包含了fetch_loss_and_grads的功能,允许你通过两个独立的方法调用来检索损失和梯度的值,这也是优化器要求我们做的事情

最后,可以使用 L-BFGS 算法运行梯度上升过程,在算法的每次迭代中绘制当前生成的图像(此处,单次迭代表示梯度上升的 20 个步骤)。

代码清单 8.22　样式转换回路

```
iterations <- 20

dms <- c(1, img_nrows, img_ncols, 3)

x <- preprocess_image(target_image_path)
```

这是初始状态:目标图像

```
x <- array_reshape(x, dim = length(x))              展平图像，因为optim只
                                                    能处理展平的向量
for (i in 1:iterations) {

  opt <- optim(
    array_reshape(x, dim = length(x)),              对生成图像的像素运行L-BFGS，最小
    fn = evaluator$loss,                            化神经样式损失。注意你需要把计算
    gr = evaluator$grads,                           损失的函数和计算梯度的函数作为两
    method = "L-BFGS-B",                            个独立的参数
    control = list(maxit = 15)
  )

  cat("Loss:", opt$value, "\n")

  image <- x <- opt$par
  image <- array_reshape(image, dms)

  im <- deprocess_image(image)
  plot(as.raster(im))
}
```

图 8.8 显示了你得到的结果。请记住，这种技术所实现的仅仅是图像重新构造或纹理转移的一种形式。它最适用于具有强烈纹理和高度自相似性的样式参考图像，并且内容目标不需要高级别的细节来识别。它通常无法实现相当抽象的功能，例如将一幅肖像的样式转换到另一幅肖像。与人工智能相比，该算法更接近经典信号处理，所以不要指望它像魔术一样工作！

另外，请注意运行此样式转换算法很慢。但是，由设置操作的转换非常简单，只要有适当的训练数据，它就可以通过一个小型、快速的前馈卷积网络学习。因此，首先使用此处概述的方法，通过花费大量计算周期来生成固定样式参考图像的输入输出训练示例，然后训练一个简单的卷积网络来学习这种特定样式的转换，可以实现快速样式转换。一旦完成，对给定图像进行样式化是实时的：它只是这个小小的卷积网络的一次前向传播。

8.3.4　小结

● 样式转换包括创建一个新图像，该图像保留目标图像的内容，同时还捕获参考图像的样式。

● 内容可以通过卷积网络的高级激活来捕获。

● 样式可以通过卷积网络不同层激活的内部相关性来捕获。

● 因此，深度学习允许将样式转换表达为使用预训练的卷积网络定义的损失的优化过程。

● 从上述基本思想出发，可以进行许多变型和改进。

图 8.8　一些示例结果

8.4　使用变分自编码器生成图像

从潜在的图像空间进行采样以创建全新的图像或编辑现有图像是目前创作 AI 最受欢迎

和最成功的应用。在本节和下一节中，我们将回顾一些与图像生成有关的高级概念，以及与该领域中两种主要技术相关的实现细节：变分自编码器（VAE）和生成对抗网络（GAN）。我们在这里介绍的技术不只针对特定的图像——你可以使用 GAN 和 VAE 开发声音、音乐甚至文本的潜在空间——但在实践中，最有趣的结果是通过图片获得的，这就是我们关注的内容。

8.4.1　从图像的潜在空间中采样

图像生成的关键思想是开发表示的低维**潜在空间**（通常是向量空间），其中任何点都可以映射到逼真的图像。能够实现该映射的模块，将潜点作为输入并输出图像（像素网格），这样的模块称为**生成器**（在 GAN 的情况下）或**解码器**（在 VAE 的情况下）。一旦形成了这样一个潜在的空间，可以有意或无意地从中采样点，然后通过将它们映射到图像空间，生成以前从未见过的图像（见图 8.9 和图 8.10）。

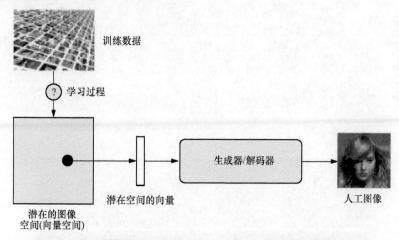

图 8.9　学习图像潜在的向量空间，并使用它来对新图像进行采样

GAN 和 VAE 是用于学习图像表示的潜在空间的两种不同策略，每种策略都具有其自身的特征。VAE 非常适合学习结构良好的潜在空间，其中特定方向编码数据中有意义的变量轴。GAN 生成的图像可能非常逼真，但它们来自的潜在空间可能没有那么多的结构和连续性。

8.4.2　图像编辑的概念向量

当我们在第 6 章中介绍词嵌入时，我们已经提到过**概念向量**的想法。在这里我们的想法仍然是相同的：给定一个潜在的表示空间或一个嵌入空间，空间中的某些方向可以在原始数据中编码有趣的变量轴。例如，在面部图像的潜在空间中，可能存在**微笑向量**，使得如果潜在点 z 是某个面部的嵌入表示，则潜在点 z+s 是同一面部的嵌入表示，代表微笑。一旦你识别出这样的向量，就可以通过将图像投影到潜在空间中来编辑图像，以有意义的方式移动它们的表示，然后将它们解码回图像空间。对于图像空间中存在基本上独立的变化维度的概念向量——在脸部方面，你可能会发现用于向脸部添加太阳镜、摘下眼镜、将男性面孔变成女性面孔等多种向量。图 8.11 是微笑向量的一个例子，这是一个概念向量，由新西兰维多利亚大学设计学院的 Tom White 发现，使用在名人面孔数据集（CelebA 数据集）上训练的 VAE。

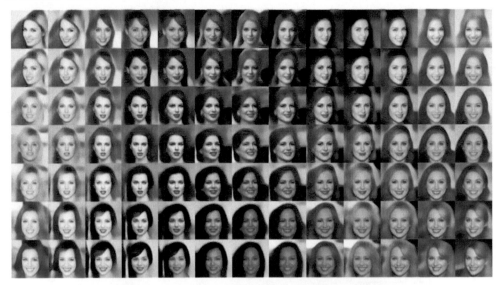

图 8.10 Tom White 使用 VAE 生成的连续面部空间

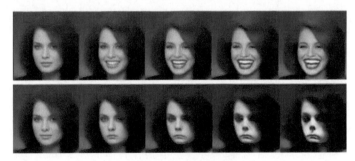

图 8.11 微笑向量

8.4.3 变分自编码器

变分自编码器，由 Kingma 和 Welling 于 2013 年 12 月同时提出[⊖]，Rezende、Mohamed 和 Wierstra 于 2014 年 1 月同时提出[⊖]，它是一种生成模型，特别适用于通过概念进行图像编辑的任务向量。它们是自编码器的现代版本——一种旨在将输入编码到低维潜在空间然后将其解码回来的网络——将来自深度学习和贝叶斯推理的思想混合在一起。

⊖ Diederik P. Kingma and Max Welling，"Auto-Encoding Variational Bayes，"https：//arxiv.org/abs/1312.6114.

⊖ Danilo Jimenez Rezende，Shakir Mohamed，and Daan Wierstra，"Stochastic Backpropagation and Approximate Inference in Deep Generative Models，"https：//arxiv.org/abs/1401.4082.

经典图像自编码器通过编码器模块拍摄图像，将其映射到潜在的向量空间，然后通过解码器模块将其解码回与原始图像尺寸相同的输出（见图 8.12）。然后通过将与输入图像相同的图像用作目标数据来进行训练，这意味着自编码器学习重建原始输入。通过对代码（编码器的输出）施加各种约束，你可以使用自编码器来了解更多或更少有趣的数据潜在表示。最常见的是，你将限制代码为低维和稀疏（大多数为零），在这种情况下，编码器可以将输入数据压缩为更少的信息位。

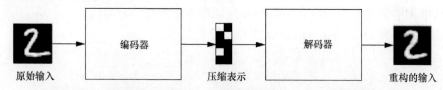

图 8.12 自编码器：将输入 x 映射到压缩表示，然后将其解码为 x′

实际上，这种经典的自编码器不会产生特别有用或结构良好的潜在空间。它们也不太擅长压缩。由于这些原因，它们已经基本上不再流行。然而，VAE 通过一些统计方法增强了自编码器，迫使它们学习连续的、高度结构化的潜在空间。它们已成为图像生成的强大工具。

VAE 不是将其输入图像压缩为潜在空间的固定代码，而是将图像转换为统计分布的参数：均值和方差。实际上，这意味着你假设输入图像是由一个统计过程生成的，并且在编码和解码期间应考虑该过程的随机性。然后，VAE 使用均值和方差参数随机采样分布的一个元素，并将该元素解码回原始输入（见图 8.13）。该过程的随机性提高了鲁棒性并迫使潜在空间在任何地方编码有意义的表示：在潜在空间中采样的每个点被解码为有效输出。

用技术术语来说，VAE 的工作原理如下：

1）编码器模块将输入样本 input_img 转换为表示的潜在空间 z_mean 和 z_log_variance 中的两个参数。

2）你通过 z = z_mean + exp(z_log_variance) * epsilon 从假定生成输入图像的潜在正态分布中随机采样点 z，其中 epsilon 是较小数值的随机张量。

3）解码器模块将潜在空间中的这一点映射回原始输入图像。

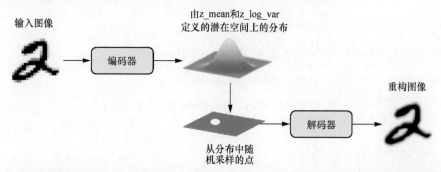

图 8.13 VAE 将图像映射到两个向量 z_mean 和 z_log_sigma，它们定义了潜在空间上的概率分布，用于对潜在点进行采样以进行解码

因为 epsilon 是随机的，所以该过程确保接近你编码 input_img (z-mean) 的潜在位置的每个点都可以被解码为类似于 input_img 的东西，从而迫使潜在空间持续有意义。任何潜在空间中的两个闭合点将解码为高度相似的图像。连续性与潜在空间的低维度相结合，迫使潜在空间中的每个方向编码有意义的数据变量轴，使得潜在空间非常结构化，因此非常适合通过概念向量进行操作。

VAE 的参数通过两个损失函数进行训练：**重建损失**迫使解码采样与原始输入匹配；**正则化损失**能够帮助学习较好的潜在空间和减少训练数据的过拟合。

让我们快速了解一下 VAE 的 Keras 实现。原理如下：

```r
c(z_mean, z_log_variance) %<% encoder(input_img)

z <- z_mean + exp(z_log_variance) * epsilon
```

把输入编码为均值和方差变量

使用较小的随机epsilon
描述潜在点

```r
reconstructed_img <- decoder(z)
```

将z解码回图像

```r
model <- keras_model(input_img, reconstructed_img)
```

实例化自编码器
模型，将输入图像
映射到其重构中

然后，你可以使用重建损失和正则化损失来训练模型。

下面的代码清单 8.23 显示了你将使用的编码器网络，将图像映射到潜在空间上的概率分布参数。这是一个简单的卷积网络，它将输入图像 x 映射到两个向量 z_mean 和 z_log_var。

代码清单 8.23　VAE 编码器网络

```r
library(keras)

img_shape <- c(28, 28, 1)
batch_size <- 16
latent_dim <- 2L
```

潜在空间的维度：二维平面

```r
input_img <- layer_input(shape = img_shape)

x <- input_img %>%
  layer_conv_2d(filters = 32, kernel_size = 3, padding = "same",
                activation = "relu") %>%
  layer_conv_2d(filters = 64, kernel_size = 3, padding = "same",
                activation = "relu", strides = c(2, 2)) %>%
  layer_conv_2d(filters = 64, kernel_size = 3, padding = "same",
                activation = "relu") %>%
  layer_conv_2d(filters = 64, kernel_size = 3, padding = "same",
                activation = "relu")

shape_before_flattening <- k_int_shape(x)

x <- x %>%
  layer_flatten() %>%
  layer_dense(units = 32, activation = "relu")
```

```
z_mean <- x %>%
  layer_dense(units = latent_dim)
z_log_var <- x %>%
  layer_dense(units = latent_dim)
```

输入图像最终被编
码进了这两个参数

　　接下来是使用 z_mean 和 z_log_var 的代码，假设生成 input_img 的统计分布的
参数，以生成潜在的空间点 z。在这里，你将一些任意代码（建立在 Keras 后端基元之上）
包含到 layer_lambda 中，它将 R 函数包含到一个层中。在 Keras 中，所有的内容必须是
一个层，因此不属于内置层的代码应该包含在 layer_lambda（或自定义层）中。

代码清单 8.24　潜在空间采样函数

```
sampling <- function(args) {
  c(z_mean, z_log_var) %<-% args
  epsilon <- k_random_normal(shape = list(k_shape(z_mean)[1], latent_dim),
                             mean = 0, stddev = 1)
  z_mean + k_exp(z_log_var) * epsilon
}

z <- list(z_mean, z_log_var) %>%
  layer_lambda(sampling)
```

　　以下代码清单显示了解码器的实现。你将向量 z 重新调整为图像的维度，然后使用几
个卷积层来获得与原始 input_img 具有相同尺寸的最终图像输出。

代码清单 8.25　VAE 解码器网络映射图像的潜在空间点

输入，z就从这里传进去　　　　　　　　　　　　　　　　对输入进行上采样

```
decoder_input <- layer_input(k_int_shape(z)[-1])

x <- decoder_input %>%
  layer_dense(units = prod(as.integer(shape_before_flattening[-1])),
              activation = "relu") %>%
  layer_reshape(target_shape = shape_before_flattening[-1]) %>%
  layer_conv_2d_transpose(filters = 32, kernel_size = 3, padding = "same",
                          activation = "relu", strides = c(2, 2)) %>%
  layer_conv_2d(filters = 1, kernel_size = 3, padding = "same",
                activation = "sigmoid")

decoder <- keras_model(decoder_input, x)

z_decoded <- decoder(z)
```

实例化解码器模型，将"decoder_input"
转换为解码图像

最后你会得到一个与原始
输入同样大小的特征图

将其应用于z，
恢复解码的z

在特征图中重设z的形状，使其与编码
器模型中上一次layer_flatten之前的特
征图中的形状一样

使用layer_conv_2d_transpose和layer_conv_2d
将z解码到一个特征图中，该特征图的尺寸与
原始输入图像一样

　　VAE 的双重损失不符合传统的形式 loss(input,target) 的样本函数的预期。因此，
你将通过编写内置 add_loss 层方法来创建任意丢失的自定义层来设置损失。

代码清单 8.26　用于计算 VAE 损失的自定义层

```
library(R6)

CustomVariationalLayer <- R6Class("CustomVariationalLayer",

  inherit = KerasLayer,

  public = list(

    vae_loss = function(x, z_decoded) {
      x <- k_flatten(x)
      z_decoded <- k_flatten(z_decoded)
      xent_loss <- metric_binary_crossentropy(x, z_decoded)

      kl_loss <- -5e-4 * k_mean(
        1 + z_log_var - k_square(z_mean) - k_exp(z_log_var),
        axis = -1L
      )
      k_mean(xent_loss + kl_loss)
    },

    call = function(inputs, mask = NULL) {              ◁  自定义层通过编写
      x <- inputs[[1]]                                     "call"方法来实现
      z_decoded <- inputs[[2]]
      loss <- self$vae_loss(x, z_decoded)
      self$add_loss(loss, inputs = inputs)
      x                                              ◁  你不需要用到这个输出，但
    }                                                   是层必须得返回某样东西
  )
)

layer_variational <- function(object) {             在标准Keras层函
  create_layer(CustomVariationalLayer, object, list())   数中包含了R6类
}

y <- list(input_img, z_decoded) %>%         调用输入和解码输出上的自定义层，
  layer_variational()                       以获得最终的模型输出
```

最后，你已准备好实例化并训练模型。因为损失是在自定义层中处理的，所以在编译时不指定外部损失（loss=NULL），这反过来意味着你不会在训练期间传递目标数据 [如你所见，你只能将 x_train 传递给 fit() 中的模型]。

代码清单 8.27　训练 VAE

```
vae <- keras_model(input_img, y)

vae %>% compile(
  optimizer = "rmsprop",
  loss = NULL
)

mnist <- dataset_mnist()
c(c(x_train, y_train), c(x_test, y_test)) %<-% mnist

x_train <- x_train / 255
x_train <- array_reshape(x_train, dim =c(dim(x_train), 1))

x_test <- x_test / 255
```

```
x_test <- array_reshape(x_test, dim =c(dim(x_test), 1))
vae %>% fit(
  x = x_train, y = NULL,
  epochs = 10,
  batch_size = batch_size,
  validation_data = list(x_test, NULL)
)
```

一旦在 MNIST 上训练了这样的模型，就可以使用解码器网络将任意潜在空间向量转换为图像。

代码清单 8.28 对二维潜在空间点的网络进行采样并将其解码为图像

```
n <- 15                                你将显示一个15×15的数字            使用qnorm函数对空间中线
digit_size <- 28                       网格（总共255个数字）               性分布的坐标进行变换，得
                                                                          到潜在变量z的值（因为潜在
grid_x <- qnorm(seq(0.05, 0.95, length.out = n))                         空间的先验分布是高斯的）
grid_y <- qnorm(seq(0.05, 0.95, length.out = n))

op <- par(mfrow = c(n, n), mar = c(0,0,0,0), bg = "black")
for (i in 1:length(grid_x)) {
  yi <- grid_x[[i]]
  for (j in 1:length(grid_y)) {                                          多次重复z，形
    xi <- grid_y[[j]]                                                    成完整的批次
    z_sample <- matrix(c(xi, yi), nrow = 1, ncol = 2)
    z_sample <- t(replicate(batch_size, z_sample, simplify = "matrix"))
    x_decoded <- decoder %>% predict(z_sample, batch_size = batch_size)
    digit <- array_reshape(x_decoded[1,,,], dim = c(digit_size, digit_size))
    plot(as.raster(digit))
  }
}
par(op)
                                                                         调整批次中第一个数字的形
                                                                         状，从28×28×1变成28×28
将批次解码为数字图像
```

采样数字的网格（见图 8.14）显示了不同数字类别的完全连续分布，当你沿着一条穿过潜在空间的路径时，一个数字变为另一个数字。这个空间中的具体方向有意义：例如，存在"四度""一度"等方向。

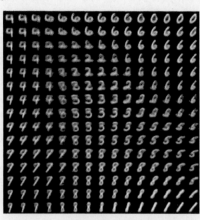

图 8.14 从潜在空间解码的数字网格

在下一节中，我们将详细介绍生成人工图像的另一个主要工具：生成对抗网络（GAN）。

8.4.4 小结

● 深度学习的图像生成是通过学习捕获有关图像数据集的统计信息的潜在空间来完成的。通过对潜在空间中的点进行采样和解码，你可以生成前所未见的图像。有两种主要工具可以实现：VAE 和 GAN。

● VAE 导致高度结构化，连续的潜在表征。因此，它们适用于在潜在空间中进行各种图像编辑：换脸、将皱着眉头的脸变成笑脸等。它们也可以很好地用于执行基于潜在空间的动画，例如对沿着潜在空间的横截面进行动画处理，显示起始图像以连续的方式缓慢变形为不同的图像。

● GAN 可以生成逼真的单帧图像，但可能不会引入具有坚固结构和高连续性的潜在空间。

我们在图像上看到的大多数成功的实际应用依赖于 VAE，但 GAN 在学术研究领域非常受欢迎——至少在 2016 ~ 2017 年。你将在下一节中找到它们是如何工作的以及如何实现它们。

> 提示：为了进一步发挥图像生成功能，我们建议使用大型 Celeb 人脸属性（Cele-bA）数据集。这是一个免费下载的图像数据集，包含超过 200 000 个名人肖像。它特别适合实验概念向量——它肯定优于 MNIST。

8.5 生成对抗网络简介

由 Goodfellow 等人[⊖] 于 2014 年推出的生成对抗网络（GAN）是用于学习图像潜在空间的 VAE 的替代方案。它们通过强制生成的图像进行统计，可以生成相当逼真的合成图像，几乎与真实图像无异。

理解 GAN 的直观方式是想象一个伪造者试图创造一幅伪造的毕加索画作。起初，伪造者处理得非常糟糕。他将他的一些假货与真正的毕加索画混合在一起，并将它们全部展示给艺术品经销商。艺术品经销商对每幅画进行真实性评估，并向伪造者提供有关使毕加索看起来像毕加索的东西的反馈。伪造者回到他的工作室准备一些新的假货。随着时间的推移，伪造者越来越有能力模仿毕加索的风格，艺术品经销商越来越专业地发现假货。最后，他们手上拿到了一些优秀的假毕加索画。

这就是 GAN 的意思：伪造网络和专家网络，每个网络都经过最好的训练。因此，GAN 由两部分组成：

● **生成器网络**：将随机向量（潜在空间中的随机点）作为输入，并将其解码为合成图像。

● **判别器网络（或对抗网络）**：将图像（实际或合成）作为输入，并预测图像是来自

⊖   Ian Goodfellow et al.，"Generative Adversarial Networks，" https：arxiv.org/abs/1406.2661.

训练集还是由生成器网络创建。

　　生成器网络经过训练，能够欺骗判别器网络，因此随着训练的进行，它逐渐产生越来越逼真的图像：人工图像看起来与真实图像无法区分，达到判别器网络无法将两者分开的程度（见图 8.15）。同时，判别器不断适应生成器网络，逐渐改进能力，为生成的图像设置了高度的真实感。一旦训练结束，生成器就能够将其输入空间中的任何点转变为可信的图片。与 VAE 不同，这个潜在空间对有意义结构的明确保证较少；特别地，它不是连续的。

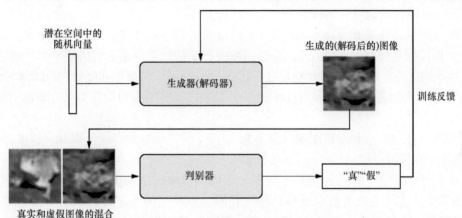

图 8.15　生成器将随机潜在向量转换为图像，判别器在生成的图像中寻找真实图像。生成器被训练地能够欺骗判别器

　　值得注意的是，与本书中遇到的任何其他训练设置不同，GAN 是一个不关注优化最小化的系统。通常，梯度下降指的是在静态损失景观中下山。但是使用 GAN，从山上走下来的每一步都会改变整个景观。这是一个动态系统，其中优化过程寻求的不是最小，而是两个力之间的平衡。因此，众所周知，GAN 很难训练——要使 GAN 正常工作，需要对模型架构和训练参数进行许多仔细的调整（见图 8.16）。

图 8.16　潜在空间居民。Mike Tyka 使用在面部数据集上训练的多级 GAN 生成的图像（www.miketyka.com）

8.5.1　生成对抗网络实现示意图

　　在本节中，我们将解释如何以最简单的形式在 Keras 中实现 GAN——因为 GAN 是先进的，深入研究技术细节将超出本书的范围。具体实现是**深度卷积 GAN**（DCGAN）：生成器和判别器是深度卷积的 GAN。特别是，它使用 `layer_conv_2d_transpose` 进行生成器中的图像上采样。

你将在 CIFAR10 的图像上训练 GAN，CIFAR10 是属于 10 个类别（每类 5 000 个图像）的 50 000 个 32×32RGB 图像的数据集。为了简化操作，你只能使用属于"青蛙"类的图像。

原理上，GAN 看起来像这样：

1）生成器网络将格式（latent_dim）向量映射到格式（32,32,3）的图像。

2）判别器网络将格式（32,32,3）的图像映射到估计图像是真实的概率的二进制分数。

3）gan 网络将生成器和判别器链接在一起：gan(x)<-discriminator(generator(x))。因此，这个 gan 网络将潜在的空间向量映射到判别器对这些潜在向量的真实性的评估，同时由生成器解码。

4）你可以使用真实和虚假图像以及"真实"/"假"标签来训练判别器，就像你训练任何常规图像分类模型一样。

5）要训练生成器，你可以使用生成器权重的梯度来确定 gan 模型的损失。这意味着，在每个步骤中，你将生成器的权重移动到使判别器更可能将生成器解码的图像归类为"真实"的方向上。换句话说，你训练生成器来欺骗判别器。

8.5.2　一些技巧

训练 GAN 和调整 GAN 实现的过程非常困难。你应该记住许多已知的技巧。像深度学习中的大多数事情一样，它更像炼金术而不是科学：这些技巧是启发式的，而不是"理论支持的"准则。它们对当前现象有一定的直观理解，并且根据经验可以运作良好，尽管不一定在每种情况下都适用。

以下是本节中实现 GAN 生成器和判别器时使用的一些技巧。它不是与 GAN 相关的提示的详尽列表；你会在 GAN 文献中找到更多：

● 我们使用 tanh 作为生成器中的最后一次激活，而不是 sigmoid，这在其他类型的模型中更常见。

● 我们使用**正态分布**（高斯分布）从潜在空间中采样，而不是均匀分布。

● 随机性有利于诱导稳健性。由于 GAN 训练导致动态平衡，GAN 可能会以各种方式陷入困境。在训练期间引入随机性有助于防止这种情况。我们以两种方式引入随机性：通过在判别器中使用损失和通过向判别器的标签添加随机噪声。

● 稀疏梯度可能会阻碍 GAN 训练。在深度学习中，稀疏性通常是理想的属性，但在GAN 中则不然。有两件事可以引起梯度稀疏：最大池化操作和 ReLU 激活。我们建议使用跨步卷积进行下采样而不是最大池化，我们建议使用 layer_activation_leaky_relu 而不是 ReLU 激活。它与 ReLU 类似，但它通过允许小的负激活值来放宽稀疏性约束。

● 在生成的图像中，通常会看到由于生成器中像素空间的不均匀覆盖而导致的棋盘格伪影（见图 8.17）。为了解决这个问题，每当我们在生成器和判别器中使用跨步的 layer_ `conv_2d_transpose` 或 `layer_conv_2d` 时，我们使用的内核大小可以被步幅大小整除。

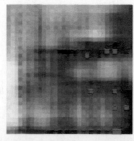

图 8.17　由不匹配的步幅和内核大小引起的棋盘格伪影，导致像素空间覆盖不均匀：GAN 的许多问题之一

8.5.3　生成器

首先，让我们开发一个 generator 模型，该模型将向量（来自潜在空间，在训练期间将被随机采样）转换为候选图像。GAN 通常出现的许多问题之一是，生成器卡在生成的看起来像噪声的图像中。一种可能的解决方案是在判别器和生成器上使用 dropout。

代码清单 8.29　GAN 生成器网络

```r
library(keras)

latent_dim <- 32
height <- 32
width <- 32
channels <- 3

generator_input <- layer_input(shape = c(latent_dim))

generator_output <- generator_input %>%

  layer_dense(units = 128 * 16 * 16) %>%          把输入变换为16×16、
  layer_activation_leaky_relu() %>%                128通道的特征图
  layer_reshape(target_shape = c(16, 16, 128)) %>%

  layer_conv_2d(filters = 256, kernel_size = 5,
                padding = "same") %>%
  layer_activation_leaky_relu() %>%

  layer_conv_2d_transpose(filters = 256, kernel_size = 4,     上采样到
                          strides = 2, padding = "same") %>%   32×32
  layer_activation_leaky_relu() %>%

  layer_conv_2d(filters = 256, kernel_size = 5,
                padding = "same") %>%              生成32×32、3通道的
  layer_activation_leaky_relu() %>%                特征图（CIFARIO图
  layer_conv_2d(filters = 256, kernel_size = 5,    像的格式）
                padding = "same") %>%
  layer_activation_leaky_relu() %>%

  layer_conv_2d(filters = channels, kernel_size = 7,
                activation = "tanh", padding = "same")
```

```
generator <- keras_model(generator_input, generator_output)    ◁─┐
```

实例化生成器模型，将输
入格式(latent_dim)映射为
格式为(32, 32, 3)的图像

8.5.4 判别器

接下来，你将开发一个 discriminator 模型，将候选图像（真实的或合成的）作为输入，并将其分为两类："生成的图像"或"来自训练集的真实图像"。

代码清单 8.30 GAN 判别器网络

```
discriminator_input <- layer_input(shape = c(height, width, channels))

discriminator_output <- discriminator_input %>%
  layer_conv_2d(filters = 128, kernel_size = 3) %>%
  layer_activation_leaky_relu() %>%

    layer_conv_2d(filters = 128, kernel_size = 4, strides = 2) %>%
    layer_activation_leaky_relu() %>%
    layer_conv_2d(filters = 128, kernel_size = 4, strides = 2) %>%
    layer_activation_leaky_relu() %>%
    layer_conv_2d(filters = 128, kernel_size = 4, strides = 2) %>%
    layer_activation_leaky_relu() %>%
    layer_flatten() %>%
    layer_dropout(rate = 0.4) %>%        ◁───── dropout层：一种重要的技巧
    layer_dense(units = 1, activation = "sigmoid")    ◁────── 分类层

  discriminator <- keras_model(discriminator_input, discriminator_output) ◁─┐

  discriminator_optimizer <- optimizer_rmsprop(
    lr = 0.0008,
    clipvalue = 1.0,           ◁──────┐
    decay = 1e-8
  )

  discriminator %>% compile(
    optimizer = discriminator_optimizer,
    loss = "binary_crossentropy"     在优化器中对数值进行梯度裁剪
  )
```

实例化判别器模型，将
(32, 32, 3)的输入转换为
二元分类决策（假/真）

为了使训练更稳定，引入学习率衰减

8.5.5 对抗网络

最后，你将设置 GAN，它连接生成器和判别器。当训练时，该模型将使生成器向一个方向移动，以提高其欺骗判别器的能力。这个模型将潜在空间点转换为分类决策（"假"或"真实"），并且要总是使用"这些是真实图像"的标签进行训练。因此，训练 gan 将更新 generator 的权重。在查看假图像时，使 discriminator 更有可能预测"真实"的方式。注意在训练期间将判别器设置为冻结非常重要（不可训练）：训练 GAN 时不会更新其权重。如果在此过程中可以更新判别器权重，那么你将训练判别器始终预测"真实"，但这不是你想要的！

代码清单 8.31　对抗网络

```
freeze_weights(discriminator)                          ←  将判别器权重设置为不可
                                                          训练的(只用于gan模型)
gan_input <- layer_input(shape = c(latent_dim))
gan_output <- discriminator(generator(gan_input))
gan <- keras_model(gan_input, gan_output)

gan_optimizer <- optimizer_rmsprop(
  lr = 0.0004,
  clipvalue = 1.0,
  decay = 1e-8
)

gan %>% compile(
  optimizer = gan_optimizer,
  loss = "binary_crossentropy"
)
```

8.5.6　如何训练 DCGAN

现在你可以开始训练了。概括地说，这就是训练回路的示意图。对于每轮训练，你执行以下操作：

1）在潜在空间中绘制随机点（随机噪声）。

2）使用此随机噪声生成带 `generator` 的图像。

3）将生成的图像与实际图像混合。

4）使用这些混合图像训练 `discriminator`，使用相应的目标："真实"（对于真实图像）或 "假"（对于生成的图像）。

5）在潜在空间中绘制新的随机点。

6）使用这些随机向量训练 gan，目标都是 "这些都是真实的图像。"这会更新生成器的权重（仅因为判别器在 gan 内部被冻结），以使它们趋向于使判别器预测 "这些是真实的图像"用于生成的图像：这会训练生成器欺骗判别器。

让我们实现它。

代码清单 8.32　实施 GAN 训练

```
cifar10 <- dataset_cifar10()                           ←  加载CIFAR10数据
c(c(x_train, y_train), c(x_test, y_test)) %<-% cifar10

x_train <- x_train[as.integer(y_train) == 6,,,]        ←  选择青蛙图像（第6类）
x_train <- x_train / 255                                ←  标准化数据

iterations <- 10000
batch_size <- 20
save_dir <- "your_dir"                                 ←  指定你想把生成的图像保存到哪里

start <- 1

for (step in 1:iterations) {
```

```
random_latent_vectors <- matrix(rnorm(batch_size * latent_dim),
                                nrow = batch_size, ncol = latent_dim)

generated_images <- generator %>% predict(random_latent_vectors)

stop <- start + batch_size - 1
real_images <- x_train[start:stop,,,]
rows <- nrow(real_images)
combined_images <- array(0, dim = c(rows * 2, dim(real_images)[-1]))
combined_images[1:rows,,,] <- generated_images
combined_images[(rows+1):(rows*2),,,] <- real_images

labels <- rbind(matrix(1, nrow = batch_size, ncol = 1),
                matrix(0, nrow = batch_size, ncol = 1))
```

收集标签，判别真假图像

解码得到假图像

组合为真实图像

在潜在空间中随机采样

训练判别器

收集那些自称"这些是真实图像"的标签(这是谎言！)

给标签添加随机噪声——一种重要的技巧

在潜在空间中随机采样

```
labels <- labels + (0.5 * array(runif(prod(dim(labels))),
                                dim = dim(labels)))

d_loss <- discriminator %>% train_on_batch(combined_images, labels)

random_latent_vectors <- matrix(rnorm(batch_size * latent_dim),
                                nrow = batch_size, ncol = latent_dim)

misleading_targets <- array(0, dim = c(batch_size, 1))

a_loss <- gan %>% train_on_batch(
  random_latent_vectors,
  misleading_targets
)

start <- start + batch_size
if (start > (nrow(x_train) - batch_size))
  start <- 1

if (step %% 100 == 0) {

  save_model_weights_hdf5(gan, "gan.h5")
  cat("discriminator loss:", d_loss, "\n")
  cat("adversarial loss:", a_loss, "\n")

  image_array_save(
    generated_images[1,,,] * 255,
    path = file.path(save_dir, paste0("generated_frog", step, ".png"))
  )

  image_array_save(
    real_images[1,,,] * 255,
    path = file.path(save_dir, paste0("real_frog", step, ".png"))
  )
}
}
```

训练生成器(通过gan模型进行，其中判别器权重是冻结的)

偶尔保存图像

保存模型权重

打印指标

保存生成的图像

保存一幅真实图像用于对比

训练时，你可能会看到对抗损失开始显著增加，而判别损失往往为零——判别器最终可能主导生成器。如果是这种情况，请尝试降低判别器的学习率，并增加判别器的辍学率（见图 8.18）。

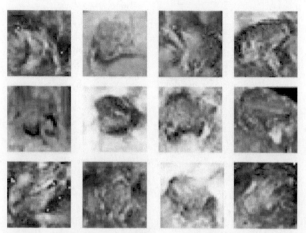

图 8.18　运行判别器：每行中有两个图像由 GAN 设想，一张图像来自训练集。你可以将它们分开吗？（答案：每列中的真实图像是中间，顶部，底部，中间）

8.5.7　小结

- GAN 由生成器网络和判别器网络组成。训练判别器以区分生成器的输出和来自训练数据集的真实图像，并且训练生成器以欺骗判别器。值得注意的是，生成器永远不会直接看到训练集中的图像；它对数据的信息来自判别器。
- GAN 很难训练，因为训练 GAN 是一个动态过程而不是简单的梯度下降过程，具有固定的损失。让 GAN 正确训练需要使用一些启发式技巧以及广泛的调整。
- GAN 可以产生高度逼真的图像。但与 VAE 不同，它们学习的潜在空间没有整齐的连续结构，因此可能不适合某些实际应用，例如通过潜在空间概念向量进行图像编辑。

8.6　本章小结

- 通过深度学习的创造性应用，深度网络不仅可以注释现有内容，还可以开始创建自己的内容。你学到了以下内容：
  - 如何一次一步地生成序列数据。这适用于文本生成，也适用于音符生成或任何其他类型的时间序列数据。
  - DeepDream 的工作原理：通过输入空间中的梯度上升最大化卷积网络层激活。
  - 如何执行样式转换，将内容图像和样式图像组合在一起以产生有趣的结果。
  - GAN 和 VAE 是什么，它们如何用于制作新图像，以及潜在空间概念向量如何用于图像编辑。
- 这些技术仅涵盖了这一快速发展领域的基础知识。还有更多要发现的东西——生成式深度学习值得写成一本书。

第 *9* 章
总　　结

本章内容包括：
- 本书的重要内容；
- 深度学习的局限性；
- 深度学习、机器学习和人工智能的未来；
- 进一步学习和在此领域工作的资源。

　　你几乎已经阅读到了本书的结尾。最后一章将总结和回顾核心概念，同时扩展你的视野，超越你迄今为止所学到的相对基本的概念。理解深度学习和人工智能是一个旅程，完成本书仅仅是第一步。作者想确保你意识到这点并且准备好可以自己完成这个旅程的后续步骤。

　　作者将从鸟瞰的角度，阐述你应该从这本书中学会什么。这个应该刷新你对所学习的一些概念的记忆。接下来，将概述深度学习的一些主要局限性。为了适当地使用深度学习，你不仅要了解它**能做**什么，还要了解它**不能做**什么。最后，将提供一些关于深度学习、机器学习和人工智能领域未来发展的思考。如果你想进行基础研究，这对你来说应该特别有趣。本章最后列出了一系列资源和策略，以便进一步了解人工智能并及时了解最新进展。

9.1　综述中的关键概念

　　本节简要总结了本书的主要内容。如果你需要一个快速复习，以帮助你回忆你所学到的知识，你可以阅读这几页。

9.1.1　人工智能的各种方法

　　首先，深度学习不是人工智能或机器学习的同义词。**人工智能**是一个古老的、广泛的领域，通常可以定义为"所有尝试自动化认知过程"——换句话说，是思想的自动化。范围从最基本的（如 Excel 电子表格）到非常先进的（如可以走路和说话的人形机器人）。

机器学习是人工智能的一个特定子领域，专注于自动开发程序（称为**模型**），纯粹来自于接触训练数据。将数据转换为程序的过程称为**学习**。虽然机器学习已经存在了很长时间，但它在 20 世纪 90 年代才开始流行。

深度学习是机器学习的许多分支之一，其中模型是几何函数的长链，一个接一个地应用。这些操作被结构化为称为**层**的模块：深度学习模型通常是层的堆叠——或者更一般地，层的图形。这些层通过**权重**参数化，权重是在训练期间学习的参数。模型的**知识**存储在其权重中，学习过程包括为这些权重找到好的值。

尽管深度学习只是众多机器学习方法中的一种，但它与其他方法并不平等。深度学习是一个突破性的成功。这就是原因。

9.1.2 在机器学习领域什么使深度学习变得特别

在短短几年的时间里，深度学习在一系列任务上取得了巨大的突破。这些任务在历史上被认为对于计算机极其困难，特别是在机器感知领域：从图像、视频、声音等中提取有用的信息。给定足够的训练数据（特别是由人类适当标记的训练数据），可以从感知数据中提取人类可以提取的几乎任何东西。因此，有时候说深度学习已经**解决了感知问题**，尽管这只适用于相当狭隘的**感知**定义。

由于其前所未有的技术成功，深度学习单独带来了第三个也是迄今为止最大的人工智能全盛时期：人工智能领域引起强烈兴趣、投资和炒作的时期。正如本书的编写，我们正处于其中。这个时期是否会在不久的将来结束，以及结束后会发生什么，这些都是争论的话题。有一点是肯定的：与以前的人工智能形成鲜明对比的是，深度学习为许多大型科技公司提供了巨大的商业价值，实现了人类语音识别、智能助理、人性化图像分类，大大改进了机器翻译以及更多。炒作可能（并且很可能会）消退，但深度学习对持续经济和技术的影响仍将存在。从这个意义上说，深度学习可能类似于互联网：它可能会被过度炒作几年，但从长远来看，它仍将是一场将改变我们的经济和生活的重大革命。

作者对深度学习特别乐观，因为即使我们在未来十年内不再有进一步的技术进步，将现有算法部署到每个适用的问题对大多数行业来说都会改变其游戏规则。深度学习简直就是一场革命，并且由于对资源和人员的大量投资，目前正以惊人的速度发展。从作者的立场来看，未来看起来很光明，尽管短期预期有点过于乐观；充分利用深度学习的潜力将需要十多年的时间。

9.1.3 如何思考深度学习

深度学习最令人惊讶的是它的简单性。十年前，没有人预料到我们使用梯度下降训练的简单参数模型就能够在机器感知问题上取得如此惊人的成果。现在，事实证明，你所需要做的只是在足够多的样本上用梯度下降训练足够大的参数模型。正如费曼（Feynman）谈论宇宙时说的那样："它并不复杂，只是内容很多。" ⊖

⊖ Richard Feynman，interview，*The World from Another Point of View*，Yorkshire Television，1972.

在深度学习中，一切都是向量：一切都是**几何空间**中的一个**点**。模型输入（文本、图像等）和目标首先被向量化：变成一个初始输入向量空间和目标向量空间。深度学习模型中的每一层对通过它的数据进行一次简单的几何变换。模型中的层链形成一个复杂的几何变换，分解为一系列简单的几何变换。这种复杂的转换试图映射输入空间到目标空间，一次一个点。此转换已通过层的权重参数化，基于模型运行的好坏，层的参数迭代地更新。这种几何变换的一个关键特征是它必须是**可微分的**，这是我们能够通过梯度下降来学习其参数所必需的。直观地说，这意味着从输入到输出的几何变形必须是平滑和连续的——一个重要的约束。

将这种复杂的几何变换应用于输入数据的整个过程，可以通过想象试图解开纸球的人以三维方式可视化：皱巴巴的纸球是模型开始的输入数据的流形。人在纸球上进行的每个动作类似于由一层进行的简单几何变换。完整的非破坏手势序列是整个模型的复杂变换。深度学习模型是用于解开复杂的高维数据流形的数学机器。

这就是深度学习的神奇之处：将意义转化为向量，转化为几何空间，然后逐步学习映射的复杂几何变换，从一个空间映射到另一个空间，你所需要的只是具有足够高维度的空间以捕获原始数据中找到的关系的全部范围。

整个事情取决于一个核心思想：**意义源于事物之间的成对关系**（语言中的单词之间、图像中的像素之间等），并且**这些关系可以通过距离函数捕获**。但请注意，大脑是否通过几何空间实现意义是一个完全独立的问题。从计算的角度来看，向量空间是有效的，但是可以很容易地设想用于智能的不同数据结构——特别是图形。神经网络最初源于使用图形作为编码意义的方式的思想，这就是为什么它们被称为**神经网络**；周围的研究领域曾被称为**连接主义**。如今**神经网络**的名称纯粹出于历史原因而存在——它是一个极具误导性的名称，因为它们既不是神经也不是网络。特别是，神经网络几乎与大脑无关。一个更合适的名称可能是**分层表述学习**或层次表述学习，或者甚至是**深度可微模型**或链式几何变换，以强调连续几何空间的事实是它们的核心。

9.1.4 关键的支持技术

目前正在展开的技术革命并非始于任何单一的突破性发明。相反，就像任何其他革命一样，它是促成因素大量积累的产物——首先缓慢地，然后非常突然。在深度学习的情况下，我们可以指出以下关键因素：

● 增量算法创新，先是花了超过 20 年的时间扩散（始于后向传播），随着 2012 年后越来越多的研究工作投入到深度学习中，其发展速度也越来越快。

● 大量感知数据的可用性，这是一个要求为了实现我们所需要的足够大的模型训练所需要的足够大的数据。这反过来又是消费者互联网兴起和摩尔定律适用于存储媒体的副产品。

● 以低廉的价格提供快速、高度并行的计算硬件，尤其是 NVIDIA 生产的 GPU——首先是游戏 GPU，然后是专为深度学习而设计的芯片。早期，NVIDIA 首席执行官黄仁勋注意到了深度学习的热潮，并决定将公司的未来押注于此。

● 复杂的软件层堆栈，使计算能力对人类来说可用：CUDA 语言，像 TensorFlow 这样自动实现微分的框架和 Keras，使大多数人都可以进行深度学习。

在未来，深度学习不仅将由专家（研究人员、毕业生、有学术背景的工程师）而且也将成为每个开发人员的工具箱中的工具，就像今天的网络技术。每个人都需要建立智能应用：就像今天的每个企业都需要一个网站一样，每个产品都需要智能地理解用户生成的数据。实现这个未来需要我们构建的工具，使深度学习易于使用，并且具有基本编码能力的任何人都可以访问。Keras 是朝这个方向迈出的第一步。

9.1.5　通用的机器学习工作流程

可以使用一个非常强大的工具来创建模型是非常棒的，这些模型可以将任何的输入空间映射到目标空间。但是机器学习工作流程的难点部分通常是在设计和训练这些模型之前所做的一切（并且，对于生产模型以及之后的内容）。了解问题所在的领域以便能够确定尝试预测的内容，给定哪些数据以及如何衡量成功，是成功应用机器学习的先决条件，而 Keras 和 TensorFlow 等高级工具无法帮助你。提醒一下，这里是第 4 章中描述的典型机器学习工作流程的快速摘要：

1）定义问题：可用的数据是什么，以及你要预测的是什么？你是否需要收集更多数据或雇佣人员来手动标记数据集？

2）确定一个方法可以可靠地衡量目标成功与否。对于简单的任务，这个可能是预测准确性，但在许多情况下，它需要复杂的特定领域的度量。

3）准备用于评估模型的验证过程。尤其是，你应该定义训练集、验证集和测试集。验证和测试集标签不应泄漏到训练数据中：例如，用时间预测、验证和测试数据应该在训练数据之后。

4）通过将数据转换为向量并以一种方式对其进行预处理来对数据进行向量化使神经网络更容易构造（标准化等）。

5）开发第一个超越普通常识基准的模型，从而证明机器学习可以解决你的问题。这可能并非总是这样的！

6）通过调整超参数和添加正则化项来逐步优化模型架构。根据验证数据的性能进行更改。注意，不是测试数据或训练数据。请记住，你应该使你的模型过拟合（从而确定超出你需要的模型能力水平）然后才开始添加正则化项或缩小模型。

7）调整超参数时要注意验证集过拟合：你的超参数可能最终被过度专业化至验证集。避免这种情况是为了拥有一个单独的测试集！

9.1.6　关键网络架构

你应该熟悉的三个网络架构系列是**稠密连接网络**、**卷积网络**和**递归网络**。每种类型的网络都用于特定的输入模态：网络架构（稠密、卷积、递归）编码关于数据结构的**假设**：一个**假设空间**，在该空间内搜索好的模型将继续进行。给定架构是否适用于给定问题完全取决于数据结构与网络架构假设之间的匹配。

可以轻松组合这些不同的网络类型以实现更大的多模态网络，就像你组合乐高积木一样。在某种程度上，深度学习层是用于信息处理的乐高积木。以下是在输入模式和适当的网络架构之间映射的快速概述：

- **向量数据**：稠密连接网络（全连接层）。
- **图像数据**：二维卷积网络。
- **声音数据**（例如，**波形**）：一维卷积网络（首选），或 RNN。
- **文本数据**：一维卷积网络（首选）或 RNN。
- **时间序列数据**：RNN（首选）或一维卷积网络。
- **其他类型的序列数据**：RNN 或一维卷积网络。如果数据顺序非常有意义，则优先选择 RNN（例如，对于时间序列，但不是对于文本）。
- **视频数据**：三维卷积网络（如果需要捕捉动作效果）或帧级的二维卷积网络的组合，用于特征提取，而后接着要么是 RNN，要么是一维卷积网络。
- **体积数据**：三维卷积网络。

现在，让我们快速回顾一下每个网络架构的特性。

1. 稠密连接网络

稠密连接网络是一堆全连接层，用于处理向量数据（批次向量）。此类网络假设输入特征中没有特定的结构：它们被称为**稠密连接**，因为全连接层的单元连接到另外的单元。该层尝试映射任意两个输入之间的关系特征；这与二维卷积层不同，例如，它仅看到局部关系。

稠密连接网络最常用于分类数据（例如，输入特征是属性列表），例如第 3 章中使用的波士顿房价数据集。它们也用作最终分类或回归大多数网络的阶段。例如，第 5 章中涉及的卷积层以一个或两个全连接层结束，第 6 章中的循环网络也是如此。

请记住：要执行**二元分类**，使层的堆栈后面跟着具有单个单元和 sigmoid 激活的全连接层，并使用 binary_crossentropy 作为损失函数。你的目标应该是 0 或 1：

```
library(keras)
model <- keras_model_sequential() %>%
  layer_dense(units = 32, activation = "relu",
              input_shape = c(num_input_features)) %>%
  layer_dense(units = 32, activation = "relu") %>%
  layer_dense(units = 1, activation = "sigmoid")

model %>% compile(
  optimizer = "rmsprop",
  loss = "binary_crossentropy"
)
```

要执行**单标签种类分类**（其中每个样本只有一个类，没有多类），请使用全连接层以及 softmax 激活结束堆栈，其中层数等于类的数量。如果你的目标是独热编码，请使用 categorical_crossentropy 作为损失函数；如果它们是整数，请使用 sparse_categorical_crossentropy：

```
model <- keras_model_sequential() %>%
  layer_dense(units = 32, activation = "relu",
              input_shape = c(num_input_features)) %>%
  layer_dense(units = 32, activation = "relu") %>%
  layer_dense(units = num_classes, activation = "sigmoid")

model %>% compile(
  optimizer = "rmsprop",
  loss = "binary_crossentropy"
)
```

要执行**多标签种类分类**（每个样本可以有多个类），请使用全连接层结束堆栈，其中层数等于类的数量和 `sigmoid` 激活，并使用 `binary_crossentropy` 作为损失函数。你的目标应该是一个独热编码：

```
model <- keras_model_sequential() %>%
  layer_dense(units = 32, activation = "relu",
              input_shape = c(num_input_features)) %>%
  layer_dense(units = 32, activation = "relu") %>%
  layer_dense(units = num_classes, activation = "sigmoid")

model %>% compile(
  optimizer = "rmsprop",
  loss = "binary_crossentropy"
)
```

要对连续值的向量执行**回归**，请用全连接层结束堆栈层，其中数量等于你正在尝试预测的值的数量（通常是单一的，如房子的价格），并且不激活。一些损失可以用于回归，最常见的是 `mean_squared_error`（MSE）和 `mean_absolute_error`（MAE）：

```
model <- keras_model_sequential() %>%
  layer_dense(units = 32, activation = "relu",
              input_shape = c(num_input_features)) %>%
  layer_dense(units = 32, activation = "relu") %>%
  layer_dense(units = num_values)

model %>% compile(
  optimizer = "rmsprop",
  loss = "mse"
)
```

2. 卷积网络

卷积层在一个输入张量通过对不同空间位置（**小块**）运用相同的几何变换关注局部的空间模式。结果在**转换不变**的表示中，使卷积层具有高度数据效率和模块化。这个想法适用于任何维度的空间：一维（序列）、二维（图像）、三维（体积）等。你可以使用 `layer_conv_1d` 来处理序列（特别是文本——它在时间序列上不起作用，通常不遵循转换不变性假设），`layer_conv_2d` 用于处理图像，`layer_conv_3d` 用于处理体积。

卷积网络由卷积和最大池化层的堆栈组成。池化层允许你在空间上对数据进行下采样，即当特征数量增加时，需要将特征图保持在合理的大小，并允许后续卷积层"看到"更大的空间范围投入。卷积网络通常以 `layer_flatten` 层或全局池化层结束，将空间特征图转换为向量，然后是全连接层实现分类或回归。

请注意，现有的卷积网络很有可能很快（或完全）为等效但更快且代表性的网络所替代：**深度可分离卷积**（`layer_separable_conv_2d`）。这适用于三维、二维和一维输入。当你从头开始构建新网络时，使用深度可分离卷积绝对是可行的方法。`layer_separable_conv_2d` 可以用作 `layer_conv_2d` 的替代品，从而形成更小、更快的网络，在其任务上也能更好地执行。

这是一个典型的图像分类网络（类别分类，在此例子中）：

```
model <- keras_model_sequential() %>%
  layer_separable_conv_2d(filters = 32, kernel_size = 3,
                          activation = "relu",
                          input_shape = c(height, width, channels)) %>%
  layer_separable_conv_2d(filters = 64, kernel_size = 3,
                          activation = "relu") %>%
  layer_max_pooling_2d(pool_size = 2) %>%

  layer_separable_conv_2d(filters = 64, kernel_size = 3,
                          activation = "relu") %>%
  layer_separable_conv_2d(filters = 128, kernel_size = 3,
                          activation = "relu") %>%
  layer_max_pooling_2d(pool_size = 2) %>%

  layer_separable_conv_2d(filters = 64, kernel_size = 3,
                          activation = "relu") %>%
  layer_separable_conv_2d(filters = 128, kernel_size = 3,
                          activation = "relu") %>%
  layer_global_average_pooling_2d() %>%

  layer_dense(units = 32, activation = "relu") %>%
  layer_dense(units = num_classes, activation = "softmax")

model %>% compile(
  optimizer = "rmsprop",
  loss = "categorical_crossentropy"
)
```

3. RNN

循环神经网络（RNN）通过一个步骤处理输入序列来工作一次并保持整个**状态**（状态通常是一个向量或一组向量：状态几何空间中的一个点）。它们应该在序列的情况下优先使用一维卷积网络，其中感兴趣的模式是随时间变化的（例如，对于时间序列数据而言，最近的过去比遥远的过去更重要）。

Keras 中有三个 RNN 层：`layer_simple_rnn`、`layer_gru` 和 `layer_lstm`。对于大多数的实际用途，你应该使用 `layer_gru` 或 `layer_lstm`。`layer_lstm` 是两者中更强大的，但也更昂贵；你可以将 `layer_gru` 视为一种更简单、更便宜的替代品。

为了将多个 RNN 堆叠在一起，每个层在之前堆栈中的最后一层应返回其输出的完整序列（每个输入时间步将对应于输出时间步）；如果你没有堆叠任何进一步的 RNN，那么通常只返回包含信息的关于整个序列的最后一个输出。

以下是用于向量序列二元分类的单个 RNN：

```
model <- keras_model_sequential() %>%
  layer_lstm(units = 32, input_shape = c(num_timestamps, num_features)) %>%
  layer_dense(units = num_classes, activation = "sigmoid")

model %>% compile(
  optimizer = "rmsprop",
  loss = "binary_crossentropy"
)
```

这是用于向量序列二元分类的堆叠 RNN：

```
model <- keras_model_sequential() %>%
  layer_lstm(units = 32, return_sequences = TRUE,
             input_shape = c(num_timestamps, num_features)) %>%
  layer_lstm(units = 32, return_sequences = TRUE) %>%
  layer_lstm(units = 32) %>%
  layer_dense(units = num_classes, activation = "sigmoid")

model %>% compile(
  optimizer = "rmsprop",
  loss = "binary_crossentropy"
)
```

9.1.7　可能性的空间

你将通过深度学习构建什么？请记住，构建深度学习模型就像玩乐高积木：可以将层连接在一起，以将任何东西映射为任何事情，只要你有适当的训练数据，并且可以通过对复杂性进行连续几何变换即可实现映射。可能性的空间是无限的。本节提供了一些示例激励你超越基本的分类和回归任务，这些任务传统上是机器学习的基础。

作者按输入和输出方式对建议的应用程序进行了排序。注意其中相当一部分延伸了可能的极限——尽管模型可能在所有这些任务上训练，在某些情况下，这样的模型可能不会概括远离其训练数据的内容。9.2 节和 9.3 节将讨论这些限制将来被解除的可能性。

- 将向量数据映射到向量数据
  - **预测性医疗保健**：将患者医疗记录映射到预测患者的结果。
  - **行为定位**：使用用户将花费多长时间在网站上映射一组网站属性。
  - **产品质量控制**：用制造产品来年可能失败的概率映射一系列属性。
- 将图像数据映射到向量数据
  - **医生助理**：映射医学图像的幻灯片并预测肿瘤的存在。
  - **自动驾驶车辆**：将汽车记录仪视频帧映射到方向盘 - 角度命令。
  - **棋盘游戏人工智能**：将下一步棋和棋盘映射到玩家的下一步。
  - **饮食助手**：将菜肴图片映射到卡路里计数。
  - **年龄预测**：将自拍映射到人的年龄。
- 将时间序列数据映射到向量数据
  - **天气预报**：在地理网格中映射天气数据的时间序列预测接下来的一周天气。
  - **脑 - 机接口**：映射脑磁图的时间序列（MEG）数据到计算机命令。
  - **行为定位**：将网站上用户交互的时间序列映射到用户购买东西的概率。
- 将文本映射到文本

- **智能回复**：将电子邮件映射到可能的单行回复。
- **回答问题**：将一般知识问题映射到答案。
- **摘要**：将长文章映射到文章的简短摘要。
● 将图像映射到文本
- **字幕**：将图像映射到描述内容的短标题图像。
● 将文本映射到图像
- **条件图像生成**：将简短文本描述映射到图像匹配描述。
- **徽标生成 / 选择**：将公司的名称和描述映射到公司的标志。
● 将图像映射到图像
- **超分辨率**：将缩小尺寸的图像映射到更高分辨率的版本相同的图像。
- **视觉深度感应**：将室内环境的图像映射到深度预测图。
● 将图像和文本映射到文本
- **视觉质量保证**：将图像和有关图像内容的自然语言问题映射到自然语言答案。
● 将视频和文本映射到文本
- **视频质量保证**：将短视频和有关视频内容的自然语言问题映射到自然语言答案。

几乎任何事情都有可能，但不是完全有可能。在下一节中，我们将介绍深度学习无法做到的事情。

9.2　深度学习的局限性

可以通过深度学习实现的应用程序空间几乎是无限的。然而，即使给出了大量的人工注释数据，许多应用程序完全无法满足当前的深度学习技术例如，你可以组装由产品经理编写的包含数十万甚至数百万个软件产品功能的英语描述的数据集，以及由工程师团队开发的相应源代码来满足这些要求。即使使用这些数据，你也无法训练深度学习模型来阅读产品描述并生成适当的代码库。这只是许多例子中的一个。一般来说，任何需要推理式编程或应用科学方法——长期规划和算法数据操作的东西都不适用于深度学习模型，无论你投入多少数据。甚至学习排序算法对于深度神经网络非常困难。

这是因为深度学习模型只是**一个简单、连续的几何链变换**，将一个向量空间映射到另一个向量空间。它所能做的就是将一个数据流形 X 映射到另一个数据流形 Y 中，假设存在从 X 到 Y 的可学习的连续变换。深度学习模型可以被解释为一种程序；但是，相反，**大多数程序不能表达为深度学习模型**——对于大多数任务，要么没有相应的深度神经网络可以解决任务，或者即使存在任务，也可能无法**实现**：相应的几何变换可能过于复杂，或者可能没有适当的数据可供学习。

通过堆叠更多层并使用更多的训练数据来扩展当前的深度学习技术只能从表面上缓解其中的一些问题。它不会解决更基础性的问题，即深度学习模型在它所能表示的方面有局限，并且大多数你希望能够学习的程序不能够被表示为一个数据流形的几何变形。

9.2.1 机器学习模型拟人化的风险

当代人工智能的一个真正风险是误解了深度学习模型的作用并高估了它们的能力。人类的基本特征是我们的**思想理论**：我们倾向于预测周围事物的意图、信念和知识。在岩石上画一个笑脸突然让它"快乐"——在我们的脑海中。应用于深度学习，这意味着，例如，当我们能够成功地训练模型生成描述图片的标题时，我们会相信该模型"理解"图片的内容和它产生的字幕。然后，当任何与训练数据中存在的图像略有不同导致模型生成完全荒谬的字幕时，我们会感到惊讶（见图 9.1）。

这个男孩抓着一个棒球棒

图 9.1　基于深度学习的系统的图像字幕失败

特别是，这是由**对抗性示例**强调的，这些例子馈入深度学习网络的样本，旨在使模型误分类。例如，你已经意识到可以在输入中进行梯度上升空间来生成输入，最大化一些卷积网络过滤器的激活——这是第 5 章介绍的过滤器可视化技术以及第 8 章介绍的 Deep-Dream 算法的基础。同样，通过梯度上升，你可以略微修改图像以最大化给定类的类预测。通过给熊猫拍照并添加长臂猿梯度，我们可以得到一个神经网络将熊猫分类为长臂猿（见图 9.2）。这证明了这些模型的脆弱性以及它们的输入和输出映射与人类感知之间的深刻差异。

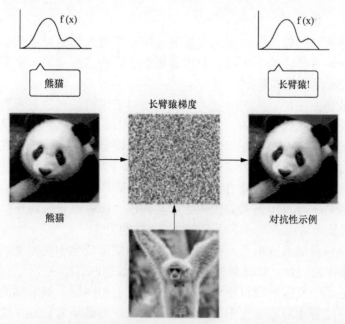

图 9.2　对抗性示例：图像中难以察觉的变化可以颠覆模型的图像分类

简而言之，深度学习模型对其输入没有任何理解——至少不是人类意义上的。我们对图像、声音和语言的理解基于我们作为人类的感觉运动体验。机器学习模型无法获得这种经验，因此无法以人类可读的方式理解他们的输入。通过注释大量的训练样例来提供给我们的模型，我们让它们学习几何变换，将数据映射到特定的一组示例上的人类概念，但这种映射是我们头脑中原始模型的简化图——从我们作为具体代理人的经验发展而来。这就像镜子里的暗淡图像（见图 9.3）。

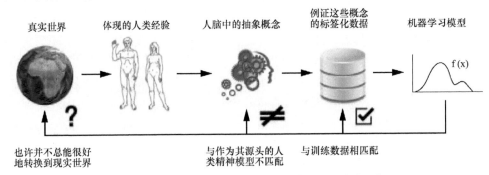

真实世界　　　体现的人类经验　　　人脑中的抽象概念　　例证这些概念　　机器学习模型
　　　　　　　　　　　　　　　　　　　　　　　　　　的标签化数据

也许并不总能很好　　　　　　　　　与作为其源头的人　　与训练数据相匹配
地转换到现实世界　　　　　　　　　类精神模型不匹配

图 9.3　当前的机器学习模型：就像镜子中的暗淡图像

作为机器学习从业者，始终要注意这一点，永远不要陷入相信神经网络理解它们所执行的任务的陷阱——它们至少不会以我们认为有意义的方式去做。与我们要教给它们的任务相比，它们接受的训练任务更远、更狭窄：将训练输入映射到训练目标，逐点进行。向它们展示偏离它们训练数据的任何东西，它们将以荒谬的方式打破。

9.2.2　局部泛化与极端泛化

深度学习模型所做的输入到输出的直接的几何变形与人类的思维和学习方式之间存在根本区别。人类是从身体经验中学习，而不是提供明确的训练示例。除了不同的学习过程外，底层的性质表示存在根本差异。

像深度网络或昆虫一样，人类的能力不仅仅是对于瞬时的刺激有着瞬时的反应。我们保持我们当前状况的，我们自身的，以及其他人的复杂的**抽象模型**，并且可以使用这些模型预测不同的可能的未来并进行长期规划。我们可以将已知的概念合并在一起，以代表我们以前从未体验过的东西——比如描绘穿着牛仔裤的马匹，或想象如果我们赢了彩票，我们会做些什么。这种处理假设的能力，扩展我们的心理模型空间远远超出我们可以直接体验到的**抽象和推理**——可以说是人类认知的定义特征。作者叫它**极端泛化**：使用少量数据甚至根本没有新数据来适应新颖、前所未有的情境的能力。

这与深度网络所做的形成鲜明对比，作者称之为**局部泛化**（见图 9.4）。从深度网络快速执行从输入到输出的映射，如果新的输入与网上训练的内容略有不同，那就不会有意义。例如，考虑学习适当的发射参数以使火箭降落在月球上的问题。如果你使用深度网络来完成此任务，并使用监督学习或强化学习对其进行训练，则必须为它提供成千上万甚至数以百万计的发射试验：你需要将它暴露于输入空间的密集样本中，以便它学习从输入空间到输出空间的可靠映射。相比之下，作为人类，我们可以利用我们的抽象能力来提出物理模型——火箭科学——并得出一个确切的解决方案，可以在一次或几次试验中将火箭降落在月球上。同样，如果你开发了一个控制人体的深度网络，并且你希望它学会在城市中安全地驾驶，而不会被汽车碰撞，网络在不同的情况下不得不崩溃几千次直到推断出汽车是危险的，并制定适当的避免行为。在一个新的城市，网络将不得不重新学习它所知道的大部分内容。另一方面，人类能够学习安全的行为而不必再次死亡，这要归功于我们的假设情境抽象建模的能力。

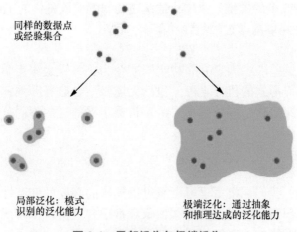

图 9.4　局部泛化与极端泛化

简而言之，尽管我们在机器感知方面取得了进步，但我们离人类水平的人工智能仍然很远。我们的模型只能执行局部泛化，适应的新情况必须与过去数据类似，而人类认知能够极端泛化，快速适应极端新颖的情况和长期规划未来的情况。

9.2.3　小结

这是你应该记住的：迄今为止深度学习的唯一真正成功是根据给定的大量的人工注释数据能够使用连续几何变换将空间 X 映射到空间 Y。将这个做好是每个行业游戏规则改变者所必须要做的事情，但距离人类级别的人工智能还有很长的路要走。

解除我们讨论的一些限制并创建可以与人类的大脑竞争的人工智能，我们需要摆脱直接的输入到输出映射，**转向推理和抽象**。用于各种情况和概念的抽象建模可能具有计算机的程序。我们之前说机器学习模型可以定义为**可学习的程序**；目前我们只能学习属于所有的狭窄和特定子集的程序。但是，我们如何能够以模块化和可重用的方式学习任何程序呢？让我们在下一节中看到前方的道路可能是什么样子。

9.3　深度学习的未来

这是一个更具投机性的部分，旨在为想要的人打开视野加入研究计划或开始进行独立研究。鉴于我们对深度网络的工作原理、局限性及研究现状的了解，我们能否预测中期的发展方向？以下是一些纯粹的个人想法。请注意，我没有水晶球，因此很多我预期的可能无法成为现实。我分享这些预测不是因为我希望它们在未来得到完全正确的证明，而是因为它们在当前是有趣且可操作的。

在较高的层面上，这些是我看到的主要方向：

● **更接近通用计算机程序的模型**，建立在比当前可微分层更丰富的基元之上。这就是我们如何进行推理和抽象，缺乏这些是当前模型的根本弱点。

● **新的学习形式使前一点成为可能**，允许模型摆脱可微变换。

● **需要人工参与较少的模型**。无休止地调整旋钮不应该是你的工作。

● **更加系统地重用以前学过的特性和架构**，例如基于可重用和模块化程序子例程的元学习系统。

另外，请注意，这些考虑因素并非特定于迄今为止一直是深度学习的基础的那种监督学习，而是适用于任何形式的机器学习，包括无监督、自监督和强化学习。你的标签来自哪里或者你的训练回路是什么样的都不重要；机器学习的这些不同分支是同一构造的不同方面。让我们一起看看吧。

9.3.1　模型即程序

正如前一节所述，我们在机器学习领域可以期待的必要的变革性发展是从执行纯**模式识别**并且只能实现**局部泛化**的模型向能够**抽象**和**推理**并且实现**极端泛化**的模型的转变。目前能够进行基本推理形式的人工智能程序都是由人类程序员硬编码的：例如，依赖于搜索算法、图形操作和形式逻辑的软件。例如，在 DeepMind 的 AlphaGo 中，大多数显示的智能都是由专业程序员设计和硬编码的（例如蒙特卡罗树搜索）；从数据中学习只发生在专门的子模块（价值网络和政策网络）中。但是在未来，这种人工智能系统可能是完全学习的，没有人为参与。

可以通过什么方式实现这一目标？考虑一种众所周知的网络类型：RNN。重要的是要注意 RNN 的限制比前馈网络略少。这是因为 RNN 不仅仅是几何变换：它们是在 **for 循环中重复应用**的几何变换。临时 for 循环本身是由开发人员硬编码的：它是网络的内置假设。自然地，RNN 的表示能力非常有限，主要是因为它们执行的每个步骤都是可微的几何变换，并且它们通过连续几何空间中的点（状态向量）逐步传递信息。现在假设一个神经网络以类似的方式用编程语言进行扩充，而不是使用硬编码的单个硬编码 for 循环几何存储器，网络包括一大组编程原语模型，可以自由地操作以扩展其处理功能，例如分支、while 语句、变量创建、长期内存的磁盘存储、排序运算符、高级数据结构（如列表、图形和哈希表）等。这种网络可以代表的程序空间将远远超过当前深度学习模型所代表的程序空间，其中一些程序可以实现更高的泛化能力。

一方面，我们将摆脱硬编码的算法智能（手工制作的软件），另一方面，学习了几何智能（深度学习）。相反，我们将混合使用提供推理和抽象功能的正式算法模块，以及提供非正式功能的几何模块直觉和模式识别能力。整个系统的学习很少或没有人类参与。

我们认为可能即将大规模发展的人工智能的相关子域是**程序合成**，特别是神经程序合成。程序合成包括通过使用搜索算法（可能是遗传编程中的遗传搜索）自动生成简单程序，以探索大量可能的程序。当找到符合所需规范的程序时，搜索停止，通常作为一组输入输出对提供。这让人联想到机器学习：给定作为输入 - 输出对的训练数据，我们找到一个程序，将输入与输出相匹配，并可以推广到新的输入。不同之处在于，我们不是通过硬编码程序（神经网络）来学习参数值，而是通过离散搜索过程生成源代码。

作者绝对希望这个子领域在未来几年内会引起新的兴趣。特别是，作者预计深度学习和程序合成之间会出现交叉领域：程序不再由通用语言生成，我们将生成神经网络（几何数据处理流）并增加一组丰富的算法原语，例如 for 循环和许多其他原语（见图 9.5）。这应该比直接生成源代码更容易处理并有用，它也将极大地扩展可以通过机器学习解决的问题的范围——我们可以在给定适当的训练数据的情况下自动生成程序空间。当代 RNN 可以被视为这种混合算法——几何模型的史前祖先。

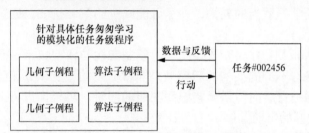

图 9.5 依赖于几何原语（模式识别、直觉）和算法原语（推理、搜索、记忆）的学习程序

9.3.2 超越后向传播和可微分层

如果机器学习模型变得更像程序，那么它们将不再是可微分的——这些程序仍将使用连续的几何层作为子例程，这将是可微分的，但整个模型不会。因此，使用后向传播来调整固定的硬编码网络中的权重值将不再是将来训练模型的选择方法——至少，这不是全部。我们需要弄清楚如何有效地训练不可微系统。当前方法包括遗传算法、进化策略、某些强化学习方法和交替方向乘法器（ADMM）。当然，梯度下降不会发生在任何地方；梯度信息始终可用于优化可微分参数函数。但是我们的模型将变得比仅仅可微分的参数函数更加雄心勃勃，因此它们的自动开发（**机器学习**中的**学习**）将需要的不仅仅是后向传播。

此外，后向传播是端到端的，这对于学习良好的链式变换是一件好事，但计算效率低，因为它没有充分利用深度网络的模块化。要使更多的事情高效，有一个通用的方法：引入模块化和层次结构。因此，我们可以通过引入解耦的训练模块以及它们之间的同步机制来使反向传播更加高效，这些训练模块以分层方式进行组织。这种策略在某种程度上反映在 DeepMind 最近关于合成梯度的研究中。预计在不久的将来能有更多的发展。可以想象到一个未来，其中将使用不会利用梯度的有效搜索过程来训练（增长）全局不可微（但具有可微分部分）的模型，而可利用梯度的优势来更快地训练可微分部分的后向传播。

9.3.3 自动化机器学习

将来，模型架构将被学习而不是通过工程师手工制作。学习架构与更丰富的集合的使用，类似程序的机器学习模型。

目前，深度学习工程师的大部分工作都是重复数据然后调整深度网络的架构和超参数以获得工作模型，或者甚至获得最先进的模型（如果工程师有那么大的野心）。不用说，这不是最佳设置。但人工智能可以提供帮助。不幸的是，数据修改部分很难自动化，因为它通常需要领域知识以及对工程师想要实现目标的清晰、高层次的理解。然而，超参数调整是一种简单的搜索过程；在那种情况下我们知道工程师想要实现的目标：它通过待调整网络的损失函数来定义。设置基本的 *AutoML* 系统已经很常见了，它关注大多数模型旋钮调整。几年前，作者甚至建立了自己的系统来赢得 Kaggle 比赛。

在最基本的层面上，这样的系统会调整堆栈中的层数、它们的顺序，以及每层中的单元或过滤器数量。如今通常会这样做，正如第 7 章所讨论的那样。但我们也可以更加雄心勃勃并努力从头开始学习适当的架构，并尽可能减少约束：例如，通过强化学习或遗传算法。

另一个重要的 AutoML 方向涉及共同学习模型架构与模型权重。因为我们每次尝试时都会从头开始训练略有不同的架构的新模型是非常低效的，所以真正强大的 AutoML 系统将在通过对训练数据进行后向传播调整模型功能的同时，对架构进行改进。在我们编写这些内容时，这些方法开始出现。

当这种情况开始发生时，机器学习工程师的工作就不会消失；相反，工程师将往价值创造链上移。他们将开始更加努力来构建能够真正反映业务目标的复杂损失函数，并了解他们的模型如何影响他们所处的已部署的数字生态系统（例如，使用模型预测并生成模型的训练数据的用户）——目前只有大公司才能负担得起的问题。

9.3.4　终身学习和模块化子例程重用

如果模型变得更复杂并且构建在更丰富的算法原语之上，那么这种增加的复杂性将需要在任务之间更高的重用，而不是每当我们有新任务或新数据集时，从头开始训练新模型。许多数据集都没有足够的信息供我们开发新的复杂数据集并且从头开始建模，有必要使用以前的信息作为数据集（就像你每次打开一本新书都不从头开始学习语言一样——这是不可能的）。由于当前任务与先前遇到的任务之间存在大量重叠，因此从头开始训练每个新任务的模型效率也很低。

近年来，人们多次反复观察：训练同一模型的同时做几个松散连接的任务产生一个模型这对每项任务都更好。例如，训练相同的神经机器翻译模型执行英语到德语的翻译和法语到意大利语的翻译将导致每个语言对的模型更好。同样，将图像分类模型与图像分割模型一起训练，共享相同的卷积基，导致模型在两个任务中都更好。这是非常直观的：看似断开的连接之间总会有一些信息重叠，任务和联合模型可以访问有关的每个任务的更多信息，而不是仅针对该特定任务训练的模型。

目前，当涉及跨任务的模型重用时，我们使用预训练权重执行常见功能的模型，例如视觉特征提取。你看到了这在第 5 章中提及。将来，我希望这是一个常见的通用版本：我们不仅会使用以前学过的特征（子模型权重），而且还会使用模型架构和训练程序。随着模型变得更像程序，我们将开始重用程序**子例程**，如人类编程语言中的函数和类。

想想今天的软件开发过程：一旦工程师解决了特定问题（例如 HTTP 查询），他们就会将其打包成一个抽象的、可重用的库。未来遇到类似问题的工程师将能够搜索现有的库，下载一个库，并在他们自己的项目中使用它。以类似的方式，在未来，元学习系统将能够通过筛选高级可重用块的全局库来组装新程序。当系统发现自己为几个不同的任务开发类似的程序子例程，它可以出现使用子例程的抽象、可重用版本并将其存储在全局库中（见图 9.6）。这样的过程将实现**抽象**：实现极端泛化的必要组件。可以说在不同的任务和域之间有用的子例程可以**抽象**解决问题的某些方面。这种抽象定义类似于软件工程中的抽象概念。这些子例程可以是几何（具有预训练表示的深度学习模块）或算法（更接近当代软件工程师的库操作）。

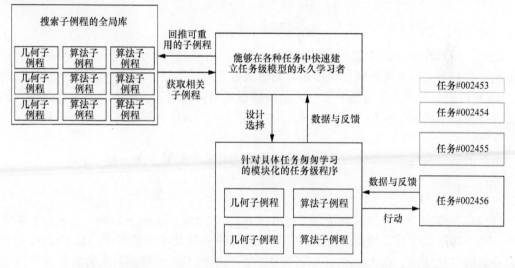

图 9.6　一个元学习器，能够使用可重用的原语（算法和几何）快速开发特定任务的模型，从而实现极端泛化

9.3.5　展望

简而言之，这是作者对机器学习的长期愿景：

● 模型将更像程序，功能远远超出我们目前对输入数据所用的连续几何变换。这些程序可以说更接近人类对周围环境和他们自己的心理抽象模型。由于其丰富的算法性质，它们将具有更强大的泛化能力。

● 特别是，模型将混合提供形式推理、搜索和抽象功能的**算法模块**，与提供非正式的推理和模式识别能力的**几何模块**。AlphaGo（需要大量手动软件工程和人为设计决策的系统）提供了一个早期示例，说明了将符号人工智能与几何人工智能融合在一起的样子。

● 这些模型将自动**生长**，而不是由人类工程师硬编码，使用存储在可重用子例程的全局库中的模块化部件——这个库是通过数千个以前学习高性能模型而发展起来的任务和数据集。由于常见的问题解决模式被元学习系统识别出来，它们将变成可重用的子例程（很像软件工程中的函数和类），并添加到全局库中。这将实现**抽象**。

● 这个全局库和相关的模型生成系统将能够实现某种形式的类似人类的极端泛化：给定新的任务或情况，系统将能够组装适合的使用非常少的数据的新工作模型，这要归功于丰富的类似程序的原语以及对类似任务的丰富经验。以同样的方式，人类如果有经验，可以快速学会玩复杂的新游戏，因为这些模型源于此前的经验是抽象的和程序化的，而不是刺激和动作之间的基本映射。

● 因此，这种永久学习模型增长系统可以解释为人工通用智能（AGI）。但不要指望任何单一主义的机器人随之而来：那是纯粹的幻想，来自一系列深刻的对情报和技术的误解。然而，这样的批评，不属于本书的内容。

9.4　在快速发展的领域保持最新状态

最后，想给你一些关于翻开本书的最后一页后如何继续学习的建议，以更新你的知识和技能。我们今天所知道的现代深度学习领域只有几年的历史，尽管它的前史漫长而缓慢。自 2013 年以来，随着财务资源和研究人员的数量呈指数级增长，整个领域正在以惊人的速度发展。你在本书中学到的东西不会永远保持相关性，而且它不是你剩余的职业生涯所需要的全部。

幸运的是，有很多免费的在线资源可供你使用并扩大视野。这里有几个。

9.4.1　使用 Kaggle 练习实际问题

获得真实体验的一种有效方法是尝试在 Kaggle（https://kaggle.com）上进行机器学习竞赛。唯一真正的学习方式是通过实践和实际编码——这是本书的哲学，而 Kaggle 比赛则是这一点的自然延续。在 Kaggle，你将找到一系列不断更新的数据科学竞赛，其中许多涉及深度学习，由有兴趣获得一些最具挑战性的机器学习问题的新颖解决方案的公司准备。为顶级参赛者提供相当多的奖金。

大多数比赛都是使用 XGBoost 库（用于浅层机器学习）或 Keras（用于深度学习）获胜的。这样您就可以适应！通过参加一些比赛，也许作为一个团队的一部分，你会更熟悉本书中介绍的一些高级最佳实践，特别是超参数调整，避免验证集过拟合和模型集成。

9.4.2　了解 arXiv 的最新发展

与其他一些科学领域相比，深度学习研究是完全公开的。论文一经定稿即可公开免费获取，并且许多相关软件都是开源的。arXiv（https://arxiv.org），发音为"archive"（X 表示希腊字母 chi），是一种用于物理、数学和计算机科学研究论文的开放式预印服务器。它已成为了解机器学习和深度学习的最新进展的事实上的方法。大多数深度学习研究人员在任何论文完成后不久就将其上传到 arXiv。这使得他们可以在不等待会议接受（需要数月）的情况下便可旗帜鲜明地声称具体发现，鉴于研究的快节奏和该领域的激烈竞争，这是必要的。它还使该领域的发展极其快速：所有新发现都可以立即供所有人查看和利用。

一个重要的缺点是，每天在 arXiv 上发布的新论文数量巨大，因此甚至无法浏览全部；而且它们没有经过同行评审，因此很难识别出既重要又高质量的内容。在噪声中找到信号很困难，而且越来越严重。目前，对这个问题没有很好的解决方案。但有些工具可以提供帮助：名为 arXiv Sanity Preserver 的辅助网站（http：//arxiv-sanity.com）可以充当新论文的推荐引擎，并可以帮助你跟踪特定的狭窄深度学习领域的新发展。此外，你可以使用 Google 学术搜索（https：//scholar.google.com）来跟踪你最喜欢的作者的出版物。

9.4.3　探索 Keras 生态系统

截至 2017 年 11 月，Keras 拥有约 200 000 名用户，并且增长迅速。Keras 拥有庞大的用户教程、指南和相关开源项目的生态系统：

- 有关使用 Keras R 界面的主要参考资料，请参见 https：//keras.rstudio.com。
- Keras 的主要网站 https：//keras.io，包含其他文档和讨论。
- 可以在 https：//github.com/rstudio/ 上找到 Keras R 源代码。
- Keras 博客（https：//blog.keras.io）提供 Keras 教程和其他与深度学习有关的文章。
- TensorFlow R 博客（https：//tensorflow.rstudio.com/blog.html）提供有关使用 Keras 和 TensorFlow 的 R 接口的文章。
- 你可以在 Twitter 上关注作者：@fchollet。

9.5　结束语

本书到这里就结束了！我希望你已经学到了一两样关于机器学习、深度学习、Keras 甚至可能是一般的认知的东西。学习是一场终身的旅程，特别是在人工智能领域，未知远远多于已知。所以请继续学习、质疑和研究，永不止步，因为尽管到目前为止我们已经取得了不少进展，但人工智能中的大多数基本问题仍然没有答案，许多甚至还没有能够恰当地提出来。

附　　录

附录<i>A</i>
在 Ubuntu 上安装 Keras 及其依赖项

本附录提供了在 Ubuntu 上逐步配置具有 GPU 支持的深度学习工作站的指南。你还应该参考 https://tensorflow.rstudio.com/tools/local_gpu，这是所有平台的本地 GPU 配置的最新指南。

A.1　安装过程概述

建立深度学习工作站的过程相当复杂。它包括以下步骤，后面将详细介绍：

1）安装一些系统级先决条件，包括基本线性代数子程序（BLAS）库，使模型能在 CPU 上快速运行。

2）通过安装 CUDA 驱动程序和 cuDNN，确保 GPU 可以运行深度学习代码。

3）安装 Keras 和 TensorFlow 后端。

这似乎是一个令人生畏的过程。事实上，唯一困难的部分是设置 GPU 支持，否则，几条命令就可以完成整个过程，运行只需几分钟。

我们假设你刚重新安装了 Ubuntu，并且有一个 NVIDIA GPU。

A.2　安装系统先决条件

Keras 是用 Python 实现的，它的安装依赖于 Python 包管理器 pip。首先，请确保已安装 pip，并且包管理器是最新的：

```
$ sudo apt-get update
$ sudo apt-get upgrade
$ sudo apt-get install python-pip python-dev
```

你还应该安装一个 BLAS 库（在本例中是 OpenBLAS），以确保可以在 CPU 上执行快速的张量操作：

```
$ sudo apt-get install build-essential cmake git unzip \
    pkg-config libopenblas-dev liblapack-dev
```

A.3 设置 GPU 支持

严格来说，使用 GPU 并不是必需的，但强烈建议使用 GPU。本书中的所有代码示例都可以在笔记本电脑的 CPU 上运行，但有时你可能需要等待几个小时才能得到训练模型，而在一个好的 GPU 上只需几分钟。如果你没有现代的 NVIDIA GPU，你可以跳过这一步，直接转到 A.4 节。

要使用 NVIDIA GPU 进行深度学习，你需要安装以下两项：

1）*CUDA*：一组 GPU 驱动程序，允许 GPU 运行底层编程语言执行并行计算。

2）*cuDNN*：一个用于深度学习的高度优化的原语库。使用 cuDNN 并在 GPU 上运行时，通常可以将模型的训练速度提高 50% ~ 100%。

TensorFlow 依赖于 CUDA 和 cuDNN 库的特定版本。在编写本书时，使用的是 CUDA 版本 8 和 cuDNN 版本 6，但在你阅读本书时，这可能已经发生了变化。请访问 TensorFlow 网站了解当前推荐版本的详细说明：www.tensorflow.org/install/install_linux。

A.3.1 安装 CUDA

对于 Ubuntu（和其他 Linux 版本），NVIDIA 提供了一个现成的软件包，你可以从以下地址下载 https：//developer.nvidia.com/cuda-downloads：

```
$ wget http://developer.download.nvidia.com/compute/cuda/repos/ubuntu1604/
➥x86_64/cuda-repo-ubuntu1604_9.0.176-1_amd64.deb
```

安装 CUDA 最简单的方法是在这个包上使用 Ubuntu 的 apt。这将允许你在更新可用时通过 apt 轻松安装：

```
$ sudo dpkg -i cuda-repo-ubuntu1604_9.0.176-1_amd64.deb
$ sudo apt-key adv --fetch-keys
➥http://developer.download.nvidia.com/compute/cuda/repos/ubuntu1604/
➥x86_64/7fa2af80.pub
$ sudo apt-get update
$ sudo apt-get install cuda-8-0
```

A.3.2 安装 cuDNN

注册一个免费的 NVIDIA 开发者账号（不幸的是，这是获得 cuDNN 下载的必要条件），并在 https：//developer.NVIDIA.com/cudnn 上下载 cuDNN（选择与 TensorFlow 兼容的 cuDNN 版本）。和 CUDA 一样，NVIDIA 也提供了面向不同 Linux 版本的软件包，我们将使用 Ubuntu 16.04 版本。请注意，如果你使用 EC2 安装，你将无法将 cuDNN 归档文件直接下载到你的实例中，而只能将其下载到你的本地计算机，然后（通过 scp）将其上载到你的 EC2 实例：

```
$ sudo dpkg -i dpkg -i libcudnn6*.deb
```

A.3.3　CUDA 环境

在 Linux 上，CUDA 库设置的部分工作是将 CUDA 二进制文件的路径添加到你的 PATH 和 LD_LIBRARY_PATH 中，以及设置 CUDA_HOME 环境变量。你将以不同的方式设置这些变量，具体取决于你是在单用户工作站上还是在多用户服务器上安装 TensorFlow。如果你运行的是 RStudio 服务器，则需要一些额外的设置，我们也将介绍这一点。

在所有情况下，为了让 TensorFlow 找到所需的 CUDA 库，你需要设置 / 修改这些环境变量。路径将因 CUDA 的具体安装而不同：

```
export CUDA_HOME=/usr/local/cuda
export LD_LIBRARY_PATH=${LD_LIBRARY_PATH}:${CUDA_HOME}/lib64
PATH=${CUDA_HOME}/bin:${PATH}
export PATH
```

桌面安装

在桌面安装中，应该在 ~/.profile 文件中定义环境变量。有必要使用 ~/.profile 而不是 ~/.bashrc，因为 ~/.profile 可以由桌面应用程序（如 RStudio）以及终端会话读取，而 ~/.bashrc 只适用于终端会话。

请注意，你需要在编辑 ~/.profile 文件后重新启动系统，使更改生效。还要注意，如果你有 ~/.bash_profile 或 ~/.bash_login 文件，bash 将不会读取 ~/.profile 文件。

以下是对上述建议的总结：

1）在 ~/.profile 而不是 ~/.bashrc 中定义与 CUDA 相关的环境变量。

2）确保既没有 ~/.bash_profile 文件，也没有 ~/.bash_login 文件（因为这会阻止 bash 看到你添加到 ~/.profile 中的变量）。

3）编辑 ~/.profile 后重新启动系统，使更改生效。

服务器安装

在服务器安装中，应该在系统范围的 bash 启动文件（/etc/profile）中定义环境变量，以便所有用户都可以访问这些变量。如果运行的是 RStudio 服务器，还需要以 RStudio 特定的方式提供这些变量定义，因为 RStudio 服务器不会为 R 会话执行系统配置文件脚本。

为了修改 LD_LIBRARY_PATH，可以使用 /etc/rstudio/rserver.conf 配置文件中的 rsession-ld-library-path：

```
rsession-ld-library-path=/usr/local/cuda/lib64
```

你应该设置 /usr/lib/R/etc/Rprofile.site 配置文件中的 CUDA_HOME 和 PATH 变量：

```
Sys.setenv(CUDA_HOME="/usr/local/cuda")
Sys.setenv(PATH=paste(Sys.getenv("PATH"), "/usr/local/cuda/bin", sep = ":"))
```

A.4　安装 Keras 和 TensorFlow

要安装核心 Keras 库和 TensorFlow 后端，请使用 Keras R 包中的 install_keras() 函数。此代码安装 Keras R 包、核心 Keras 库和 TensorFlow 后端的 GPU 版本：

```
> install.packages("keras")
> library(keras)
> install_keras(tensorflow = "gpu")
```

如果你的系统不符合前面描述的 TensorFlow 的 GPU 安装要求，则可以使用以下代码安装 CPU 版本：

```
> install_keras()
```

install_keras() 函数将在名为 r-tensorflow 的 Python 虚拟环境中安装核心 Keras 库及其依赖项，该虚拟环境与系统上的其他 Python 库隔离。

使用 Keras R 包并不必须使用 install_keras() 安装 Keras 和 TensorFlow。你可以按照 Keras 网站（https : //keras.io/#installation）的描述对 Keras（以及你想要的后端）执行个性化的安装，Keras R 包能够找到并使用该版本。

至少运行一次 Keras 之后，Keras 配置文件可以在 ~/.keras/keras.json 中找到 . 你可以编辑它来选择 Keras 运行的后端：tensorflow、theano 或 cntk。你的配置文件应该如下所示：

```
{
    "image_data_format": "channels_last",
    "epsilon": 1e-07,
    "floatx": "float32",
    "backend": "tensorflow"
}
```

当 Keras 运行时，你可以在其他 Shell 窗口中监视 GPU 利用率：

```
$ watch -n 5 nvidia-smi -a --display=utilization
```

你都已经设置好了！恭喜你！现在可以开始构建深度学习应用程序了。

附录 **B**
在 EC2 GPU 实例上运行 RStudio 服务器

本附录提供了在 AWS GPU 实例的 RStudio 服务器上逐步运行深度学习的指南。如果你的本地机器上没有 GPU，这是进行深度学习研究的完美设置。你还可以查询 https : //tensor-flow.rstudio.com/tools/cloud_server_gpu，那里有这些指令的最新版本以及其他云 GPU 选项的详细信息。

B.1　为什么要用 AWS 进行深度学习

许多深度学习应用程序计算量很大，在笔记本电脑的 CPU 内核上运行可能需要几个小时甚至几天的时间，但在 GPU 上运行可以大大加快训练和推理速度（从现代 CPU 到现代 GPU，通常可以加速 5 ~ 10 倍）。但是你的本地机器上可能没有 GPU。选择在 AWS 上运行 RStudio 服务器可以让你获得与在本地机器上运行相同的体验，同时允许你使用 AWS 上的一个或多个 GPU。你只需为你使用的东西付费，若只是偶尔使用深度学习，这样做比自己购买 GPU 要好。

B.2　为什么不用 AWS 进行深度学习

AWS GPU 实例可能很快就会变得非常昂贵，建议选择每小时花费 0.90 美元的模式，该模式在偶尔使用的情况下是值得考虑的。但是如果你每天都需要运行几个小时的实验，那么最好用 TITAN X 或 GTX 1080 Ti 搭建自己的深度学习机器。

总之，如果你没有本地 GPU，或者不想安装 Keras 依赖项（尤其是 GPU 驱动程序），请使用 RStudio-Server-on-EC2 设置。如果你有本地 GPU，我们建议你在本地运行你的模型。在这种情况下，请参考附录 A 中的安装指南。

注意：你需要一个已经激活的 AWS 账户。熟悉 AWS EC2 的话会有所帮助，但这也不是必需的。

B.3 设置 AWS 图形处理器实例

以下设置过程需要 5～10 分钟：

1）在 https ：//console.aws.amazon.com/ec2/v2 上选择 EC2 控制面板，然后单击 Launch Instance 链接（见图 B.1）。

图 B.1 EC2 控制面板

2）选择 AWS Marketplace（见图 B.2），在搜索框中搜索"深度学习"。向下滚动，直到找到名为深度学习 AMI Ubuntu 版本的 AMI（见图 B.3）；选择它。

图 B.2 EC2 AMI Marketplace

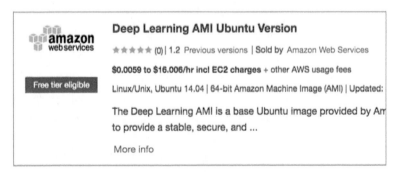

图 B.3 EC2 深度学习 AMI

3）选择 p2.xlarge 实例（见图 B.4）。这种实例类型提供对单个 GPU 的访问，（编写本书时）每小时的使用成本为 0.90 美元。

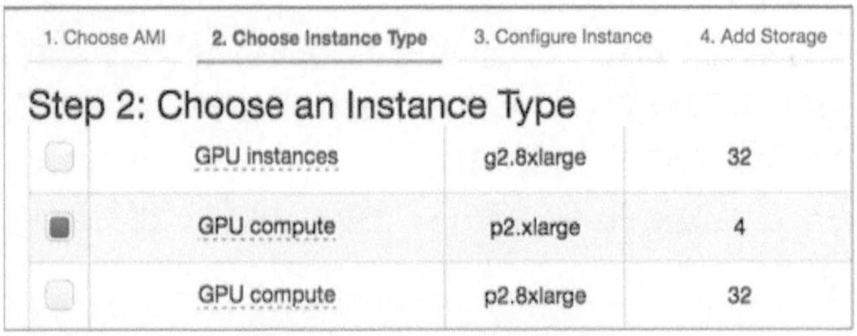

1. Choose AMI	2. Choose Instance Type	3. Configure Instance	4. Add Storage
Step 2: Choose an Instance Type			
	GPU instances	g2.8xlarge	32
	GPU compute	p2.xlarge	4
	GPU compute	p2.8xlarge	32

图 B.4 p2.xlarge 实例

4）可以保留配置实例、添加存储、添加标签和配置安全组等步骤的默认配置。

注意：在启动过程结束时，系统会问你是想创建新的连接密钥还是想重用现有的密钥。如果你以前从未使用过 EC2，请创建新密钥并下载它们。

5）要连接到实例，请在 EC2 控制面板上选择它，单击 Connect（连接），并按照说明进行操作（见图 B.5）。注意，实例启动可能需要几分钟时间。如果一开始无法连接，请稍等片刻，然后重试。

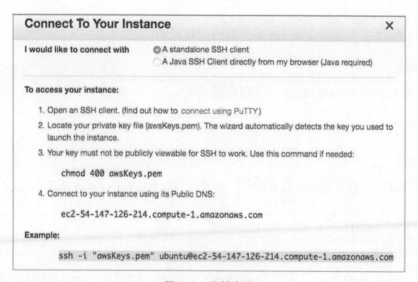

图 B.5　连接向导

B.3.1　安装 R 和 RStudio 服务器

首先安装最新版本的 R：

```
$ sudo /bin/bash -c "echo 'deb http://cran.rstudio.com/bin/linux/ubuntu \
xenial/' >> /etc/apt/sources.list"
$ sudo apt-key adv --keyserver keyserver.ubuntu.com --recv-keys E084DAB9
$ sudo apt-get update
$ sudo apt-get install r-base
```

然后，下载 RStudio 服务器并检查其签名：

```
$ gpg --keyserver keys.gnupg.net --recv-keys 3F32EE77E331692F
$ sudo apt-get install gdebi dpkg-sig
$ wget https://www.rstudio.org/download/latest/stable/server/ubuntu64/ \
rstudio-server-latest-amd64.deb
$ dpkg-sig --verify rstudio-server-latest-amd64.deb
Processing rstudio-server-latest-amd64.deb...
GOODSIG _gpgbuilder FE8564CFF1AB93F1728645193F32EE77E331692F 1513664071
```

输出第二行的 GOODSIG 表示签名已被验证。如果看不到这个输出，则说明包没有签名或者签名错误，你不应该安装它。

　　验证签名后，使用以下命令安装 RStudio 服务器：

```
$ sudo gdebi rstudio-server-latest-amd64.deb
```

　　安装完成后，将 RStudio 服务器配置为不挂起正在运行的会话（这将防止在挂起期间丢失对 TensorFlow 对象的引用）：

```
$ sudo /bin/bash -c "echo 'session-timeout-minutes=0' >> \
/etc/rstudio/rsession.conf"
```

　　接下来，添加用于登录 RStudio 服务器的交互式用户：

```
$ sudo adduser <username>
```

　　最后，重新启动 RStudio 服务器以应用新设置：

```
$ sudo rstudio-server restart
```

B.3.2　配置 CUDA

　　执行以下操作配置 RStudio 服务器，以定位 Keras 和 TensorFlow 所需的 CUDA 库：

```
$ CUDA="/usr/local/cuda-8.0/lib64:/usr/local/ \
cuda-8.0/extras/CUPTI/lib64:/lib/nccl/cuda-8"
$ sudo /bin/bash -c "echo 'rsession-ld-library-path=${CUDA}' >> \
/etc/rstudio/rserver.conf"
```

　　请注意，这些说明是为了使用 TensorFlow 1.4（编写本书时 TensorFlow 的最新版本）。更新版本的 TensorFlow 可能需要 CUDA 9，在这种情况下，应在 CUDA 路径定义中用 CUDA 9 代替 CUDA 8。例如：

```
$ CUDA="/usr/local/cuda-9.0/lib64:/usr/local/ \
cuda-9.0/extras/CUPTI/lib64:/lib/nccl/cuda-9"
```

　　要确定最新版本的 TensorFlow 需要哪个版本的 CUDA，请参阅网页 www.tensorflow.org/install/install/install_linux 上的文档。

B.3.3　安装 Keras 的准备工作

　　为了安装用于 R 的 Keras 和 TensorFlow 库，你需要 virtualenv 实用程序。你可以按如下方式安装：

```
$ sudo apt-get install python-virtualenv
```

　　如果实例上有一个现成的 Keras 配置文件（不应该存在，但是 AMI 可能在本书编写之后发生更改），你应该删除它，以防万一。Keras 将在第一次启动时重新创建一个标准配置文件。如果以下代码段返回错误，告知该文件不存在，则可以忽略它：

```
$ rm -f ~/.keras/keras.json
```

B.4　访问 RStudio 服务器

我们建议你使用 SSH 隧道来访问远程 AMI 上的 RStudio 服务器。要对此进行配置，请首先禁用对 RStudio 服务器的非本地访问，然后重新启动服务器以应用新设置：

```
$ sudo /bin/bash -c "echo 'www-address=127.0.0.1' >> /etc/rstudio/rserver.conf"
$ sudo rstudio-server restart
```

然后，在**本地计算机**（**不是**远程实例）上的 shell 中，开始将本地端口 8787（HTTP 端口）转发到远程实例的端口 8787：

```
$ ssh -i awsKeys.pem -N -L local_port:local_machine:remote_port remote_machine
```

在我们的例子中，如下所示：

```
$ ssh -i awsKeys.pem -N -L 8787:127.0.0.1:8787 \
ubuntu@ec2-54-147-126-214.compute-1.amazonaws.com
```

然后，在本地浏览器中，导航到要转发到远程实例的本地地址（https：//127.0.0.1：8787）。系统将要求你使用配置 RStudio 服务器时创建的用户名和密码登录。

如果你不使用 SSH 隧道，那么可以通过实例的公共 IP 地址的 8787 端口访问服务器。为此，你需要**创建一个自定义的 TCP 规则，以允许** AWS 实例上的**端口 8787**（见图 B.6）。

这一规则既可以用于你当前的公共 IP（如笔记本电脑的 IP），也可以在前者不可行时用于任何 IP（如 0.0.0.0/0）。请注意，如果你允许任何 IP 使用 8787 端口，那么实际上任何人都可以监听你的实例（你将在这里运行 RStudio 服务器）上的该端口。你为 RStudio 服务器添加了密码保护，以降低随机陌生人使用服务器的风险，但这可能是相当弱的保护。如果可能，你应该考虑限制对特定 IP 的访问。但是如果你的 IP 地址经常改变，那就不是一个实际的选择。如果你打算让任何 IP 都可以访问，那么请记住不要将敏感数据保留在实例上。

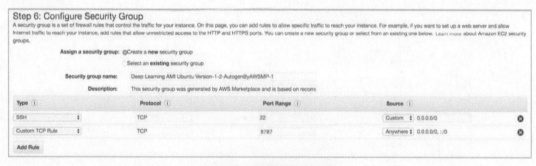

图 B.6　配置新的安全组

配置好后，就可以通过实例公共 IP 地址的 8787 端口访问 RStudio 服务器，例如 http：//ec2-54-147-126214.compute-1.amazonaws.com：8787（系统将要求你使用配置 RStudio 服务器时创建的用户名和密码登录）。

B.5　安装 Keras

在 web 浏览器中成功登录到 RStudio 服务器后，请安装 R 的 `keras` 包：

```
> install.packages("keras")
```

然后，安装核心 Keras 库和 TensorFlow 后端：

```
> libary(keras)
> install_keras(tensorflow = "gpu")
```

现在可以在 AWS GPU 实例上使用 Keras 了。